高职高专"十三五"规划教材

化工设备机械基础

第四版

高安全　刘明海　主编

化学工业出版社

·北京·

本书主要介绍了化工容器设计的基础知识，典型化工设备设计方法和工作原理，常用化工设备、机器的结构及用途。主要内容包括化工容器，化工设备常用材料及选择，内压薄壁容器的设计，外压容器设计，压力容器零部件，搅拌式反应器及其机械设计基础，塔设备及其机械设计基础，换热设备及常用化工设备。

全书采用国家法定计量单位和最新颁布的有关国家标准，内容丰富、概念清晰，从实用出发，深入浅出。适用于高职高专化工类及相关专业的学生选用，也可供有关部门的技术人员参考。

图书在版编目（CIP）数据

化工设备机械基础/高安全，刘明海主编. —4 版. —
北京：化学工业出版社，2019.2（2024.1重印）
ISBN 978-7-122-33463-3

Ⅰ.①化…　Ⅱ.①高…②刘…　Ⅲ.①化工设备-教材
②化工机械-教材　Ⅳ.①TQ05

中国版本图书馆 CIP 数据核字（2018）第 286567 号

责任编辑：蔡洪伟　于卉　　　　　　　　　文字编辑：向　东
责任校对：杜杏然　　　　　　　　　　　　装帧设计：王晓宇

出版发行：化学工业出版社（北京市东城区青年湖南街 13 号　邮政编码 100011）
印　　装：三河市双峰印刷装订有限公司
787mm×1092mm　1/16　印张 17　字数 441 千字　　2024 年 1 月北京第 4 版第 6 次印刷

购书咨询：010-64518888　　售后服务：010-64518899
网　　址：http://www.cip.com.cn
凡购买本书，如有缺损质量问题，本社销售中心负责调换。

定　　价：39.00 元

前　　言

本书自 2008 年 1 月出版以来，得到了相关高职高专院校师生和广大读者的厚爱。为了更好地适应化工产业的发展，更好地服务于广大读者，更加符合高职教育改革和人才培养质量提高的要求，我们与河南开元气体装备有限公司合作，根据技术领域和职业岗位（群）的任职要求，参照相关的职业资格标准，对本书进行了修订再版。

第四版教材在修订中保持了本书的原有特色，更新了国家最新设计审核使用的标准，使本书的结构体系更为完整，更加贴合工程实际。本书立足高职高专化工类的教学特点，兼顾工科一般院校的教学要求，按照校企合作开发课程建设目标，本着"实用够用、有所拓宽、适当提高"的原则而编写。本书各章配有适量的例题和内容丰富的思考题与习题。适用于高职高专院校化工工艺类及相关专业学生使用，也可供相关技术人员参考。

第四版教材由开封大学高安全、刘明海任主编，由河南开元气体装备有限公司王玮、泰安技师学院张振福、内蒙古化工职业学院韩春杰任副主编。第一章至第三章由高安全、张振福编写，第四章至第五章由刘明海、王玮编写，第六章由韩春杰编写，第七章至第八章由崔金海编写，第九章由王迪编写，全书由高安全统稿并审核。

河南开元气体装备有限公司王玮对全书所用的设计标准规范进行了整理修订。河南质量工程职业学院符明淳参与了本书的资料整理。平原大学杨丽云全篇审阅书稿，并对本书的编写提出了许多宝贵意见和建议。

由于编者水平有限，虽尽努力，难免有不妥之处，诚请广大师生读者指正。

编者
2018 年 8 月

目　录

第一章 化工容器

化学工业是多品种的基础工业，为了适应化工生产的多种需要，化工设备的种类很多，设备的操作条件也比较复杂，各种设备的大小、形状、结构各不相同，内部构件的形式更是多种多样。但是它们都有一个外壳，这个外壳就称为容器。容器是化工与石油化工生产所用各种设备外部壳体的总称。

第一节 容器的结构与分类

一、容器的结构

压力容器的主要作用是储装压缩气体、液体、液化气体或为这些介质的传热、传质、化学反应提供一个密闭的空间，主要结构部件是一个能承受压力的壳体以及其他必要的连接件和密封件等。除承装容器外，其他工艺用途的容器还可根据需要设置各种工艺附件装置。

压力容器常见的结构形式有两种：球形容器和圆筒形容器。图 1-1 所示为一卧式圆筒形容器的结构简图，它由几个壳体组合而成（如圆筒壳、椭球壳、半球壳、圆锥壳等），再加上连接法兰、支座、接口管、人孔、手孔等零部件。

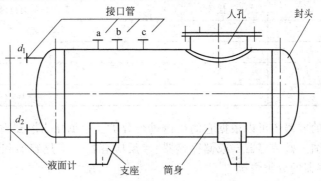

图 1-1　卧式圆筒形容器的结构

二、容器的分类

根据不同的要求，压力容器的分类方法有许多种，表 1-1 列出了常见的一些分类方法。在化工与石油化工设备中，从安全管理角度出发，后三种分类方法用的更为普遍。

从安全管理和技术监督的角度来考察，压力容器一般分为固定式和移动式两大类。

固定式容器是指除用于运输、储存气体、液化气体的盛装容器之外的所有容器，它们都有固定的安装和使用地点，工艺条件和操作人员也比较固定，容器一般不是单独装设，而是位于一定工艺流程中，用管道与其他设备相连。

移动式容器是一种盛装容器，亦属于储运容器。它的用途主要是盛装或运输压缩气体、液化气体和溶解气体。这类容器的特点是流动范围大和环境变化大，同时在使用操作上往往又没有固定的熟练操作人员，管理也比较复杂，这类容器也比较容易发生事故。移动容器按其容积的大小和结构形状的不同可分为气瓶、气桶和槽车三种。

压力是压力容器一个最主要的工作参数。从安全技术方面来看，容器工作压力越高，发生破裂与爆炸事故的可能性与危害性越大，其后果也越严重。为了对压力容器进行分级管理和技术监督，目前我国普遍将压力容器按压力等级的高低分为低压、中压、高压和超高压容器四种，表1-2为这四种压力容器划分的压力范围。

表 1-1　压力容器的分类方法

分类方法	容器种类
按厚度分类	薄壁容器，厚壁容器
按承压方式分类	内压容器，外压容器
按工作壁温分类	高温容器，中温容器，常温容器，低温容器
按几何形状分类	球形容器，圆筒形容器，圆锥形容器，轮胎形容器
按制造方法分类	焊接容器，铸造容器，锻造容器，铆接容器，组合式容器
按材质分类	钢制容器，铸铁容器，有色金属容器，非金属容器
按安放形式分类	立式容器，卧式容器
按安全管理和技术监督角度分类	固定式容器，移动式容器
按压力等级分类	低压容器，中压容器，高压容器，超高压容器
按用途分类	盛装容器，反应容器，换热容器，分离容器
按安全综合分类	一类容器，二类容器，三类容器

表 1-2　压力容器按压力等级的分类

容器分类	代号	最高工作压力范围/MPa
低压容器	L	$0.1 \leqslant p < 1.6$
中压容器	M	$1.6 \leqslant p < 10$
高压容器	H	$10 \leqslant p < 100$
超高压容器	U	$p \geqslant 100$

不同压力等级的容器还可以根据它的用途进行分类。根据压力容器在生产工艺过程中所起的作用，将其归纳为盛装容器（或储存容器）、反应容器、换热容器和分离容器四种。表1-3给出了这四种容器的分类情况。

表 1-3　压力容器按用途分类

容器种类	代号	主要作用	设备名称举例
盛装容器（或储存容器）	C	储备工作介质，保持介质压力稳定，保证生产连续进行	常用的压缩气体或液化气体储罐（槽）、计量槽、压力缓冲器等
反应容器	R	完成介质的物理、化学反应	反应锅、反应器、反应釜、聚合釜、变换炉、合成塔等
换热容器	E	使工作介质在容器内进行热量交换，以达到生产工艺过程中所需要的将介质加热或冷却等目的	换热器、加热器、冷却器、冷凝器、蒸发器、蒸煮锅、消毒器、水洗塔、废热锅炉等
分离容器	S	完成介质的流体压力平衡、缓冲和气体净化分离	分馏塔、吸收塔、干燥塔、净化塔、洗涤塔、分离器、过滤器等

压力容器除了上述的分类方法之外，为了有区别地对安全要求不同的压力容器进行技术管理和监督检查（包括设计图纸的备案与审批，容器制造厂资格的审查，日常使用中的检验与上报以及某些技术条件要求的差别等），我国《固定式压力容器安全技术监察规程》（TSG 21—2016）根据容器的危险程度，将本规程适用范围内的压力容器分为三类，即Ⅰ类、Ⅱ类和Ⅲ类。压力容器分类方法见表1-4。

表1-4　压力容器的分类方法

容器类别	介质分组	
	第一组介质	第二组介质
Ⅲ类	高压且 $V>0.03m^3$	高压且 $V>0.03m^3$
	中压且 $pV>50$	中压且 $pV>500$
	低压且 $pV>10^3$	低压且 $pV>5000$
Ⅱ类	中压、$V>0.03m^3$ 且 $pV<50$	中压、$V>0.03m^3$ 且 $pV<500$
	低压、$V>0.03m^3$ 且 $pV<10^3$	
Ⅰ类		低压、$V>0.03m^3$ 且 $pV>5000$

注：第一组介质，毒性程度为极度危害、高度危害的化学介质；易爆介质；液化气体；第二组介质，除第一组以外的介质。

介质毒性危害强度和爆炸危害程度的确定：按照 HG/T 20660—2017《压力容器中化学介质毒性危害和爆炸危险程度分类标准》确定。HG/T 20660 没有规定的，由压力容器设计单位参照 GBZ 230—2010《职业性接触毒物危害程度分级》的原则，确定介质组别。

第二节　容器零部件的标准化

为方便和优化压力容器的设计、制造、检验和维修等工作，保证压力容器的制造质量，有利于成批生产，缩短生产周期，提高产品质量，降低成本，从而提高产品的竞争能力，我国有关部门已经制定了构成容器的零部件的标准。例如，圆筒体、封头、法兰、支座、人孔、手孔、视镜和液面计等。标准化为组织专业化生产提供了有利条件，可以消除贸易障碍。我国加入世贸组织之后，经济与世界接轨，实现标准化可以增加零部件的互换性，提高劳动生产率。

为使容器零部件具有通用性，将容器零部件规定在一定的压力等级（公称压力）和一定的尺寸范围（公称直径）内，制定标准化系列。因此公称压力和公称直径为压力容器零部件的两个基本参数。

1. 公称直径 DN

对由钢板卷制的筒体和成形封头来说，公称直径是指它们的内径；对管子来说，公称直径既不是它的内径，也不是外径，而是小于管子外径的一个数值。只要管子的公称直径一定，它的外径也就确定了。而管子的内径则根据厚度的不同有多种尺寸，它们大都接近于管子的公称直径。

压力容器与无缝钢管的公称直径分别列于表1-5和表1-6。

表 1-5 压力容器的公称直径 DN （GB/T 9019—2015）   单位：mm

300	350	400	450	500	550	600	650	700	750
800	850	900	950	1000	1100	1200	1300	1400	1500
1600	1700	1800	1900	2000	2100	2200	2300	2400	2500
2600	2700	2800	2900	3000	3100	3200	3300	3400	3500
3600	3700	3800	3900	4000	4100	4200	4300	4400	4500
4600	4700	4800	4900	5000	5100	5200	5300	5400	5500
5600	5700	5800	5900	6000	6100	6200	6300	6400	6500
6600	6700	6800	6900	7000	7100	7200	7300	7400	7500
7600	7700	7800	7900	8000	8100	8200	8300	8400	8500
8600	8700	8800	8900	9000	9100	9200	9300	9400	9500
9600	9700	9800	9900	10000	10100	10200	10300	10400	10500
10600	10700	10800	10900	11000	11100	11200	11300	11400	11500
11600	11700	11800	11900	12000	12100	12200	12300	12400	12500
12600	12700	12800	12900	13000	13100	13200			

注：本标准并不限制在本标准直径系列外其他直径圆筒的使用。

表 1-6 无缝钢管的公称直径 DN 与外径 D_0 单位：mm

DN	10	15	20	25	32	40	50	65	80	100	125
D_0	14	18	25	32	38	45	57	76	89	108	133
厚度	3	3	3	3.5	3.5	3.5	3.5	4	4	4	4
DN	150	175	200	225	250	300	350	400	450	500	
D_0	159	194	219	245	273	325	377	426	480	530	
厚度	4.5	6	6	7	8	8	9	9	9	9	

设计时，应将工艺计算初步确定的设备内径调整到符合表 1-5 所规定的公称直径。当筒体的直径较小，直接采用无缝钢管制作时，压力容器公称直径以外径为基准应按表 1-7 选取。此时，压力容器的公称直径是指外径。

表 1-7 压力容器公称直径 （以外径为基准）   单位：mm

公称直径	150	200	250	300	350	400
外径	168	219	273	325	356	406

化工厂用来输送水、煤气以及用于采暖的管子常采用无缝钢管。无缝钢管的尺寸及常用系列见表 1-8。

表 1-8 输送水、煤气以及用于采暖的钢管的公称直径 DN 与外径 D_0 单位：mm

DN	6	8	10	15	20	25	32	40	50	70	80	100	125	150
D_0	10	13.5	17	21.25	26.75	33.5	42.25	48	60	75.5	88.5	114	140	165

2. 公称压力 PN

压力容器在工作过程中所承受的压力各不相同，即使是公称直径相同的筒体、封头或法兰，只要它们的工作压力不相同，那么它们的其他尺寸也就不会一样。所以还需要将压力容器和管子等零部件所承受的压力，也分成若干个规定的压力等级。这种规定的标准压力等级就是公称压力，以 PN 表示。表 1-9 给出了压力容器法兰与管法兰的公称压力。

表 1-9　压力容器法兰和管法兰的公称压力　　　　　单位：MPa

压力容器法兰	—	0.25	—	0.60	1.0	1.6	2.5	4.0	6.4
管法兰	0.1	0.25	0.40	0.60	1.0	1.6	2.5	4.0	6.4

设计时，如果是选用标准零部件，则必须将操作温度下的最高工作压力（或设计压力）调整到所规定的某一公称压力等级，然后根据 DN 和 PN 选定该零件的尺寸。如果零部件不选用标准的，而是进行非标准设计，设计压力就不必符合规定的公称压力。

第三节　压力容器的安全技术监察

由于压力容器应用的广泛性和特殊性以及事故率高、危害性大等特点，如何确保压力容器安全运行，使之不发生事故，尤其是重大事故，便成为摆在人们面前的十分重要的问题。压力容器使用不当或有缺陷未及时发现和处理，就可能导致介质泄漏，甚至发生爆炸事故，不仅危害操作人员的安全，而且将危及周围设备和环境。如发生二次爆炸或有毒介质的大量扩散则将造成更为严重甚至是灾难性的后果。

因此为确保压力容器的安全运行，国家劳动安全管理部门制定了一系列的法规和条例，对压力容器从设计、制造、检验及使用与管理等各个方面实施安全技术监察。

1. 安全技术监察的依据

对压力容器进行安全技术监察的依据是国家质量监督检验检疫总局颁布实施的《固定式压力容器安全技术监察规程》（以下简称《固容规》），《固容规》是压力容器安全技术监察的基本要求，属强制性法规，它对压力容器的类别划分、材料选用、结构与强度设计、制造组装、无损探伤、压力试验、使用管理、定期检验、安全附件等，从安全技术监督和强化管理的角度提出了具体要求或做出了规定。

2. 压力容器的设计监察

压力容器的设计单位，必须持有省级以上（含省级）主管部门批准，同级劳动部门备案的压力容器设计单位批准书，否则，不准从事压力容器的设计。压力容器的设计单位资格、设计类别和品种范围的划分应符合《压力容器设计单位资格管理与监督规则》的规定。设计单位应具有与所申请设计压力容器的类别相适应的技术力量和技术手段，同时还应建立完整的设计管理制度和技术责任制度。

3. 压力容器的制造监察

压力容器的制造单位，必须持有省级以上（含省级）主管部门颁发的制造许可证，并按批准的范围制造或组焊。

制造单位必须具有与所制造压力容器类别相适应的技术力量，严格按设计文件制造和组焊，不得擅自变更设计，以保证压力容器产品的安全质量，企业法人代表必须对压力容器的制造质量负责。压力容器制造的全过程均应接受劳动部门授权的检验单位的监督检查。

第四节　容器机械设计的基本要求

容器机械设计一般首先是根据生产工艺要求，通过工艺计算和生产经验决定容器的总体尺寸，然后进行容器和容器零部件的结构和强度设计。容器和容器零部件的机械设计应满足如下条件。

1. 强度

强度是容器抵抗外力破坏的能力。容器应有足够的强度，以保证安全生产。

2. 刚度

刚度是容器或构件抵抗外力使其发生变形的能力。容器或构件必须有足够的刚度，以防止在使用、运输或安装过程中发生不允许的变形。

3. 稳定性

稳定性是指容器或构件在外力作用下维持原有形状的能力。承受压力的容器或构件，必须保证足够的稳定性，以防止被压瘪或出现褶皱。

4. 耐久性

化工设备的设计使用年限一般为 10~15 年，但实际使用年限往往超过这个年限，其耐久性大多取决于腐蚀情况，在某些特别情况下还取决于设备的疲劳、蠕变或振动等。为了保证设备的耐久性，必须选择适当的材料，使其能耐所处理介质的腐蚀，或采用必要的防腐措施以及正确的使用方法。

5. 密封性

设备密封的可靠性是安全生产的重要保证之一，因为化工生产所处理的物料大多是易燃、易爆或有毒的，设备内的物料如果泄漏出来，不但会造成生产上的损失，更重要的是会使操作人员中毒，甚至引起爆炸。因此，化工设备必须具有可靠的密封性，以保证安全和创造良好的劳动环境以及维持正常的生产。

6. 节省材料和便于制造

化工设备应在结构上保证尽可能降低材料消耗。尤其是贵重材料的消耗，同时，在考虑结构时应使其便于制造、保证质量。应尽量减少或避免复杂的加工工艺。在设计时应尽量采用标准设计和标准零部件。

7. 方便操作和便于运输

化工设备的结构还应当考虑到操作方便。同时还要考虑安装、维护、检修方便。在设计设备的尺寸和形状时还应考虑运输的方便和可能性。

8. 技术经济指标合理

化工设备的主要技术经济指标包括单位生产能力、消耗系数、设备价格、管理费用和产品总成本等几项。

单位生产能力是指化工设备单位体积、单位重量或单位面积在单位时间内所能完成的生产任务。单位生产能力愈高愈好。

消耗系数是指生产单位重量或单位产品所消耗的原料及能量，包括原料、燃料、蒸汽、水、电等。消耗系数不仅与所采用的工艺路线有关，而且与设备的设计有很大的关系。一般来说，消耗系数愈低愈好。

设备价格直接影响工厂投资的大小。因此选用适当价格的设备是一个很重要的问题。但有时设备虽然复杂，价格高一些，却有较高的单位生产能力，能保证产品有较高的质量，并且操作控制现代化，在进行全面经济合理性的核算后，也可采用这种较昂贵的设备。

管理费用包括劳动工资、维护和检修费用等。管理费用降低，产品成本也随之降低。但管理费用不是一个独立的因素，例如，采用高自动化的设备，虽然管理费用降低了，但投资会增加。

产品总成本是生产中一切经济效果的综合反映。一般要求产品的总成本愈低愈好，但如果一个化工设备是生产中间产品，则为了使整个生产最终产品的总成本为最低，此中间产品的成本就不一定选择最低的指标，而应从整个生产系统的经济效果来确定。

习　题

一、指出下列压力容器温度与压力分级范围

温度分级	温度范围/℃	压力分级	压力范围/MPa
常温容器		低压容器	
中温容器		中压容器	
高温容器		高压容器	
低温容器		越高压容器	
浅冷容器		真空容器	
深冷容器			

二、指出下列容器属于Ⅰ、Ⅱ、Ⅲ类容器的哪一类

序　号	容器(设备)及条件	类　别
1	ϕ1500,设计压力为10MPa的管壳式余热锅炉	
2	设计压力为0.6MPa,容积为1m³的氟化氢气体储罐	
3	ϕ2000,容积为20m³的液氨储罐	
4	压力为10MPa,容积为800L的乙烯储罐	
5	设计压力为2.5MPa的搪玻璃容器	

三、填空题

1. 钢板卷制的筒体和成型封头的公称直径是指它们的（　　　）。
2. 无缝钢管作筒体时,其公称直径是指它们的（　　　）。

第二章 化工设备常用材料及选择

合理选择和正确使用材料，在设计和制造化工设备时是一项十分重要的工作，这不仅要从设备结构、制造工艺、使用条件和寿命等方面考虑，而且还要从材料的力学性能、耐腐蚀性及物理性能适合设备的工作条件，用料少、来源丰富、价格低廉等方面综合考虑。

化学品的种类很多，为了适应化工生产的多种需要，化工设备的种类也很多，设备的操作条件也比较复杂，处理的介质大多数又有腐蚀性。对设备来说，既有温度、压力要求，又有耐腐蚀要求，而且这些要求有时还是相互矛盾的，生产条件又经常变化。这种多样性的操作特点，给化工设备选用材料带来了复杂性，在选择材料时，要具体问题具体分析，抓住问题的关键，遵循经济、安全和适用的原则。要做到这一点，就必须了解设备制造对材料的要求，熟悉、掌握材料的基本性质，特别是常用钢材的基本性能。

第一节　材料的性能

一、力学性能

力学性能是指材料在外力作用下不产生超过允许变形或不被破坏的能力。材料的力学性能是通过各种力学试验得到的，例如拉伸、弯曲、疲劳、硬度、冲击等试验。

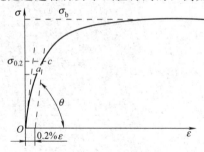

图 2-1　材料拉伸应力与应变曲线

金属材料拉伸试验所得结果可以通过 σ-ε 曲线全面反映出来，如图 2-1 所示。金属材料在外力作用下所引起的变形和破坏过程，大致可分为三个阶段：①弹性变形阶段；②弹-塑性变形阶段；③断裂。

当在试件的两端沿轴线作用一对拉力时，试件即被拉长，在所施加的外力不超过一定限度时，试件的伸长与外力成正比。外力增大，变形增加；外力减小，变形减少；去掉外力，变形恢复。材料的这种变形可恢复性称为弹性变形。

塑性变形是不可恢复性变形，塑性变形总是在发生了一定量的弹性变形之后出现，塑性变形的增长可在恒定的外力作用下进行。试件此阶段的变形，称为弹-塑性变形。

材料的断裂形式有两种：断裂之前不发生明显塑性变形的，称为脆性断裂；经过大量塑性变形之后才发生断裂的，称为韧性断裂。颈缩与断裂的试件如图 2-2 所示。

下面对力学性能的概念分别介绍如下。

1. 强度

固体材料在外力作用下抵抗产生塑性变形和断裂的特性称为强度。常用的强度指标有屈服点和抗拉强度等。在机械设计中屈服点和抗拉强度是决定钢板许用应力的基本依据。

（1）屈服点 σ_s　材料承受外力作用，应力超过弹性极限以后，当外力不再增加或缓慢增加时，仍发生明显的塑性变形，材料抵抗变形的能力暂时消失了，这种现象，称为"屈服"。

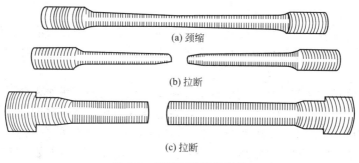

(a) 颈缩

(b) 拉断

(c) 拉断

图 2-2 颈缩与断裂的试件

发生屈服现象时的应力，称为"屈服点"，用 σ_s（MPa）表示。材料的屈服点越高，材料抵抗产生塑性变形的能力越强。

$$\sigma_s = P_s / F_0$$

式中，P_s 为材料产生屈服时的载荷；F_0 为试件的截面积。

屈服点是金属材料最重要的力学性能指标之一。除退火的或热轧的低碳钢和中碳钢等少数合金钢有明显的屈服点外，大多数金属合金没有明显的屈服点。因此，规定发生 0.2% 残余伸长时的应力作为条件"屈服点"，以 $\sigma_{0.2}$ 表示。

$$\sigma_{0.2} = P_{0.2} / F_0$$

式中，$P_{0.2}$ 为产生 0.2% 残余伸长时的载荷；F_0 为试件的截面积。

工程技术上，绝大部分构件和零件都是在弹性状态下工作，不允许发生塑性变形，常因过量的塑性变形而失效。

（2）抗拉强度 σ_b　材料在承受外力作用过程中，从开始加载到发生断裂所能达到的最大应力值，称为抗拉强度。由于外力形式不同，有抗拉强度、抗压强度、抗弯强度和抗剪切强度等。抗拉强度是压力容器设计常用的性能指标，它是试件拉断前最大负荷下的应力，以 σ_b（MPa）表示。

$$\sigma_b = P_b / F_0$$

式中，P_b 为材料拉断前试件所承受的最大载荷；F_0 为试件的截面积。

（3）蠕变强度 σ_n　金属试件在高温下承受一定的应力作用，试件会随着时间的延长而不断发生缓慢增长的塑性变形。这种应变随时间增加而增长的现象，或者金属在高温和应力作用下逐渐产生塑性变形的现象，称为蠕变。

高温下材料的屈服点、抗拉强度、塑性及弹性模量等性能均发生明显的变化。一般是随着温度的升高，金属的强度降低，塑性提高。

在生产实际中，由于金属材料的蠕变而造成的破坏事例并不少见。例如，高温高压的蒸汽管道，由于材料的蠕变，它的直径随时间的延长不断增大，壁厚减薄，最后导致破裂。

（4）持久强度 σ_D　试件在一定的应力和温度作用下，在规定的时间内不发生断裂时所允许承受的最高应力称为材料在该温度下的持久强度。

在相同的条件下，材料能支持的时间越久，则该材料的持久强度越大。

（5）疲劳强度 σ_{-1}　金属材料在无数次交变载荷作用下不发生断裂的最大应力，称为"疲劳强度"。

设备零部件在工作时常承受大小和方向变化的交变载荷，在这种载荷作用下，金属材料在应力远低于屈服点时就发生断裂，这种现象称为"疲劳"。

2. 硬度

硬度是指金属材料抵抗其他更硬物体压入表面发生变形或破裂的能力。硬度是衡量材料软硬的指标，它不是一个单纯的物理量，而是反映材料弹性、强度、塑性和韧性等的综合性能指标。

常用的硬度测量方法都是用一定的载荷（压力）把一定的压头压入金属表面，然后测定压痕的面积或深度。当压头和压力一定时，压痕愈深或面积愈大，硬度就愈低。根据压头和压力的不同，常用的硬度指标可分为布氏硬度（HBS，HBW）、洛氏硬度（HR）、维氏硬度（HV）和肖氏硬度（HS）等。

布氏硬度（HB）的测定（图2-3）是用一直径为 D（10mm，5mm，2.5mm）的标准钢球，在压力 P（N）下压入金属表面，经过一定时间，撤去压力，由于塑性变形，在材料表面形成一个凹印而测得。凹印愈小，布氏硬度值愈高，说明材料愈硬。P 与 D 成一定比例，对于钢铁而言：$P = 300D^2$。

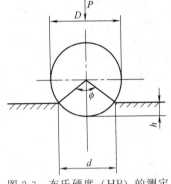

图2-3 布氏硬度（HB）的测定

$$HB = \frac{2P}{\pi D \left(D - \sqrt{D^2 - d^2} \right)}$$

式中，P 为压力，N；D 为钢球直径，mm；d 为压痕直径，mm。

布氏硬度比较准确，因此用途很广，但不能测硬度更高的金属，如 HB 值在 650MPa 以上，也不能测太薄的试样。

硬度是材料的重要性能指标之一。一般说来，硬度高强度也高，耐磨性较好。大部分金属硬度和强度之间有一定的关系，因而可用硬度近似地估计抗拉强度值。

3. 冲击韧性

冲击韧性是衡量材料韧性的一个指标，是材料在冲击载荷作用下吸收塑性变形功和断裂功的能力，常以标准试样的冲击吸收功 A_k 表示。其试验方法与原理如图2-4和图2-5所示。

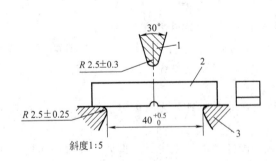

图2-4 冲击试样的安放

1—摆锤；2—标准试样；3—机座

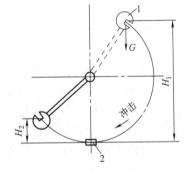

图2-5 冲击试验原理

1—摆锤；2—标准试样

将预测定的材料先加工成标准试样。然后放在实验机的机座上，将具有一定重量 G 的摆锤举至一定的高度 H_1，再释放，冲断试样，摆锤的剩余能量为 GH_2。摆锤冲断试样所失去的位量，称为冲击吸收功，以 A_k 表示，用试样缺口处截面积去除 A_k 即得到冲击韧性 a_k。

$$A_k = GH_1 - GH_2 = G(H_1 - H_2)$$
$$a_k = A_k / F$$

冲击断裂过程是一个裂纹发生和扩展的过程，在裂纹向前扩展的过程中，如果塑性变形能发生在裂纹扩展之前，就可以制止裂纹的长驱直入。它要继续扩展，就需另找途径，这样就能消耗更多的能量。因此，冲击吸收功的大小取决于材料有无迅速塑性变形的能力。

根据上述断裂机理，对韧性可以这样理解：韧性高的材料，一般都有较高的塑性指标；但塑性较高的材料，却不一定都有高的韧性。之所以如此，就是因为静载荷下能够缓慢塑性变形的材料，在动载荷下不一定能迅速塑性变形。

4. 缺口敏感性

缺口敏感性是指在带有一定应力集中的缺口条件下，材料抵抗裂纹扩展的能力，属于材料的韧性范畴。但它和材料的冲击韧性不同，是在静载荷下抵抗裂纹扩展的性能，而冲击韧性指材料承受动载荷时抵抗裂纹扩展的能力。

缺口敏感性试验方法是：从垂直轧制面方向开出带有 60°角的 V 形缺口，缺口深度为 2mm，在油压机上进行试验，弯曲时支点的跨距为 40mm，求得载荷与挠度的关系曲线，根据曲线的陡降程度判定缺口敏感性是否合格。

5. 塑性

材料在外力作用下产生塑性变形而不被破坏的能力，称为材料的塑性。常用的塑性指标是伸长率和断面收缩率。

(1) 伸长率 δ　试件受拉力拉断后，总伸长的长度与原始长度之比的百分率，称为伸长率，以 δ 表示。δ 值所反映的是材料在断裂前最大能够经受的塑性变形量。δ 值越大，说明材料在断裂前能够经受的塑性变形量越大，也就是说材料的塑性越好。由于初始标距有 $L_0 = 5d$ 和 $L_0 = 10d$ 两种，所以 δ 有 δ_{10} 与 δ_5 之分，工程中应用的主要塑性指标是 δ_5，低碳钢的 δ 可达 $20\% \sim 30\%$，具有良好的塑性。而灰铸铁的值 δ 只有约 1%，是较典型的脆性材料。

$$\delta = \frac{\Delta L}{L_0} \times 100\% = \frac{L_k - L_0}{L_0} \times 100\%$$

式中　L_k——试件断裂后的标距长度，mm；

L_0——试件的原始标距长度，mm；

ΔL——断裂后试件的绝对伸长，mm。

(2) 断面收缩率 ψ　试件在拉伸时，它的横截面积要缩小，断面收缩率就是指试件受拉力拉断后，断面缩小的面积与原始面积之比的百分率，以 ψ 表示。

$$\psi = \frac{F_0 - F_k}{F_0} \times 100\%$$

式中　F_k——断裂后试件的最小截面积，mm^2；

F_0——试件的原始截面积，mm^2。

断面收缩率与试件的尺寸无关，它能更可靠、更灵敏地反映材料塑性的变化。

伸长率和断面收缩率都是用来度量金属材料塑性大小的指标，伸长率和断面收缩率愈大，表示金属材料的塑性愈好。

(3) 冷弯 (角)　冷弯角也是衡量金属材料和焊缝塑性的指标之一。冷弯实验是将一定形状和尺寸的试样放置在弯曲装置上，用具有规定直径的弯心将试样弯曲到所要求的角度，卸除所加载荷检查试样，在试样被弯曲受拉面出现第一条裂纹前的变形越大，材料的塑性就越好。

冷弯实验不但是对压力容器用材的一项验收指标，而且在容器制造过程中，对焊接工艺试板和产品试板均需做冷弯实验。

上述塑性指标在工程技术中具有重要的实际意义。首先，良好的塑性可顺利地进行某些成形工艺，如弯卷、锻压、冷冲、焊接等。其次，良好的塑性使零件在使用中能由于塑性变形而避免突然断裂。故在静载荷下使用的容器和零件，都需要具有一定的塑性。当然，塑性过高，材料的强度必然低下，这是不利的。

二、材料的化学性能

金属材料的化学性能主要是耐腐蚀性和抗氧化性。

1. 耐腐蚀性

金属材料抵抗周围介质，如大气、水汽、各种电解液等对其腐蚀破坏的能力称为耐腐蚀性。金属材料的耐腐蚀性，常用金属耐腐蚀性能的三级标准来表示。

2. 抗氧化性

在高温下工作的化工设备的材料，不仅有自由氧的氧化腐蚀过程，还有与其他气体介质如水蒸气、CO_2、SO_2 等的氧化腐蚀作用，因此在高温下使用的设备其材料要有抗氧化性。

三、材料的物理性能

金属材料的物理性能有熔点、热膨胀性、导热性、相对密度、导电性、磁性、弹性模量与泊松比等，主要介绍以下几种。

1. 热膨胀性

金属与合金受热时，一般来说体积都要胀大，这一特性称为热膨胀性。通常用线膨胀系数 α_l 来定量：

$$\alpha_l = \frac{1}{l} \times \frac{\Delta l}{\Delta t}$$

式中　l——试件原始长度，mm；

Δl——试件伸长量，mm；

Δt——温度差，℃。

异种钢的焊接，要考虑它们的线膨胀系数是否接近，否则会因膨胀量不等而使构件变形或损坏。有些设备的衬里及组合件，应注意材料的线膨胀系数要和基体材料相同或接近，以免受热后因膨胀量不同而松动或破坏，换热设备应考虑材料的导热性等。

2. 弹性模量（E）与泊松比（μ）

材料在弹性范围内，应力与应变成正比，比例系数称为弹性模量。弹性模量是金属材料对弹性变形抗力的指标，用来衡量材料产生弹性变形的难易程度，材料弹性模量越大，使它产生一定量的弹性变形的应力也越大。

泊松比是拉伸实验中试件单位横向收缩与单位纵向伸长之比。对于各种钢材它近乎为一个常数。

四、材料的加工工艺性能

化工设备的加工制造方法主要包括铸造、锻造、焊接、切削加工、热处理等，特别是焊接方法应用非常普遍。为保证制造质量，金属材料要具有适应各种加工的能力，即具有工艺性，它标志着在保证加工质量的前提下加工过程的难易程度，也直接影响着化工设备和零部件的制造工艺方法。

金属材料的加工分为冷加工和热加工。冷加工有冷卷、冷冲压、冷锻、冷挤压及机械切削加工等；热加工有热卷、热冲压、铸造、热锻、焊接及热处理等。一般塑性好的材料，焊接性能和冷冲压性能都好。

第二节 化工设备常用材料的特性

为了满足化工设备工作条件的多样性，构成化工设备的材料必须是广泛的，不同的工艺条件采用不同的材料。用于化工设备的材料除碳素钢、合金钢、铸铁之外，还包括有色金属及其合金以及非金属材料等。

碳素钢简称碳钢，目前工程上广泛应用的金属材料是碳钢和铸铁，它们的总产量要比其他一切金属产量的总和还要多几百倍。工程上使用的钢材中，碳钢占有很重要的地位。由于其价格低廉，同时在许多场合其性能可以满足使用的要求，故碳钢在化工设备中应用也很普遍。

碳钢和铸铁是由95％以上的铁和0.05％～4％的碳及1％左右的其他杂质元素组成的，因此碳钢和铸铁又称为"铁碳合金"。一般含碳量在0.02％～2％的称为碳钢，含碳量大于2％的称为铸铁。当含碳量小于0.02％时，称为工程纯铁，极少使用；当含碳量大于4.3％时，铸铁太脆，没有实际应用价值。

一、钢铁牌号及表示方法

1. 牌号表示原则

根据国家标准（GB/T 221—2008）的规定，钢铁产品牌号的表示，通常采用大写汉语拼音字母、化学元素符号和阿拉伯数字相结合的方法表示。采用汉语拼音字母或英文字母表示产品名称、用途、特性和工艺方法时，一般从产品名称中选取有代表性的汉字的汉语拼音的首位字母或英文单词的首位字母。当和另一产品所取字母重复时，改取第二个字母或第三个字母，或同时选取两个（或多个）汉字或英文单词的首位字母。采用汉语拼音字母或英文字母，原则上只取一个，一般不超过三个。钢铁产品名称、用途、特性和工艺方法表示见表2-1。

表2-1 钢铁产品名称、用途、特性和工艺方法表示

产品名称	牌号表示	
	采用汉字	采用字母
炼钢用生铁	炼	L
铸造用生铁	铸	Z
球墨铸铁用生铁	球	Q
耐磨生铁	耐磨	NM
脱碳低磷粒铁	脱粒	TL
含钒生铁	钒	F
焊接气瓶用钢	焊瓶	HP
锅炉和压力容器用钢	容	R
锅炉用钢(管)	锅	G
低温压力容器用钢	低容	DR

2. 钢号表示方法

钢号表示方法见表2-2。

表2-2 钢号表示方法

名 称	牌号举例		说 明
	汉 字	符 号	
普通碳素结构钢	—	Q( )	(1)Q表示材料的屈服点; (2)( )内为屈服点值,单位MPa; (3)分为A、B、C、D四个等级
优质碳素结构钢	08	08	(1)含碳量以平均含量万分之几表示,如20表示含碳0.2%; (2)含锰较高的钢应将Mn字标出; (3)浇注方法如为镇静钢不标符号; (4)专门用途的钢其牌号末用符号标明,如g代表锅炉钢,R代表容器钢,F代表沸腾钢
	08沸	08F	
	20锅	20g	
	40锰	40Mn	
	20容	Q245R	
低合金钢及 合金结构钢	16锰容	Q345R	(1)含碳量以平均含量万分之几表示; (2)主要合金元素应标出,含量小于1.5%时可不标含量,含量为1.50%～2.49%时标2,含量为2.50%～3.49%时标3,以此类推,标含量时一般以百分数表示; (3)Mo、V、Ti、B一般含量虽很少,但因是有意加入,故应标出元素符号; (4)有时两种钢成分除一种主要元素外其余均相同,且这些主要元素含量均在1.5%以下,则含量较高的加注"1"字,以示区别,例如,12CrMoV与12Cr1MoV含Cr分别为0.4%～0.6%与0.9%～1.3%; (5)高级优质钢于牌号末加注A
	16锰铜	16MnCu	
	15锰钒容	15MnVR	
	20铬	20Cr	
	12铬钼钒	12CrMoV	
	18锰钼铌	18MnMoNb	
	12铬1钼钒	12Cr1MoV	
	30铬锰硅高	30CrMnSiA	
特殊性能钢	1铬13	1Cr13	(1)这类钢含碳量很低,其含碳量以千分之几表示,"0"表示平均含碳量小于0.08%,"00"表示平均含碳量小于0.03%,"000"表示平均含碳量小于0.01%; (2)主要合金元素含量以百分数表示
	0铬13	0Cr13	
	1铬18镍9	1Cr18Ni9	
	0铬18镍9钛	0Cr18Ni9Ti	
	00铬19镍10	00Cr19Ni10	

根据GB/T 700—2006,普通碳素结构钢的牌号由代表钢材屈服点的字母、屈服点的数值、材料质量等级符号、脱氧方法符号四部分按顺序组成。例如,Q235AF,其中:

    Q——钢材屈服点"屈"字汉语拼音首位字母;

    235——钢材试件厚度(直径)≤16mm时屈服点的数值,单位为MPa;

A(B,C,D)——钢材质量等级;

    F(b,Z)——脱氧方法中沸腾钢"沸"字汉语拼音首位字母(b为脱氧方法中半镇静钢"半"字汉语拼音首位字母;Z为镇静钢"镇"字汉语拼音首位字母,在牌号组成表示方法中,"Z"符号予以省略)。

3. 铸铁、铸钢牌号表示方法

铸铁、铸钢牌号表示方法见表2-3。

表2-3 铸铁(GB/T 5612—2008)、铸钢(GB/T 5613—2014)牌号表示方法

名称	牌号举例	说 明
灰铸铁(HT)	HT150—330	HT后第一组数字为抗拉强度σ_b,数字单位为N/mm^2,即MPa,以下同; 第二组数字为抗弯强度σ_w
	HT200—400	
	HT300—540	

名　称	牌 号 举 例	说　　明
球墨铸铁（QT）	QT450—1 QT400—15 QT600—2	QT后第一组数字为抗拉强度 σ_b； 第二组数字为伸长率 δ，单位为%
铸钢（ZG）	ZG200—400	ZG成分标注方法与碳素结构钢、合金结构钢相同，第一组数字为屈服点 σ_s，单位为 MPa； 第二组数字为抗拉强度 σ_b
	ZG15Cr1Mo1V	15：碳的百分含量； Cr1、Mo1：合金元素后面的数字分别为 Cr、Mo 的百分含量； V：V 含量小于 0.9%
	ZG20Cr13	20：碳的万分含量； 13：Cr 的百分含量

二、铁碳合金的组织结构

工业上作为结构使用的金属材料是固态。固态金属都属于晶体。各种铁碳合金表面上看来似乎一样，但其内部微观情况却有着很大的差别。如果用金相分析的方法，在金相显微镜下可以看到它们的差异。通常在低于 1500 倍的显微镜下观察到的金属的晶粒，称为金属的显微组织，简称组织，如图 2-6 所示。如果用 X 射线和电子显微镜则可以观察到金属原子的各种排列规则，称为金属的晶体结构，简称结构。

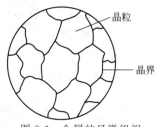

图 2-6　金属的显微组织

这种金属内部的微观组织和结构的不同形式，影响着金属材料的性质。图 2-7 所示为灰铸铁中石墨存在的形式与分布，其中球状石墨的铸铁强度最好，细片状石墨次之，粗片状石墨最差。图 2-8 所示为纯铁在不同温度下的晶体结构。其中图 2-8（a）为面心立方晶格，图 2-8（b）为体心立方晶格，前者的塑性好于后者，而后者的强度高于前者。

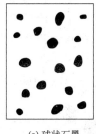

(a) 球状石墨　　　　　　　(b) 细片状石墨　　　　　　　(c) 粗片状石墨

图 2-7　灰铸铁中石墨存在的形式与分布

1. 纯铁的同素异构转变

上述体心立方晶格的纯铁称为 α-Fe，而面心立方晶格的纯铁称为 γ-Fe。α-Fe 经加热可转变为 γ-Fe，反之高温下的 γ-Fe 冷却可变为 α-Fe。这种在固态下晶体构造随温度发生改变的现象，称为"同素异构转变"。这一同素异构转变是在 910℃ 恒温完成的，如图 2-9 所示，铁的同素异构转变，是固态下铁原子重新排列的过程，实质上也是一种结晶过程。

(a) 面心立方晶格　　　　　　　(b) 体心立方晶格

图 2-8　纯铁在不同温度下的晶体结构

2. 铁与碳的相互关系和碳钢的基本组织

纯铁塑性较好，强度较低，在工业上用得很少，碳对铁的性能影响极大，铁中加入少量的碳以后，强度显著增加，这是碳加入后引起了内部组织改变的缘故。

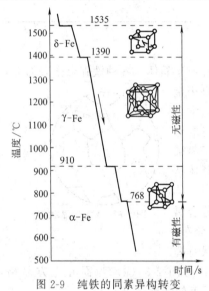

图 2-9　纯铁的同素异构转变

碳在铁中的存在形式有如下三种。

① 碳溶解在铁的晶格中形成固溶体。

② 碳与铁形成化合物 Fe_3C，当铁中的含碳量超过了溶碳量，则多元的碳即与铁化合成 Fe_3C 化合物。

③ 碳以石墨状态单独存在，碳和铁机械地混合在一起形成混合物。下面具体介绍铁和碳溶解、化合和混合所形成的各种基本组织。

(1) 铁素体 F　碳溶于 α-Fe 中所形成的固溶体称为铁素体，以 F 表示，如图 2-10 所示。由于 α-Fe 的原子间隙很小，所以溶碳能力极低，在室温下仅能溶解 0.006% 的碳。所以铁素体强度和硬度低，但塑性和韧性很好。因而含铁素体的钢（如低碳钢）就表现出软而韧的性能。

(2) 奥氏体 A　碳溶于 γ-Fe 中所形成的固溶体称为奥氏体，以 A 表示。如图 2-11 所示。由于 γ-Fe 原子间隙较大，所以碳在 γ-Fe 中的溶解度比在 α-Fe

中大得多。如在 727℃ 时可溶解 0.77%，在 1148℃ 时可达最大值 2.06%。碳钢中奥氏体只有加热到 727℃（称为临界点）以上，组织发生转变时才存在。奥氏体的性能特点是强度、硬度高，塑性低，韧性好，且没有磁性。

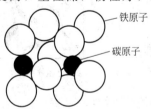

图 2-10　碳溶于 α-Fe 中

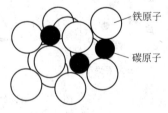

图 2-11　碳溶于 γ-Fe 中

(3) 渗碳体 C　铁和碳以化合物形态出现的碳化铁，称为渗碳体，以 C 表示。其中铁原子与碳原子之比为 3∶1，即 Fe_3C。其含碳量高达 6.67%。Fe_3C 的性能既不同于铁，也不同于碳。其硬度高（HBW 为 784MPa），塑性几乎为零，熔点约为 1600℃。由于 Fe_3C 既硬又脆，所以纯粹的 Fe_3C 在工业上并无用处。Fe_3C 以不同的大小、形状与分布出现于组织之中，对钢的组织与性能影响很大。

渗碳体在一定条件下可以分解为铁和碳，这种游离态的碳是以石墨形式出现的。铁碳合金中碳的含量小于 2% 时，其组织是在铁素体中散布着渗碳体，这就是碳素钢；当碳的含量大于 2% 时，部分碳就以游离石墨的形式存在于合金中，这就是铸铁。石墨本身的性质是质软，强度小。石墨分布在铸铁中相当于挖了许多孔洞，因而铸铁的抗拉强度和塑性都比钢的低。

（4）珠光体 P 珠光体是铁素体和渗碳体二者组成的机械混合物，以 P 表示。碳素钢中珠光体组织的平均含碳量约为 0.8%。它的力学性能介于铁素体和渗碳体之间，性能特点是强度、硬度比铁素体高，塑性、韧性比铁素体差，但比渗碳体要高得多。

（5）莱氏体 L 莱氏体是珠光体和初次渗碳体的共晶混合物，以 L 表示。它存在于高碳钢和白口铁中，莱氏体具有较高的硬度，是一种较粗而硬的组织。

（6）马氏体 M 钢和铁从高温奥氏体状态急冷下来，得到一种碳原子在 α-Fe 中过饱和的固溶体，称为马氏体，以 M 表示。马氏体组织有很高的硬度，而且随着含碳量的增高硬度提高。但马氏体很脆，延伸性很低，几乎不能承受冲击载荷。马氏体由于过饱和，所以不稳定，加热后容易分解或转变为其他组织，故力学性能会有很大的改变，可利用这一现象对钢材采用不同的加热和冷却方式，以得到预期的材料性能。

三、碳素钢

碳素钢按照品质的好坏，可分为普通碳素钢、优质碳素钢和高级优质钢。

碳素钢中杂质对其性能的影响如下。

① 锰的影响：锰可脱氧和减轻硫的有害作用，是一种有益元素。

② 硅的影响：硅溶于铁素体使钢的强度、硬度提高，是一种有益元素。

③ 硫的影响：硫以 FeS 的形式存在于钢中，能和铁形成低熔点（985℃）的化合物。在热加工时，可过早地熔化，导致工件开裂，这种现象称为"热脆性"。所以它是一种有害元素，钢中含硫量控制在 0.07% 以下。

④ 磷的影响：磷溶于铁素体使铁素体在室温的强度提高，而塑性、韧性下降，即产生"冷脆性"。它是一种有害元素，钢中含磷量控制在 0.07% 以下。

⑤ 氧的影响：氧在钢中以杂质形式存在，它们的熔点高并以颗粒状存在于钢中，从而破坏钢基体的连续性，因而剧烈降低钢的力学性能。

⑥ 氮的影响：当钢中溶有过量的氮，在加热至 200～250℃ 时，会发生氮化物的析出，称为"时效"，使钢的硬度、强度提高，塑性下降。

⑦ 氢的影响：氢在钢中的严重危害是造成"白点"。使用时会突然断裂，造成事故。化工容器用钢不允许有白点存在。

1. 普通碳素钢

根据 GB/T 700—2006 规定，普通碳素钢钢种以屈服点的数值区分，即 Q195、Q215、Q235、Q275。这种钢含硫、磷等杂质较多（含 S≤0.050%，含 P≤0.045%）。在化工容器与设备中应用最多的是 Q235AF、Q235B、Q235C。

普通碳素结构钢力学性能如表 2-4 所示。

2. 优质碳素钢

这种钢除保证钢材的化学成分和机械强度外，还对含硫、磷等杂质的量进行严格控制，（通常含 S、P 均≤0.004%），非金属夹杂物少，组织均匀，表面质量较好。按含锰量又分为正常含锰量和较高含锰量两种。它的牌号是按含碳量的万分之几来表示的。如含碳量在 0.45% 的优质碳素钢称为 45 钢。

表 2-4　普通碳素结构钢力学性能

牌号	等级	屈服强度 σ_s (≥)/MPa						抗拉强度 σ_b /MPa	断后伸长率 δ/%					冲击试验(V形缺口)	
		厚度(或直径)/mm							厚度(或直径)/mm					温度 /℃	冲击吸收功(纵向)(≥)/J
		≤16	>16~40	>40~60	>60~100	>100~150	>150		≤40	>40~60	>60~100	>100~150	>150		
Q195	—	195	185	—	—	—	—	315~430	33					—	—
Q215	A	215	205	195	185	175	165	335~450	31	30	29	27	26	—	—
	B													+20	27
Q235	A	235	225	215	215	195	185	370~500	26	25	24	22	21	—	—
	B													+20	27
	C													0	
	D													−20	
Q275	A	275	265	255	245	225	215	410~540	22	21	20	18	19	—	—
	B													+20	27
	C													0	
	D													−20	

注：1. Q195 的屈服强度值仅供参考，不作交货条件。

2. 厚度大于 100mm 的钢材，抗拉强度下限允许降低 20MPa。宽带钢（包括剪切钢板）抗拉强度上限不作交货条件。

3. 厚度小于 25mm 的 Q235B 级钢材，如供方能保证冲击吸收功值合格，经需方同意，可不做检验。

正常含锰量的钢号有 08、10、15、20 等。较高含锰量的钢号有 30Mn、40Mn 等。在化工容器与设备中应用最多的优质碳素钢有 10、15、20 等。

3. 高级优质钢

这种钢的特点是含硫、磷等杂质比优质碳素钢更少，均≤0.003%。其表示方法是在优质钢钢号后面加一个 A 字，如 20A。

碳素钢常按含碳量不同分为三类。

低碳钢，含碳量小于 0.25%，常用钢号有 08、10、15、20、25。这种钢强度较低，但塑性最好。适合于制作冷压及焊接件，在石油化工设备中广泛应用。

中碳钢，含碳量为 0.25%～0.6%，该钢种的强度和塑性适中，焊接性能较差，不适于制造设备壳体。多用于传动设备及高压设备封头零件。常用钢号有 30、35、40、45、50、55、60，其中以 45 钢应用最广泛。

高碳钢，含碳量大于 0.6%，钢的强度和硬度均较高，塑性差，焊接性能差，常用于制造弹簧、刀具等。常用的钢号有 65、70。

四、铸铁

工业上常用的铸铁一般含碳量为 2.5%～4.0%，此外尚有 Si、Mn、S、P 等杂质。

铸铁是一种脆性材料，抗拉强度低，但耐磨性、铸造性、减振性和切削加工性能都很好。在一些介质中还具有相当好的耐腐蚀性能。而且价格低廉，因此在工业中大量应用。

根据铸铁中的碳在结晶过程中的析出状态以及凝固后断口颜色的不同，铸铁可分为白口铸铁、麻口铸铁和灰口铸铁。其中白口铸铁、麻口铸铁由于性脆，不能进行机械加工，使用的场合不多，灰口铸铁具有一定的力学性能和良好的切削加工性能，在工程中被大量应用。灰口铸铁按石墨的形状和大小不同又可分为灰铸铁、可锻铸铁和球墨铸铁。

1. 灰铸铁

灰铸铁中的石墨呈片状，且石墨的含量越多，石墨片越长。片状石墨的存在决定了该材料具有较低的抗拉强度,常用于制作机械设备的外壳。

灰铸铁以"HT"表示,其后紧跟的数字表示材料的抗拉强度值,如牌号为 HT200 的灰铸铁,表示材料的抗拉强度值为 200MPa。

2. 可锻铸铁

可锻铸铁是将一定化学成分的白口铸铁坯件在高温下经长时间的石墨化退火和热处理后得到的,石墨呈团絮状。可锻铸铁的强度比灰铸铁要高,还具有较高的塑性和韧性。可用于制造曲轴、齿轮等零件。

可锻铸铁以"KT"表示,其后紧跟两个数字,一个表示材料的抗拉强度值,另一个表示材料的伸长率,如牌号为 KT300-10 的可锻铸铁,表示材料的抗拉强度值为 300MPa,伸长率为 10%。

3. 球墨铸铁

球墨铸铁是将铁水经过球化处理和孕育处理后得到的,即在浇注前向铁水中加入一定量的纯镁、镍镁、铜镁等合金作为球化剂,并加入一定量的硅铁或铁合金作为孕育剂,以促进碳呈球状石墨析出。球墨铸铁具有更高的力学性能,球墨铸铁不仅强度高,而且具有很好的铸造性和切削加工性,因此常用于制造复杂的机械零件,可部分代替铸钢。

球墨铸铁以"QT"表示,其后紧跟两个数字,一个表示材料的抗拉强度值,另一个表示材料的伸长率,如牌号为 QT400-15 的球墨铸铁,表示材料的抗拉强度值为 400MPa,伸长率为 15%。

五、镇静钢、半镇静钢和沸腾钢

按炼钢时脱氧情况和锭模形式的不同,钢又分为镇静钢、半镇静钢和沸腾钢。

镇静钢在浇注前用 Si、Al 等把钢液完全脱氧,把 FeO 中的氧还原出来,生成 SiO 和 Al_2O_3,使得钢中含氧量不超过 0.01%(通常是 0.002%~0.003%)。钢锭模上大下小,浇注后钢液从底部向上、向中心顺序地凝固,在钢锭上部形成集中缩孔,锻压时将这一部分截去,因而成材率较低,成本较高。但这种方法铸成的钢锭内部紧密坚实,因此重要用途的优质碳钢和合金钢大都是镇静钢。化工压力容器一般都要选用镇静钢。镇静钢的钢锭如图 2-12 所示。

沸腾钢冶炼时只用弱脱氧剂 Mn 脱氧,是脱氧不完全的钢,含氧量为 0.03%~0.07%,其锭模上小下大,浇注后钢液在锭模中发生 $[FeO]+[C]=CO+[Fe]$ 的自脱氧反应,放出大量的 CO 气体,造成沸腾现象。沸腾钢锭中没有缩孔,凝固收缩后气体分散为很多不同形状的气泡,布满全锭之中,因而内部结构疏松。但是,这个缺点通过碾压时的压合作用可以得到克服。沸腾钢锭由于没有缩孔处的废弃部分,所以成材率高,成本低。但沸腾钢的钢锭含碳量常有一些偏析。

半镇静钢介于镇静钢与沸腾钢之间,浇注前在盛钢桶内或钢锭模内加入脱氧剂,锭模也是上小下大,钢锭的特征是具有薄的紧密外壳,头部还有缩孔,钢锭内部结构下半部像沸腾钢,上半部像镇静钢。由于此种钢经部分脱氧,能早期消除模内沸腾,所以钢锭的偏析发展得较弱,这是生产这种钢锭的主要原因。同时这种钢锭头部切除较小,成材率也较高。

六、钢的热处理

钢的性能取决于钢的组织结构,钢的组织结构既与它

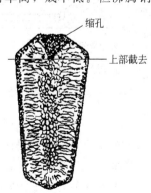

图 2-12　镇静钢的钢锭

的化学成分有关，又与钢材经历的加热和冷却过程有关。

钢铁在固态下通过加热、保温和不同的冷却方式，以改变其组织，满足所要求的物理、化学与力学性能，这样的加工工艺称为热处理。经过热处理的设备和零部件，可使其材料各种性能按所需要求得到改善和提高，充分发挥合金元素的作用和材料的潜力，延长使用寿命和节约金属材料的消耗。廉价的普通碳素钢，经过专门的热处理以后，其性能有时并不比合金钢差。

1. 退火与正火

退火是把工件加热到临界点以上的一定温度，保温一定时间，然后随炉一起缓慢冷却，以得到接近平衡状态组织的一种热处理方法。如图 2-13 所示。

正火是将加热后的工件从炉中取出置于空气中冷却下来，它的冷却速度要比退火快一些，因而晶粒细化。

退火和正火的作用相似，可以降低硬度，提高材料的塑性；调整组织，部分改善力学性能；使组织均匀化，消除部分残余内应力，便于切削加工。

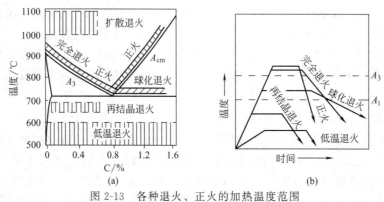

图 2-13 各种退火、正火的加热温度范围

2. 淬火与回火

淬火是将钢加热到临界点以上 30～50℃，并保温一定时间，使钢的组织成为单一的奥氏体，然后在淬火剂中冷却以得到马氏体组织的一种热处理工艺。如图 2-14 所示。

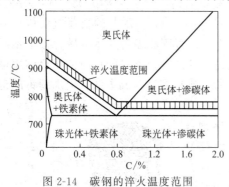

图 2-14 碳钢的淬火温度范围

淬火剂的冷却能力按以下次序递增：空气、油、盐水。合金钢的导热性能比碳钢差，为防止产生过高的应力，一般都在油中淬火；碳钢可在水和盐水中淬火。淬火可提高工件的硬度、强度和耐磨性。淬火时冷却速度太快，容易引起变形和裂纹；冷却速度慢，又达不到技术要求，因此，淬火常常是产品质量的关键所在。

回火是在零件淬火后再进行一次较低温度的加热与冷却处理工艺。回火可以降低或消除工件淬火后的内应力，使组织趋于稳定，并获得技术上所要求的性能。它可以大大改善零件的力学性能。例如，45 钢经正火与回火两种不同热处理后，其力学性能变化见表 2-5。

根据加热温度不同回火处理有以下几种。

(1) 低温回火 零件经淬火后，再加热至 150～250℃，保温 1～3h，然后在空气中冷却，得到一种称为回火马氏体的组织，硬度比淬火马氏体稍低，但残余应力得到部分消除，脆性有所降低。一般对需要硬度高、强度大、耐磨的零件进行低温回火处理。

（2）中温回火　中温回火温度在 $300\sim450℃$ ，要求零件具有较高硬度、弹性和一定韧性时，可采用中温回火。

表 2-5　45 钢经正火与回火两种不同热处理后的力学性能

热处理方法	σ_b/MPa	δ/%	a_k/(J/cm^2)	HB/MPa
正火	700～800	15～20	50～80	16.3～22
回火	750～850	20～25	80～120	21～25

（3）高温回火　高温回火的温度为 $500\sim680℃$ ，这种淬火加高温回火的操作可获得较高的韧性和足够的强度，塑性也较好。淬火后采用高温回火的热处理习惯上称为"调质处理"，它可以大大改善零件的力学性能。调质处理广泛地应用于各种重要的零件。

3. 化学热处理

将零部件放在某种化学介质中，通过加热、保温、冷却等过程，使介质中的某种元素渗入零件表面，改变表面层的化学成分和组织结构，从而使零件表面具有某些性能。

化学热处理有渗碳、渗氮、渗铬、渗硅、渗铝、氰化等，其中渗碳或碳与氮共渗（氰化）可提高零件的耐磨性能；渗铝可提高耐热抗氧化性；渗氮、渗铬可显著提高耐腐蚀性；渗硅可以提高耐腐蚀性等。

第三节　低合金钢及化工设备用的特种钢

随着工业和科学技术的不断发展，对制造设备及零部件的材料提出了更高的要求，碳钢的使用受到了一定限制，碳素钢与合金钢相比，有强度与屈强比低、淬透性差、高温强度低以及物理、化学性能差等缺点，已不能完全满足现代工业生产要求，只有合金钢才能胜任，几种碳素钢与合金钢的性能比较见表 2-6 和表 2-7。

本节对化工设备中常用的合金钢进行简要的介绍。主要有低合金钢、锅炉钢、容器钢以及不锈耐酸钢、耐热钢等特殊性能钢。

一、合金元素对钢的影响

为了改善钢材的性能，在碳钢中特意加入一些合金元素所得的钢，统称为合金钢。目前常用的合金元素有：铬（Cr）、锰（Mn）、镍（Ni）、硅（Si）、钼（Mo）、钒（V）、钛（Ti）、铝（Al）和稀土元素（RE）等。

表 2-6　几种碳素钢与合金钢的高温强度比较

材　料	板厚/mm	σ_s/MPa			
		20℃	400℃	450℃	500℃
Q235A	20～40	230	125	—	—
Q245R	26～36	230	125	115	—
Q345R	27～36	310	190	170	—
18MnMoNbR	16～38	520	420	390	350

表 2-7 几种碳素钢与合金钢的强度比较

种类	材料	σ_b/MPa	σ_s/MPa	σ_s/σ_b
碳素钢	Q235A	400	240	0.6
	Q245R	400	250	0.63
合金钢	Q345R	520	360	0.69
	15MnV	540	400	0.74

铬：它是合金结构钢主加元素之一，在化学性能方面它不仅能提高金属的耐腐蚀性能，也能提高抗氧化性能。当其含量达到 13% 时，能使钢的耐腐蚀能力显著提高。铬能提高钢的淬透性，显著提高钢的强度、硬度和耐磨性，但它使钢的塑性和韧性降低。

锰：对提高钢的强度有良好的作用。它能提高淬透性，使钢具有很高的强度，而又保持良好的塑性和韧性。增加锰含量对提高低温冲击韧性有好处。

镍：能提高耐腐蚀性和低温冲击韧性。镍基合金具有更高的热强性能。镍被广泛应用于不锈钢和耐热钢中。

硅：可提高强度、高温疲劳强度、耐热性及耐 H_2S 等介质的腐蚀性。硅含量增加会降低钢的塑性和冲击韧性。

铝：为强脱氧剂，显著细化晶粒，提高冲击韧性，降低冷脆性。铝还能提高钢的抗氧化性和耐热性，对抵抗 H_2S 介质腐蚀有良好作用。铝的价格比较便宜，所以在耐热合金钢中常以它来代替铬。

钼：能提高钢的高温强度、硬度，细化晶粒，防止回火脆性。含钼小于 0.6% 可提高塑性。钼能抗氢腐蚀。

钒：可提高钢的高温强度，细化晶粒，提高淬透性。铬钢中加一点钒，在保持钢的强度的情况下，能改善钢的塑性。

钛：为强脱氧剂，可提高强度，细化晶粒，提高韧性，减小铸锭缩孔和焊缝裂纹等倾向，在不锈钢中起稳定碳的作用，减少铬与碳化合的机会，防止晶间腐蚀，还可提高耐热性。

稀土元素：可提高强度，改善塑性、低温脆性、耐腐蚀性及焊接性能。

上述部分合金元素对钢性能的影响见表 2-8。

根据溶入合金元素数量的多少，合金钢可分为低合金钢和高合金钢两类。

表 2-8 部分合金元素对钢性能的影响

元素	对组织结构的影响			对性能的影响						
	形成碳化物	强化铁素体	细化晶粒	淬透性	强度	塑性	硬度、耐磨性	韧性	耐热性	耐腐蚀性
Cr	中等	小	小	大	↑	↓	↑	↓	↑	↑
Ni	—	小	小	中等	↑	保持良好	—	保持良好	↑	↑
Mn	小	大	中等	大	↑	—	↑	—	↑	—
Si	石墨化	最大	—	小	↑	↓	↑	↓	↑	↑ (H_2S)
Al	—	—	大	很小	↓	↑	↓	↑	↑	↑ (H_2S)

二、普通低合金钢

普通低合金钢是结合我国资源情况开发的一种合金钢，它是在优质碳素钢的基础上加入少量合金元素（铬、镍、钛、锰、钼）熔合而成的。含碳量为 0.1%～0.25%，合金元素的含量小于 5%。由于合金元素的作用，低合金元素钢具有优良的综合力学性能和加工性能，如可焊性、冷加工性能好，并且有较好的耐腐蚀性和低温性能，因此在化工设备上应用广泛。大型化工容器采用 16MnR 后，重量比碳钢可减轻 1/3，用 15MnV 制造球形容器与碳钢相比可节省钢材 45%。

三、容器钢

由于化工生产所用容器的操作条件比较复杂，再加上制造技术要求比较严格，因而对压力容器用钢板有比较严格的要求。目前对压力容器用钢板在技术条件、检验方法、验收等方面均按 GB/T 3274—2017《碳素结构钢和低合金结构钢热轧钢板和钢带》、GB/T 713—2014《锅炉和压力容器用钢板》与 YB(T)40—1987《压力容器用碳素钢和低合金钢厚钢板》所规定的要求执行。

GB 150—2011《压力容器》推荐使用的容器钢板有：普通低碳钢 Q235B、Q235C；优质低碳钢 Q245（在 GB/T 713—2014 新标准中代替 20R 和 20g）；低合金高强度钢 Q345R（在 GB/T 713—2014 新标准中代替 16MnR、16Mng 和 19Mng）、15MnVR、Q370（在 GB/T 713—2014 和 GB 19189—2011 新标准中代替 15MnVNR）、18MnMoNbR、13MnNiMoR（在 GB/T 713—2014 和 GB 19189—2011 新标准中代替 13MnNiMoNbR 和 13MnNiCrMoNbg）等。

四、锅炉钢

锅炉用钢板常处于中温（350℃以下）、高压状态下工作，它除承受较高内压以外，还受冲击、疲劳载荷及水和蒸汽介质的腐蚀作用。在制造过程中，还要经过各种冷加工，因此，对锅炉钢板提出了如下较高的要求。

① 材料应具有足够的蠕变强度和持久强度；承受疲劳载荷的容器材料应有足够的疲劳强度。
② 良好的塑性、韧性和冷弯性能。
③ 较低的缺口敏感性。
④ 良好的焊接性能和其他加工工艺性能。
⑤ 良好的冶金质量。要求钢板有良好的低倍组织，要求钢的分层、非金属夹杂物、疏松等缺陷尽可能少，不允许有白点和裂纹。

常用锅炉钢板的应用范围见表 2-9。

表 2-9　常用锅炉钢板的应用范围

钢　号	σ_s/MPa	应　用　范　围
Q245R	250	≤450℃，中、低压锅炉
22g	270	≤450℃，中、低压锅炉
12Mng	300	≤450℃，中、低压锅炉
Q345R	350	−40～450℃，中、低压锅炉
15MnVg	400	−40～450℃，中压锅炉
14MnMoVg	500	−20～500℃，高压锅炉
14MnMoVBREg	500	≤520℃，高压锅炉
18MnMoNbg	500	0～520℃，高压锅炉
14CrMnMoVBg	650	400～560℃，高压容器与锅炉

五、不锈耐酸钢

不锈耐酸钢是指在大气中和酸性介质中不生锈和耐腐蚀的高合金钢。严格来讲，不锈钢是指耐大气腐蚀的钢；耐酸钢是指能抵抗酸和其他强腐蚀性介质的钢。而耐酸钢一般都具有不锈的性能。根据所含主要合金元素的不同，不锈钢常分为以铬为主的铬不锈钢和以铬、镍为主的铬镍不锈钢；目前还发展了我国自行研制的节镍（无镍）不锈钢。现执行标准为 GB/T 3280—2015《不锈钢冷轧钢板和钢带》、GB/T 4237—2015《不锈钢热轧钢板和钢带》。

1. 铬不锈钢

在铬不锈钢中，起耐腐蚀作用的主要元素是铬，铬能固溶于铁的晶格中形成固溶体。在氧化介质中，铬能生成一层稳定而致密的氧化膜，对钢材起保护作用而且耐腐蚀。但这种耐腐蚀性的强弱常与钢种的含碳量、含铬量有关。当含铬量大于 11.7% 时，钢的耐腐蚀性就显著提高，而且含铬量愈多则愈耐蚀。但由于碳是钢中必须存在的元素，它能与铬形成铬的碳化物（如 $Cr_{23}C_6$），因而可能消耗大量的铬，致使铁固溶体中的有效铬含量减少，为了使铁固溶体的含铬量不低于 11.7%，可适当减少铁固溶体的含碳量，增加铬的含量，所以实际应用的不锈钢，其平均含铬量都在 13% 以上。

常用的铬不锈钢有：1Cr13（含碳量小于 0.15%）、2Cr13（平均含碳量为 0.2%）、0Cr13Al、0Cr13 等。

2. 铬镍不锈钢

典型的铬镍不锈钢是 0Cr18Ni9，其中含 C 量小于 0.08%，含 Cr 量为 17%～19%，含 Ni 量为 8%～11%，故常以其 Cr、Ni 平均含量"18-8"来标志这种钢的代号。

铬镍不锈钢具有较高的抗拉强度、较低的屈服点、极好的塑性和韧性，它的焊接性能和冷弯成型等工艺性也很好，是目前用来制造各种化工设备应用最多的一类不锈钢。常用的铬镍不锈钢有 0Cr18Ni9、0Cr18Ni10Ti、0Cr17Ni12Mo2、0Cr18Ni12Mo2Ti、0Cr19Ni13Mo3、00Cr19Ni10、00Cr17Ni14Mo2、00Cr19Ni13Mo3、00Cr18Ni5Mo3Si2 等。

六、高温用钢

高温用钢是指工作温度在 600～1200℃ 以下，具有优良的综合力学性能和抗腐蚀性能的一大类钢种。这类钢之所以能耐高温是在钢中加入了 Cr、Mo、V、Si、Al 等合金元素，以强化金属金相组织、提高金属的再结晶温度。高温用钢按其使用性能的不同，大致可分为热强钢和抗氧化钢两大类。现执行标准为 GB/T 4238—2015《耐热钢钢板和钢带》。

热强钢具有很好的热强性和优异的承受高温气体腐蚀的能力。常用的有 16Mo、15CrMo、12Cr1MoV、12Cr3MoVSiTiB 等。

抗氧化钢在高温下具有较好的抗氧化、不起皮的特性，同时具有一定的热强特性。常用的有 Cr5Mo、1Cr13Si3、1Cr13SiAl、1Cr18Si2、1Cr23Ni8、Cr25Ni20 等。

七、低温用钢

低温用钢是指工作温度在 −20～−269℃ 之间的工程结构用钢。低温用钢的特点是：具有良好的韧性、良好的加工工艺性和可焊性。为了保证这些性能，低温用钢的含碳量应尽可能地降低，其平均含碳量为 0.08%～0.18%，再加入适量的锰（Mn）、镍（Ni）、钛（Ti）、铝（Al）、钒（V）等元素以改善钢的综合力学性能。现执行标准为 GB 3531—2014《低温压力容器用钢板》、GB 19189—2011《压力容器用调质高强度钢板》，常用低温钢的主要牌号、化学成分、性能列于表 2-10、表 2-11 中。

表 2-10　低温压力容器用钢板和压力容器用调质高强度钢板化学成分

牌号	化学成分(质量分数)/%													
	C	Si	Mn	Ni	Mo	V	Nb	Cu	Cr	B	Al$_t$	Pcm	P	S
16MnDR	≤0.20	0.15～0.50	1.20～1.60	≤0.40	—	—	—	—	—	—	≥0.020	—	≤0.020	≤0.010
15MnNiDR	≤0.18	0.15～0.50	1.20～1.60	0.20～0.60	—	≤0.05	—	—	—	—	≥0.020	—	≤0.020	≤0.008

续表

牌号	化学成分（质量分数）/%													
	C	Si	Mn	Ni	Mo	V	Nb	Cu	Cr	B	Al$_t$	Pcm	P	S
15MnNiNbDR	≤0.18	0.15～0.50	1.20～1.60	0.30～0.70	—	—	0.015～0.040	—	—	—	—	—	≤0.020	≤0.008
09MnNiDR	≤0.12	0.15～0.50	1.20～1.60	0.30～0.80	—	—	≤0.040	—	—	—	≥0.020	—	≤0.020	≤0.008
08Ni3DR	≤0.10	0.15～0.35	0.30～0.80	3.25～3.70	≤0.12	≤0.05	—	—	—	—	—	—	≤0.015	≤0.005
06Ni9DR	≤0.08	0.15～0.35	0.30～0.80	8.50～10.00	≤0.10	≤0.01	—	—	—	—	—	—	≤0.008	≤0.004
07MnMoVR	≤0.09	0.15～0.40	1.20～1.60	≤0.40	0.10～0.30	0.02～0.06	—	≤0.25	≤0.30	≤0.0020	—	≤0.20	≤0.020	≤0.010
07MnNiVDR	≤0.09	0.15～0.40	1.20～1.60	0.20～0.50	≤0.30	0.02～0.06	—	≤0.25	≤0.30	≤0.0020	—	≤0.21	≤0.018	≤0.008
07MnNiMoDR	≤0.09	0.15～0.40	1.20～1.60	0.30～0.60	0.10～0.30	0.02～0.06	—	≤0.25	≤0.30	≤0.0020	—	≤0.21	≤0.015	≤0.005
12MnNiVR	≤0.15	0.15～0.40	1.20～1.60	0.15～0.40	≤0.30	0.02～0.06	—	≤0.25	≤0.30	≤0.0020	—	≤0.25	≤0.020	≤0.010

注：Pcm 为焊接裂纹敏感性组成，按如下公式计算：

Pcm＝C＋Si/30＋（Mn＋Cu＋Cr）/20＋Ni/60＋Mo/15＋V/10＋5B（%）

可以用测定 Al$_s$ 代替 Al$_t$，此时 Al$_s$ 含量应不小于 0.015%；当钢中 Nb＋V＋Ti≥0.015% 时，Al 含量不做验收要求。

表 2-11　力学性能、工艺性能

牌号	交货状态	钢板公称厚度/mm	拉伸试验			冲击试验		弯曲试验[3]
			抗拉强度 R_m/MPa	屈服强度[1] R_{aL}/MPa	断裂伸长率 A/%	温度/℃	冲击功吸收能量 KV_2/J	180° b=2a
16MnDR	正火或正火＋回火	6～16	490～620	≥315	≥21	−40	≥47	D=2a
		＞16～36	470～600	≥295				
		＞36～60	460～590	≥285				D=3a
		＞60～100	450～580	≥275				
		＞100～120	440～570	≥265		−30	≥47	
15MnNiDR		6～16	490～620	≥325	≥20	−45	≥60	D=3a
		＞16～36	480～610	≥315				
		＞36～60	470～600	≥305				
15MnNiNbDR		10～16	530～630	≥370	≥20	−50	≥60	D=3a
		＞16～36	530～630	≥360				
		＞36～60	520～620	≥350				

续表

牌号	交货状态	钢板公称厚度/mm	拉伸试验			冲击试验		弯曲试验③
			抗拉强度R_m/MPa	屈服强度①R_{aL}/MPa	断后伸长率A/%	温度/℃	冲击功吸收能量KV_2/J	180°$b=2a$
09MnNiDR	正火或正火+回火	6～16	440～570	≥300	≥23	−70	≥60	$D=2a$
		>16～36	430～560	≥280				
		>36～60	430～560	≥270				
		>60～120	420～550	≥260				
08Ni3DR	正火或正火+回火或淬火+回火	6～60	490～620	≥320	≥21	−100	≥60	$D=3a$
		>60～100	480～610	≥300				
06Ni9DR	淬火+回火②	5～30	680～820	≥560	≥18	−196	≥100	$D=3a$
		>30～50		≥550				
07MnMoVR	—	10～60	610～730	≥490	≥17	−20	≥80	$D=3a$
07MnNiVDR	—	10～60	610～730	≥490	≥17	−20	≥80	$D=3a$
07MnNiMoDR	—	10～50	610～730	≥490	≥17	−20	≥80	$D=3a$
12MnNiVR	—	10～60	610～730	≥490	≥17	−20	≥80	$D=3a$

① 当屈服现象不明显时，可测量$R_{p0.2}$代替R_{eL}。
② 对于厚度不大于12mm的钢板可两次正火加回火状态交货。
③ a为试样厚度；D为弯曲压头直径。

八、钢材的品种和规格

钢材的品种有钢板、无缝钢管、型钢、铸钢和锻钢等。

1. 钢板

钢板分冷轧与热轧薄钢板（厚度4mm）和热轧厚钢板（厚度大于4mm）两种，冷轧薄钢板的尺寸精度（指厚度允许偏差）比热轧钢板高。

2. 无缝钢管

无缝钢管有冷轧和热轧两种。冷轧无缝钢管外径和厚度的尺寸精度均较热轧管为高。化工设备常用的普通无缝钢管材料有10、15、20、16Mn等，另外还有专门用途的无缝钢管。例如，《锅炉、热交换器用不锈钢无缝钢管》（GB 13296—2013）、《高压化肥设备用无缝钢管》（GB 6479—2013）、《石油裂化用无缝钢管》（GB 9948—2013）、《高压锅炉用无缝钢管》（GB/T 5310—2017）和《输送流体用无缝钢管》（GB 8163—2008）等。

3. 型钢

型钢有圆钢、方钢、扁钢（GB/T 702—2017）、等边角钢、不等边角钢、工字钢和槽钢（GB/T 706—2016）等。

4. 铸钢和锻钢

碳素钢有 ZG200-400、ZG230-450、ZG310-570 等，可用来作泵壳、阀门、泵叶轮及齿轮等。

压力容器用钢锻件现有以下标准：NB/T 47008—2017《承压设备用碳素钢和合金钢锻件》、NB/T 47009—2017《低温承压设备用合金钢锻件》、NB/T 47010—2017《承压设备用不锈钢和耐热钢锻件》。

第四节 有色金属材料

压力容器使用的有色金属及其合金的种类很多，常用的有铝、铜、铅、钛、镍等及其合金。在石油化工中，由于腐蚀、低温、高温、高压等特殊工艺条件的要求，有色金属具有很多优越性，例如，铜有良好的导电性和低温韧性，铝的相对密度小，铅能防辐射、耐稀硫酸等多种介质的腐蚀。但由于这些有色金属尚属稀有金属而且价贵，只有在低压场合作整体材料使用；若是高压，则往往作为衬里材料。本节只简要介绍几种常用的有色金属及合金的性能和用途。

一、铝及其合金

铝是轻金属，相对密度小，导电性、导热性都很高。铝的塑性高，强度低，因而压力加工性能良好，可以焊接和切削。纯铝中有高纯铝 L01、L02，可以用来制作浓硝酸储存设备；工业纯铝 L2、L3、L4 等用来制作热交换器、塔、储罐、深冷设备和防止污染产品的设备。现执行标准为 JB/T 4734《铝制焊接容器》。

铝合金在石油化工中用得较多的是铸造铝（ZL）合金和防锈铝（LF）。铸造铝合金可以制作泵、阀、离心机等。防锈铝的耐腐蚀性能好，有足够的塑性，强度比纯铝高得多，常用来制作与液体介质相接触的零件和深冷设备中液气吸附过滤器、分离塔等。铝及铝合金的物理、力学性能见表 2-12。

表 2-12 铝及铝合金的物理、力学性能

牌号	抗拉强度 σ_b/MPa	屈服强度 $\sigma_{0.2}$/MPa	伸长率 δ/%	弹性模量 E/GPa	硬度（HB）/MPa	相对密度 ρ_r（在20℃时）
L0,L00	50	15	49	—	1.7	2.7
L1,L2,L3,L4,L5	70	30	28	72	2.5	2.71
LF3	200	100	15	70	5.0	2.67
LF5	280	150	15	70	6.5	2.66
LF11	280	150	15	70	6.5	2.66
LF21	100	50	20	71	3.0	2.73
LY11	380	220	≥12	72	—	2.8
LY12	400	260	12	72	—	2.8
ZL5	200	—	2		6.0	2.78
ZL10	150	—	2		5.0	2.65

铝制化工设备具有钢所没有的优越性能，它在化工生产中有许多特殊用途。如铝的导热性能好，适于作换热设备；铝不会产生火花，可作储存易挥发性介质的容器；铝不会使食物中毒，不污染物品，不改变物品颜色，在食品工业中可广泛用以代替不锈钢作有关设备；高纯铝可作高压釜、漂白塔设备及浓硝酸储槽、槽车、管道、泵、阀门等。

二、铜及其合金

铜及其合金塑性好，导电性和导热性很高，有足够的强度、弹性和耐磨性，在低温下可保持较高的塑性和冲击韧性，铜耐不浓的硫酸、亚硫酸，稀的和中等浓度的盐酸、乙酸、氢氟酸及其他非氧化性酸的腐蚀。铜不耐各种浓度的硝酸。在氨和铵溶液中，会形成可溶性的铜铵离子，故不耐腐蚀。

1. 纯铜

纯铜又称紫铜。纯铜塑性好，导电性和导热性很高，在低温下可保持较高的塑性和冲击

韧性。铜用于深度冷冻分离气体的装置中，也用于有机合成及有机酸工业。多用来作深冷设备和高压设备的垫片。

纯铜可作蒸发器、蒸馏釜、蒸馏塔、蛇管、管子、离心机的转鼓等。

化工上常用的纯铜有 T2、T3、T4、TUP（用磷脱氧的无氧纯铜）4 种，供应品种有板材和管材等。各种纯铜的化学成分及力学性能见表 2-13。

表 2-13　各种纯铜的化学成分及力学性能

牌号	化学成分/%			制造方法和材料状态		厚度≥5mm		用　　途
	主要成分		杂质含量			σ_b/MPa	δ/%	
	Cu	P	总和(不大于)					
T2	≥99.9		0.10	冷轧	软	≥200	≥30	T2、T3、T4 均可作化工设备及深冷设备；TUP 用作合成纤维工业中的塔设备；T4 可作平衬垫
T3	≥99.7		0.30		硬	≥300	≥30	
T4			0.50					
TUP		0.01~0.04	0.50	热轧		≥200	≥30	

2. 黄铜

铜与锌组成的合金称为黄铜。它的铸造性能良好，强度比纯铜高，价格也便宜，耐蚀性也高于纯铜。但在中性、弱酸性介质中，因锌易溶解而被腐蚀，为了改善黄铜的性能，在黄铜中加入锡、锰、铝等成为特殊黄铜。

常用的黄铜有 H80、H68、H62 等。H80、H68 塑性好，可在常温下冲压成形作容器的零件。H62 在室温下塑性较差，但强度较高，价格低廉，可作深冷设备的筒体、管板、法兰及螺母等。

3. 青铜

铜与锡、铝、铅等元素组成的合金统称为青铜。它具有良好的耐腐蚀性、耐磨性，主要用作耐腐蚀及耐磨零件，如泵壳、阀门、轴承、蜗轮、齿轮及旋塞等。常用的锡青铜有 ZQSn6-6-3 和 ZQSn10-1 等。

锡青铜分为铸造和压力加工两种，其中以铸造青铜用得最多。

三、铅及其合金

铅强度低、硬度低、不耐磨、非常软、不适于单独制造化工设备，只能作设备衬里。铅耐硫酸，特别是在含有 SO_2、H_2 的大气中具有极高的耐蚀性，铅还有耐辐射的特点。不耐甲酸、乙酸、硝酸和碱溶液等腐蚀。

铅和锑的合金称为硬铅，强度、硬度都比纯铅高，可用来作加料管、鼓泡器、耐酸泵和阀门等零件。

四、钛及其合金

纯钛是银白色的金属，密度小、熔点高、热胀系数小、塑性好、强度低、容易加工。在 500℃ 以下有很好的耐腐蚀性，不易氧化，在海水和水蒸气等许多介质中的抗腐蚀能力比铝合金、不锈钢还高很多。

在钛中添加锰、铝或铬、钒等金属元素能获得性能优良的钛合金。钛还是一种很好的耐热材料。钛及其合金是一种很有前途的材料，但目前价格还太贵。

五、镍及其合金

镍及其合金是化工、石油化工、有色金属冶炼、航空航天工业、核能工业等领域中耐高温、高压、高浓度或混有不纯物质等各种苛刻腐蚀环境下比较理想的金属结构材料。现执行标准为 JB/T 4756《镍及镍合金制压力容器》。

纯镍强度高，塑性、韧性好。对除含硫气体、浓氨水、含氧酸和盐酸等介质外的几乎所有介质都具有良好的耐蚀性。主要用于制作碱性介质设备和某些有机合成设备。

以镍为基体（$w_{Ni} \geqslant 50\%$），适当加入铜、铬、钼、铁和钨等元素组成的二元或多元合金称为镍基合金。镍基合金具有强度高、塑性好、耐蚀性强、焊接性较好等优点。

压力容器中常用的工业纯镍牌号为 N6。镍铜合金牌号为 NCu30，耐蚀镍合金牌号有 NS112、NS142、NS312、NS334 和 NS335 等。

第五节　非金属材料

非金属材料具有优良的耐腐蚀性能，原料来源丰富，品种多样，适于因地制宜，就地取材，是一种有着广泛发展前途的设备材料。非金属材料既可以用作单独的结构材料，又能用作金属设备的保护衬里、涂层，还可作设备的密封材料、保温材料和耐火材料。依其组成分为无机非金属材料、有机非金属材料两大类。

一、无机非金属材料

无机非金属材料的主要成分是硅酸盐。主要用于化工设备生产的产品有化工陶瓷、化工搪瓷、玻璃和辉绿盐铸石等。

1. 化工陶瓷

化工陶瓷由黏土、瘠性原料和助溶剂用水混合后经过干燥和焙烧而成。陶瓷表面光亮，断面像致密的石质材料。但陶瓷性脆易裂，导热性差。化工陶瓷具有良好的耐腐蚀性，足够的不透性、耐热性和一定的机械强度。

化工陶瓷是化工生产中常用的耐蚀材料，许多设备都用它作耐酸衬里，还可用于制造塔器、容器、管道、泵、阀等化工设备和腐蚀介质输送设备。

2. 化工搪瓷

化工搪瓷是由含硅量高的瓷釉通过 900℃ 左右的高温煅烧使瓷釉紧密附着在金属表面制成的成品。

除强碱外，化工搪瓷能耐各种浓度的酸、盐类、有机溶剂和弱碱的腐蚀。

化工搪瓷设备还具有金属设备的力学性能，但搪瓷层较脆，易碎裂，且不能用火焰直接加热。

目前，化工生产用的搪瓷设备有反应釜、储罐、换热器、蒸发器、塔和阀门等。

3. 玻璃

化工上用的玻璃不是一般的钠钙玻璃，而是硼玻璃（耐热玻璃）或高铝玻璃，它们有好的热稳定性和耐腐蚀性。

玻璃虽然有耐腐蚀性、清洁、透明、阻力小、价格低等特点，但质脆，耐温度急变性差，不耐冲击和振动。目前已成功在金属管内衬玻璃或用玻璃钢加强玻璃管道来弥补其不足。

玻璃在化工生产上用作管道或管件，也可以作容器、反应器、泵、热交换器、隔膜阀等。

4. 辉绿盐铸石

辉绿盐铸石是用辉绿盐熔融后，铸造成一定形状的板、砖等材料，主要用来作设备衬里，也可作管道。辉绿盐铸石除对氢氟酸和熔融碱不耐腐蚀外，对各种酸碱都有良好的耐腐蚀性能。

二、有机非金属材料

化工生产中广泛使用的有机非金属材料主要有天然的如木材、生漆等，人造的如塑料、橡胶、不透性石墨等。目前广泛应用的是人工合成的工程塑料、涂料、不透性石墨、玻璃钢。

1. 工程塑料

工程塑料是以高分子合成树脂为基本原料，在一定温度下塑制成形，并在常温下保持其形状不变的高聚物。

塑料的品种很多，根据受热后变化和性能的不同，可分为热塑性（如聚氯乙烯、聚乙烯等）和热固性（如酚醛树脂、氨基树脂等）两大类。

由于塑料具有优良的耐腐蚀性能、一定的机械强度、相对密度不大、价格较低，因此在化工生产中应用日益广泛。

在化工生产中塑料用于制作各种化工设备，如容器、反应器、泵、热交换器、储槽、管道、管件、搅拌器、塔、阀门等。

2. 涂料

涂料是一种高分子胶体的混合物溶液，涂在物体的表面，然后固化形成薄涂层，用来保护物体免遭大气腐蚀及酸碱等介质的腐蚀。多数情况下用于涂刷设备、管道的外表面，也常用于设备内壁的防腐蚀涂层。

防腐蚀常用的涂料有防锈漆、底漆、大漆、酚醛树脂漆、环氧树脂漆等以及某些塑料涂料如聚乙烯涂料、聚氯乙烯涂料等。

3. 不透性石墨

石墨分天然石墨和人造石墨两种。化工生产中使用的是人造石墨。人造石墨是由无烟煤、焦炭与沥青混合压制成形后，在电炉中焙烧制成的。石墨具有优良的导电、导热性，但其机械强度较低，性脆，空隙率大。

在石墨中加入树脂后，其性质发生变化，表现出石墨和树脂的综合性能。机械强度和抗渗性明显提高，但导热性、热稳定性、耐热性均有不同程度的降低，这些性质的变化与不透性石墨的制造方法和加入的树脂有关。

不透性石墨可制造各类热交换器、反应设备、吸收设备、泵类设备和输送设备等。

4. 玻璃钢

玻璃钢是用合成树脂作黏结剂，以玻璃纤维为增强材料，按一定的方法制成的材料。

玻璃钢中常用的树脂有环氧树脂、酚醛树脂、呋喃树脂、聚酯树脂等。可以同时使用一种或两种树脂以得到不同性能的玻璃钢。

由于玻璃钢的强度高，加工性、耐腐蚀性好。因此玻璃钢可制造化工生产中使用的容器、储槽、塔、鼓风机、搅拌器、泵、管道、阀门等多种设备。

第六节　金属材料的腐蚀与防腐措施

材料的腐蚀是指材料在周围介质的作用下发生物理、化学的相互作用而引起的破坏或变质。"材料"包括金属材料和非金属材料，"介质"指的是与材料接触的所有的水、水汽、土壤、各种化工介质等，材料与介质的作用包括化学反应、电化学反应等。

材料腐蚀所造成的破坏或变质指的是重量损失、穿孔、溶胀、开裂等；变质即材料性质变差，如强度下降、脆性增大等。腐蚀不仅使金属和合金的材料造成巨大损失，影响设备的使用寿命，而且使设备的检修周期缩短，增加非生产时间和检修费用。腐蚀使设备及管道的跑、冒、滴、漏现象更为严重，使原料和成品造成大量损失，影响产品质量，污染环境，损害人的健康。更严重的是某些腐蚀的发生难以预测，容易引起高温、高压设备的爆炸、火灾等突发性灾难事故，危及人的生命。因此，对于化工设备正确地选材和采取有效的防腐措施，使之不受腐蚀或减少腐蚀，以保证设备的正常运转，延长使用寿命，是一个十分重大的问题。

一、金属的腐蚀

根据腐蚀介质是电解介质或非电解介质的不同，金属的腐蚀有两种：化学腐蚀与电化学腐蚀。另外还有晶间腐蚀和应力腐蚀。

1. 化学腐蚀

金属在干燥的气体和非电解质溶液中发生化学作用所引起的腐蚀称为化学腐蚀。化学腐蚀的产物在金属的表面上，腐蚀过程中没有电流产生。

如果化学腐蚀生成的化合物很稳定，即不易挥发或溶解，且组织致密，与金属本体结合牢固，那么这种腐蚀产物附着在金属表面上，有钝化腐蚀的作用，称为"钝化膜"，起保护作用，或称钝化作用。

如果化学腐蚀生成的化合物不稳定，即易挥发或溶解，且与金属结合不牢固，则腐蚀产物就会一层层脱落（氧化皮即属此类），这种腐蚀产物不能保护金属不再继续受到腐蚀，这种作用称为"活化作用"。

（1）金属的高温氧化及脱碳　在化工生产中，有很多设备是在高温下操作的，如氨合成塔、硫酸氧化炉、石油气制氢转化炉等，金属的高温氧化及脱碳是一种高温下的气体腐蚀，是化工设备中常见的化学腐蚀之一。

一般当钢和铸铁的温度高于300℃时，在其表面就会出现可见的氧化皮，随着温度的升高，钢铁的氧化速度也逐渐增加。在570℃以下氧化时，形成的氧化物中不含FeO，其氧化层由Fe_2O_3和Fe_3O_4构成，如图2-15（a）所示。这两种氧化物组织致密、稳定，附着在铁的表面上不易脱落，于是就起到了保护膜的作用。在570℃以上时，形成的氧化物有三种，如图2-15（b）所示。其厚度比约为$Fe_2O_3 : Fe_3O_4 : FeO = 1 : 10 : 100$。氧化层主要成分是FeO，它结构疏松，晶体内部缺陷多，因此容易剥落，即常见的氧化皮。

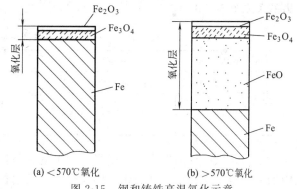

(a) <570℃氧化　　　(b) >570℃氧化

图2-15　钢和铸铁高温氧化示意

为了提高钢的高温抗氧化能力，必须设法阻止或减少FeO的形成。冶金工业中，在钢中加入适量的合金元素铬、硅、铝是冶炼抗氧化不起皮钢的有效方法。

在温度高于700℃时，钢还发生脱碳作用，其脱碳的化学反应如下：

$$Fe_3C + O_2 = 3Fe + CO_2$$
$$Fe_3C + CO_2 = 3Fe + 2CO$$
$$Fe_3C + H_2O = 3Fe + CO + H_2$$

脱碳作用使钢表面的含碳量降低，力学性能下降，特别是降低了表面硬度和抗疲劳强度，因而高温工作的零件要注意这一问题。

（2）氢腐蚀　在合成氨、石油加氢及其他一些化工工艺中，常遇到反应介质是氢占很大比例的混合气体，而且这些过程又多是在高温高压下进行的，例如，合成氨的压力常采用31.4MPa，温度一般为470～500℃。氢气在较低温度和压力（≤200℃，≤5MPa）下对普通碳钢及低合金钢不会有明显的腐蚀，但是在高温高压下则会产生腐蚀，结果使材料的强度和塑性显著下降，甚至鼓泡和开裂，损坏材料，这种现象常称为"氢腐蚀"。

氢腐蚀过程可分为氢脆阶段和氢侵蚀阶段。

第一阶段为氢脆阶段。氢与钢材直接接触时被钢材吸附，并以原子状态向钢材内部扩散，溶解在铁素体中形成固溶体。随着氢原子不断向钢中扩散，氢原子可能会在晶格缺陷处会合，形成氢气，氢气的不断积聚使钢材内部产生很高的内应力。在此阶段中，溶在钢中的氢并未与钢材发生化学作用，也未改变钢材的组织，在显微镜下观察不到裂纹，钢材的抗拉强度和屈服点也无大改变。但是它使钢材显著变脆，塑性减小，这种脆性与氢在钢中的溶解度成正比。

第二阶段为氢侵蚀阶段。溶解在钢材中的氢气与钢中的渗碳体发生化学反应，生成甲烷气体，从而改变钢材的组织。其化学反应式为

$$Fe_3C + 2H_2 \Longrightarrow 3Fe + CH_4 \uparrow$$

这一化学反应常在晶界处发生，生成的甲烷气体聚集在晶界原有的微观孔隙内，形成局部高压，引起应力集中，使晶界变宽，发生更大的裂纹；或在钢材表层夹杂等缺陷中聚集形成鼓泡，使钢材力学性能降低。又由于渗碳体还原为铁素体时，体积减小，由此而产生的组织应力与前述内应力叠加在一起使裂纹扩展，而裂纹的扩展又为氢和碳的扩散提供了有利条件。这样反复不断进行下去，最后使钢材完全脱碳，裂纹形成网格，严重地降低了钢材的力学性能，甚至使材料遭到破坏。

铁碳合金的氢腐蚀随着压力和温度的升高而加剧，因为高压有利于氢气在钢中的溶解，而高温则增加氢气在钢中的扩散速度及脱碳反应的速度。通常铁碳合金产生氢腐蚀有一个起始温度和起始压力，它是衡量钢材抵抗氢腐蚀能力的一个指标。铁碳合金氢腐蚀开始温度和压力的关系见表2-14。

表 2-14 铁碳合金氢腐蚀开始温度和压力的关系

压力/MPa	温度/℃	压力/MPa	温度/℃
3～10	300～280	30～40	220～210
10～20	270～240	40～60	210～200
20～30	230～220	60～80	200～190

为了防止氢腐蚀的发生，可以降低钢中的含碳量，使其没有碳化物析出。此外，还可在钢中加入合金元素如铬、钛、钼、钨、钒等，与钢材中的碳元素形成稳定的碳化物，使其不易与氢作用，也可以避免氢腐蚀。

2. 电化学腐蚀

电化学腐蚀是指金属与电解质溶液间发生电化学作用而引起的破坏。其特点是在腐蚀过程中有电流产生，它的反应过程特点与电池中的电化学作用是一样的。在电解质溶液中，在水分子作用下，金属本身呈离子化，当金属离子与水分子的结合能力大于其与电子的结合能力时，一部分金属离子就从金属表面跑到电解液中，从而形成电化学腐蚀。

3. 晶间腐蚀

晶间腐蚀是一种局部的、选择性的腐蚀破坏。这种腐蚀破坏沿金属晶粒的边缘进行，腐蚀性介质渗入金属的深处，腐蚀破坏了金属晶粒之间的结合力，使材料的强度和塑性几乎完

全丧失，从表面看不出异样，但内部已经瓦解，只要用锤轻轻敲击，就会碎成粉末。因此，晶间腐蚀如果不能及时发现，常常会造成灾难性事故。

在黑色金属中，只有部分铁素体不锈钢和奥氏体不锈钢才有可能发生晶间腐蚀。

4. 应力腐蚀

应力腐蚀亦称腐蚀开裂，它是金属在腐蚀性介质和拉应力的共同作用下产生的一种破坏形式，腐蚀和拉应力起互相促进的作用。一方面腐蚀减少金属的有效截面积，形成表面缺口，产生应力集中；另一方面拉应力加速腐蚀的进程，使表面缺口向深处扩展，最后导致断裂。因此，应力腐蚀可使金属在平均应力低于它的屈服点的情况下断裂。

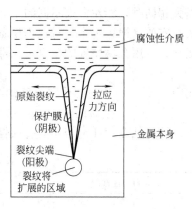

图 2-16　应力腐蚀的裂纹扩展

化工与石油化工生产中使用的压力容器，一般都承受较大的应力，同时工作介质大多具有腐蚀性，这就具备了发生应力腐蚀的条件，所以在压力容器的腐蚀破坏形式中，应力腐蚀破坏是较常见的，也是最危险的。应力腐蚀的裂纹扩展如图 2-16 所示。

产生应力腐蚀的材料与介质匹配情况见表 2-15。

表 2-15　产生应力腐蚀的材料与介质匹配情况

金属材料	腐蚀性介质
低碳钢	氢氧化钠,硝酸盐溶液,(硅酸钠＋硝酸钙)溶液
碳钢,低合金钢	$42\%MgCl_2$ 溶液,氢氰酸
高铬钢	$NaClO$ 溶液,海水,H_2S 水溶液
奥氏体不锈钢	氯化物溶液,高温高压蒸馏水
铜与铜合金	含氨蒸汽,汞盐溶液,含 SO_2 大气
铝与铝合金	熔融的 $NaCl$,$NaCl$ 水溶液,海水,水蒸气,含 SO_2 大气
镍与镍合金	$NaOH$ 水溶液

应力腐蚀的断裂面大体上与主拉应力方向垂直，在断口附近常看到许多与主断口平行的裂纹。应力腐蚀只有在拉应力状态下才能发生，而在压应力状态下，则不会发生应力腐蚀。

二、金属腐蚀的评定方法

金属腐蚀的评定方法很多，常用的评定方法如下。

1. 根据重量的变化评定金属的腐蚀

根据金属重量损失或增加来评定金属的腐蚀速度的方法应用极为广泛。它是通过试验的方法测出金属试件在单位表面积、单位时间腐蚀而引起的重量变化。可用下式表示腐蚀速度：

$$K = \frac{P_0 - P_1}{Ft}$$

式中　K——腐蚀速度，$g/(m^2 \cdot h)$；

　　　P_0——腐蚀前试件的质量，g；

　　　P_1——腐蚀后试件的质量，g；

　　　F——试件与腐蚀介质接触的面积，m^2；

　　　t——腐蚀作用的时间，h。

这种方法只能用于均匀腐蚀，并且只有当能很好地除去腐蚀产物而不致损害试件主体金属时，结果才能准确。

2. 根据腐蚀深度评定金属的腐蚀

根据重量的变化评定金属的腐蚀速度时，一方面没有考虑金属的相对密度，因此当重量损失相同时，相对密度不同的金属其截面尺寸的减少则不同；另一方面重量表示法只能用于实验室的腐蚀评定中，对现场设备的腐蚀评定显得无能为力，为了表示材料腐蚀前后尺寸的变化，常用金属厚度的减少量，即腐蚀深度来表示腐蚀速度，它与重量法的关系为：

$$K_a = 24 \times 365K/(1000\gamma) = 8.76K/\gamma$$

式中　K_a——用每年金属厚度的减少量表示的腐蚀速度，mm/a；

　　　γ——金属的密度，g/cm^3。

按腐蚀深度评定金属的腐蚀性能有三级标准，见表 2-16。

表 2-16　金属腐蚀性能的三级标准

耐腐蚀性能	腐蚀速度/(mm/a)	耐腐蚀级别
耐蚀	<0.1	1
可用	0.1~1.0	2
不可用	>1.0	3

三、金属腐蚀破坏的形式

根据腐蚀的破坏形式，可分为均匀腐蚀与非均匀腐蚀，后者又称局部腐蚀。而局部腐蚀又可分为区域腐蚀、点腐蚀、晶间腐蚀、表面下腐蚀等。各种腐蚀形式如图 2-17 所示。

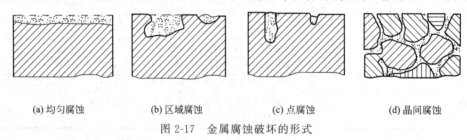

(a) 均匀腐蚀　　　　(b) 区域腐蚀　　　　(c) 点腐蚀　　　　(d) 晶间腐蚀

图 2-17　金属腐蚀破坏的形式

局部腐蚀只是在金属表面上个别地方腐蚀，但是这种腐蚀很危险，因为整个设备或零件的强度是依最弱的断面强度而定的，而局部腐蚀能使强度大大降低，尤其是点腐蚀常造成设备个别地方穿孔而引起渗漏。

均匀腐蚀是在腐蚀介质的作用下，金属整个表面的腐蚀破坏，腐蚀破坏的危险性较小，因为设备或零部件具有一定的厚度，其力学性能因腐蚀而引起的改变并不大。

四、金属设备的防腐措施

为了防止化工设备被腐蚀，除选择合适的耐腐蚀材料制造设备外，还可以采用多种防腐蚀措施对设备进行防腐。具体措施有以下几种。

1. 涂覆保护层

(1) 金属保护层　是用耐腐蚀性能较强的金属或合金覆盖在耐腐蚀性能较弱的金属上。常见的有电镀法（镀铬、镀镍等）、喷镀法及衬不锈钢衬里等。

(2) 非金属保护层　常用的有金属设备内部衬以非金属衬里和涂防腐涂料。在金属设备内部衬砖、板是行之有效的非金属防腐方法。常用的砖板衬里材料有酚醛胶泥衬瓷板、瓷砖、不透性石墨板，水玻璃胶泥衬辉绿岩板、瓷板、瓷砖。

除砖板衬里之外，还有橡胶衬里和塑料衬里。

2. 电化学保护

（1）阴极保护　阴极保护又称牺牲阳极保护。主要用来保护受海水、河水腐蚀的冷却设备和各种输送管道，如卤化物结晶槽、制盐蒸发设备。

图 2-18 所示为阴极保护，把盛有电解液的金属设备和一直流电源的负极相连，电源正极和一个辅助阳极相连。当电路接通后，电源便给金属设备以阴极电流，使金属设备的电极电位向负的方向移动，当电位降至腐蚀电池的阳极起始电位时，金属设备的腐蚀即可停止。

外加电流阴极保护的实质为整个金属设备被外加电流极化为阴极，而辅助电极为阳极，称为辅助阳极。辅助阳极的材料必须是良好的导电体，在腐蚀介质中耐腐蚀，常用的有石墨、硅铸铁、废钢铁等。

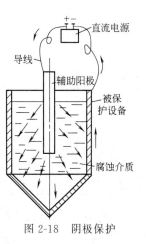

图 2-18　阴极保护

（2）阳极保护　阳极保护是把被保护设备接阳极直流电源，使金属表面生成钝化膜而起保护作用。阳极保护只有当金属在介质中能钝化时才能应用，且技术复杂，使用得不多。

3. 添加缓蚀剂

在腐蚀介质中加入少量物质，可以使金属的腐蚀速度降低甚至停止，这种物质称为缓蚀剂。加入的缓蚀剂不应该影响化工工艺过程的进行，也不应该影响产品质量。缓蚀剂要严格选择，一种缓蚀剂对某种介质能起缓蚀作用，对另一种介质则可能无效，甚至有害。选择缓蚀剂的种类和用量，须根据设备所处的具体操作条件通过试验来确定。

缓蚀剂有重铬酸盐、过氧化氢、磷酸盐、硫酸氢钙等无机缓蚀剂和生物碱、氨基酸、酮类、有机胶体、醛类等有机缓蚀剂两大类。

第七节　化工设备材料的选择

在设计和制造化工设备时，合理选择和正确使用材料是一项十分重要的工作。不仅要从设备结构、制造工艺、使用条件和寿命等方面考虑，而且还要从材料的耐腐蚀性能及物理、力学性能要适应设备的工作条件，用料少、来源丰富、价格低廉等方面综合考虑。

为满足化工设备操作温度和压力的要求，受压元件的制造应采用电炉、平炉或氧气顶吹转炉冶炼镇静钢。如制造压力容器用的材料，其性能应符合国家标准 GB 150.2—2011 的规定，并按 GB 713—2014《锅炉和压力容器用钢板》与 NB/T 47008—2017《承压设备用碳素钢和合金钢锻件》等标准的规定选用。钢材应该附有生产单位的产品质量保证书，设备制造单位应根据质量保证书对钢材进行验收。

当一般压力容器操作温度为 -20～350℃，壁厚不大，无频繁温、压波动时，宜采用半镇静钢代替镇静钢。

碳素钢沸腾钢板 Q235AF 与镇静钢板 Q235A、Q235B、Q235C 的适用范围见表 2-17。

1. 关于力学性能的几点具体要求

（1）强度　对于常温容器用钢板的强度，主要是常温强度。如果容器的操作温度超过 400℃，则对一般钢或低合金钢还必须考虑钢材的蠕变强度 σ_n 和持久强度 σ_p。

在机械设计中屈服点和抗拉强度是决定钢板许用应力的基本依据。显然，钢材的强度高，容器的强度尺寸（如壁厚）可以减小，从而可以节省金属用量。但是强度较高的材料，一般塑性和韧性较低，制造困难，因此，应根据容器的具体使用条件和技术经济综合指标来选用适当强度级别的钢种。

表 2-17　碳素钢沸腾钢板与镇静钢板的适用范围

钢板牌号	使用温度/℃	设计压力/MPa	壳体钢板厚度/mm	其　他
Q235AF	0～250	≤0.6	≤12	不得用于易燃介质以及毒性程度为中度、高度或极度危害介质的压力容器
Q235A	0～350	≤1.0	≤16	不得用于液化石油气介质以及毒性程度为高度或极度危害介质的压力容器
Q235B	0～350	≤1.6	≤20	不得用于毒性程度为高度或极度危害介质的压力容器
Q235C	0～400	≤2.5	≤30	

　　一般中、低压容器可选用屈服点 245MPa、294MPa、343MPa 级的钢种；直径较大、压力较高的中压容器可选用 392MPa 级的钢种；高压容器宜采用屈服点为 392～490MPa 级的钢种。

　　屈强比是一个表示钢材力学性能特征的数据。其值未用于强度计算。屈强比高的钢材，承载能力可提高，但是塑性储备将降低，缺口敏感性增加，抗疲劳能力下降。据目前情况，对屈强比 $\gamma>0.70$ 的钢材，在设计与制造中应慎重，若 $\gamma>0.80\sim0.85$，则应特殊考虑。

　　(2) 塑性　塑性的一个主要指标是伸长率 δ_s。厚度低于 6mm 以下的板材也可用 δ_{10} 表示，一般 $\delta_s\approx1.2\delta_{10}$。

　　伸长率这一塑性指标的大小并不反映在强度计算上，但与制造过程中的冷加工及焊接等有密切关系，而且也关系到使用的安全。板材的伸长率过低，在冷作（锤击、剪切、冷卷等）、焊接中可能会发生裂纹，甚至会导致脆性断裂，在使用中，将使容器塑性储备的安全性降低。为此，压力容器用钢板 δ_s 不得低于 14%。当钢材的 $\delta_s<18\%$ 时，在加工制造中应加以注意。

　　(3) 韧性　容器的脆性破坏不仅与材料本身的脆性有关，而且与缺口、加工状态、操作条件及载荷等因素有关。我国原来通用的梅氏冲击试验值并不能全面反映容器的脆裂行为。因此，对于容器用钢的韧性要求，应根据容器的设计参数、结构及制造情况按 GB 150《压力容器》及其他有关标准的规定来确定。从制造过程中对钢材韧性的要求来说，一般常温压力容器要求横向梅氏冲击值不低于 $50J/cm^2$ 为宜。

　　2. 仅受刚度控制的设备

　　常、低压仅受刚度控制的设备，可采用 Q235AF。对于结构复杂、应力集中程度较高或承受疲劳载荷作用的场合，一般不宜采用强度级别较高的材料。

　　3. 低温用钢

　　温度不低于 -120℃ 的低温用钢应尽可能采用无镍铬铁素体钢，以代替镍铬不锈钢和有色金属。

　　用于制造高压容器和温度不大于 -40℃ 的低温容器的钢板，厚度大于 20mm 时，应主张进行超声波检测。用于制造温度大于 -40℃ 的低温容器的钢板，当厚度大于 20mm 时，应进行超声波抽查，抽查数量应不少于所用钢板的 20%，且不少于一张。

　　中温用钢（温度不高于 500℃）可采用含钼或铝的中、高强度钢以代替 Cr-Mo 钢。

　　4. 提高大截面钢材的性能

　　考虑到提高大截面钢材的性能，锻件用钢应尽可能调质使用，以充分发挥钢材的潜力。钢管用钢，一般情况不宜采用强度级别过高的钢种。

　　5. 工艺条件和设备结构要求

　　各种钢材都有其一定的设计温度范围（表 2-18），设计时应根据由工艺条件和设备结构确定的设计温度选择材料。

表 2-18 各种钢材的设计温度范围

钢材种类		设计温度范围/℃	钢材种类	设计温度范围/℃
非受压容器 用碳素钢	沸腾钢	0～250	碳钼钢及锰钼铌钢	至 520
	镇静钢	0～350	铬钼低合金钢	至 580
压力容器用碳素钢		−19～475	铁素体高合金钢	至 500
低合金钢		−40～475	奥氏体高合金钢	−196～700
低温用钢		至 −90		

6. 腐蚀方面的要求

设计任何设备在选材时均应进行认真的调查研究。例如，某磷肥厂需要一个浓硫酸储罐，容积为 40m³。考虑浓硫酸的腐蚀，可以选用灰铸铁、高硅铸铁、碳钢、18-8 不锈钢和碳钢用瓷砖等衬里。连续使用和间歇使用情况又不同，间歇使用罐内硫酸时有时无，遇到潮湿天气罐壁上的酸可能吸收空气中的水分而变稀，这样腐蚀情况严重得多。了解各种材料的性能才能做到合理地选用。从耐硫酸腐蚀角度考虑，上述几种材料都能使用，但是铸铁、高硅铸铁质脆，抗拉强度低，又不能铸造 40m³ 的大型设备，故不宜选用。碳钢质韧、机械强度高、焊接加工性能比较好，但稀硫酸对设备腐蚀较严重，也不能用碳钢。不锈钢各方面性能良好，但价格昂贵，对中、小厂选用有些困难，因而可以用碳钢制作罐壳来满足机械强度要求，内部衬非金属材料来解决耐腐蚀问题，较为适宜。

7. 节省金属

高压设备应优先选用低合金高、中强度钢。凡属强度设计为主的中压设备亦以采用低合金钢为宜。采用屈服强度级别为 350MPa 和 400MPa 的低合金钢（如 16MnR，15MnVR），价格与碳素钢相近，但强度比碳素钢（如 Q235A 和 20g）高 30％～60％。当制造单位对低合金钢的制造经验尚不够成熟，或供货有困难时，仍可选用碳钢及碳素锅炉钢板等。含碳量大于 0.24％ 的材料，不得用于焊制容器。焊后需热处理的容器，焊条含钒量不得大于 0.05％。

习 题

一、名称解释题（复习与思考）

A 组

1. 蠕变　　2. 伸长率　　3. 弹性模量（E）　　4. 硬度　　5. 冲击功与冲击韧度

6. 泊松比（μ）　7. 耐腐蚀性　8. 抗氧化性　　　9. 屈服点　10. 抗拉强度

B 组

1. 镇静钢　　2. 沸腾钢　　3. 半镇静钢　　4. 低碳钢　　5. 低合金钢

6. 碳素钢　　7. 铸铁　　　8. 铁素体　　　9. 奥氏体　　10. 马氏体

C 组

1. 热处理　2. 正火　　　3. 退火　　　4. 淬火　　　　　5. 回火

6. 调质　　7. 普通碳素钢　8. 优质碳素钢　9. 不锈钢及不锈耐酸钢　10. 锅炉钢

D 组

1. 容器钢　　2. 耐热钢　　　3. 低温用钢　　4. 腐蚀速度　　5. 化学腐蚀

6. 电化学腐蚀　7. 氢腐蚀　　　8. 晶间腐蚀　　9. 应力腐蚀　　10. 阴极保护

二、判断是非题（是者画√；非者画×）

1. 对于均匀腐蚀、氢腐蚀和晶间腐蚀，采取增加腐蚀裕度的方法，都能有效地解决设备在使用寿命内的腐蚀问题。（   ）

2. 材料的屈强比（σ_s/σ_b）越高，越有利于充分发挥材料的潜力。因此，应极力追求高的屈强比。（   ）

3. 材料的冲击韧性 a_k 值高，则其塑性指标 δ_5 也高；反之当材料的 δ_5 高，则 a_k 值也一定高。（   ）

4. 只要设备的使用温度在 0～250℃ 范围内，设计压力≤1.6MPa，且容器壁厚≤12mm，不论处理何种介质，均可采用 Q235AF 钢板制造。（   ）

5. 弹性模量 E 和泊松比 μ 是材料的重要力学性能，一般钢材的 E 和 μ 都不随温度的变化而变化，所以都可以取为定值。（   ）

6. 蠕变强度表示材料在高温下抵抗发生缓慢塑性变形的能力；持久强度表示材料在高温下抵抗断裂的能力；而冲击韧性则表示材料在外加载荷突然袭击时及时和迅速塑性变形的能力。（   ）

三、填空题

1. 对于铁基合金，其屈服点随着温度的升高而（   ），弹性模量 E 随着温度的升高而（   ）。

2. δ、φ 是金属材料的（   ）指标；σ_b、σ_s 是材料的（   ）指标；a_k 是材料的（   ）指标。

3. 对钢材其泊松比 μ＝（   ）。

4. 氢腐蚀属于化学腐蚀与电化学腐蚀中的（   ）腐蚀；而晶间腐蚀与应力腐蚀属于（   ）腐蚀。

四、指出下列钢材的种类、含碳量及合金元素含量

A 组

钢号	种类	含碳量/%	合金元素含量/%	符号意义
Q235AF		—	—	F: Q:
Q235A		—	—	A:
20g			—	g:
Q345R				R:
20MnMo				
16MnDR				D:
14Cr1Mo				
0Cr13				—
1Cr18Ni9Ti				—
00Cr19Ni10				—

B 组

钢号	种类	含碳量/%	合金元素含量/%	符号意义
Q235BF		—	—	F: Q:
Q235AR		—	—	R: A:
16Mng				g:
18Nbb				b:
18MnMoNbR				
09MnNiDR				R:
06MnNb				—
2Cr13				—
12Cr2Mo1				—
0Cr18Ni12Mo2Ti				—

第三章 内压薄壁容器的设计

第一节 内压薄壁容器中的应力分析

一、薄壁容器应力特点

中低压容器筒体大都为圆筒形的薄壁壳体,其外内径之比 $D_0/D_i<1.2$。对于这种壳体,由于容器的壳壁很薄,可假定器壁上的应力沿壁厚方向是均匀分布的。

图 3-1 所示为一承受内压的薄壁圆筒形容器,由圆筒形壳体及凸形封头和平底盖组成。

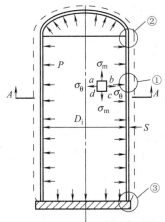

在内压的作用下,这个容器上的各部分应力分布是不相同的,对于离封头和平底盖稍远的圆筒中段任意一点①处,受压前后经线仍近似保持直线,故这部分只承受拉应力,没有显著的弯曲应力。但在凸形封头、平底盖与筒体连接处②和③,则因封头与平底盖的变形小于筒体部分的变形,边缘连接处由于变形谐调形成一种机械约束,从而导致在边缘附近产生附加的弯曲应力。所以在任何一个压力容器中,总是存在这样两类不同性质的应力:前者称为薄膜应力,可用简单的无力矩理论来计算;后者称为边缘应力,要用比较复杂的有力矩理论及变形谐调条件才能计算。

图 3-1 承受内压的薄壁圆筒形容器

图 3-2 所示的圆筒形容器,当其承受内压力作用以后,将产生两个方向的应力:一是在压力作用后其直径要稍微增大,在圆周的切线方向将产生拉应力,此应力称为"周向应力"或"环向应力",以 σ_θ 表示,由于筒壁很薄,可以认为环向应力沿厚度均匀分布;二是由于容器两端是封闭的,在承受内压后,则筒体的轴向也必定产生拉应力,此应力称为"轴向应力"或"经向应力"以 σ_m 表示。对于薄壁容器,筒壁内任意一点均存在这两种应力。

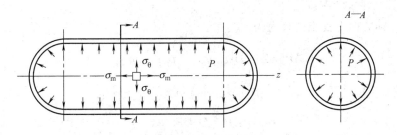

图 3-2 内压薄壁圆筒壁内的两种应力

二、内压薄壁圆筒的应力计算公式

求薄壁圆筒形容器上任意一点的应力可采用材料力学中的截面法。假想将图 3-2 所示圆

筒沿其横截面 $A—A$ 切开移去右边部分，取左边部分为脱离体，如图 3-3 所示，分析该部分的受力情况。

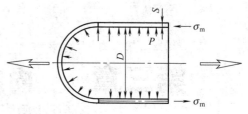

图 3-3　薄壁圆筒在压力作用下的力平衡

作用在封头内表面上的外力，即介质压力，在轴向的合力为 P_z，不管封头的形状如何，其值均为：

$$P_z = \frac{\pi}{4} D_i^2 P \approx \frac{\pi}{4} D^2 P$$

作用在圆筒环形截面上的应力的合力为 N_z：

$$N_z = \pi D S \sigma_m$$

由平衡条件得：

$$P_z - N_z = 0$$

或

$$P_z = N_z$$

即

$$\frac{\pi}{4} D^2 P = \pi D S \sigma_m$$

由此得

$$\sigma_m = \frac{PD}{4S} \tag{3-1}$$

式中　P——内压，MPa；

　　　D——圆筒平均直径，亦称中径，mm；

　　　S——壁厚，mm；

　　　σ_m——轴向应力，MPa。

需要指出的是，在计算作用于封头上的总压力 P_z 时，严格地讲，应采用筒体内径，但为了使计算公式简化，在这里近似地采用平均直径。

同理，求环向应力仍采用截面法，用一通过圆筒轴线的假想截面将圆筒刨开，移走上半部分，再从下半个圆筒上截取长度为 L 的一段筒体作为脱离体，如图 3-4 和图 3-5 所示，建立静力平衡方程。

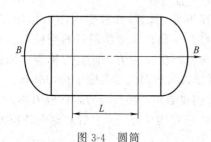

图 3-4　圆筒

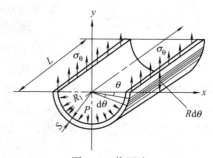

图 3-5　截面法

外力在 y 轴方向上投影的合力为 P_y：

$$
\begin{aligned}
P_y &= \int_0^\pi \mathrm{d}P \sin\theta = \int_0^\pi R_i L P \, \mathrm{d}\theta \sin\theta \\
&= R_i L P \int_0^\pi \sin\theta \, \mathrm{d}\theta = -R_i L P (\cos\pi - \cos 0) \\
&= 2 R_i L P = D_i L P
\end{aligned}
$$

式中，$D_i L$ 是承压曲面在假想纵截面上的投影面积。由此可得如下结论：作用在任一曲面上的介质压力，其合力等于压力 P 与该曲面沿合力方向所得投影面积的乘积，而与曲面形状无关。由于承压不高的圆筒其壁厚与直径相比很小，对于这类圆筒的受力分析均以中径（即平均直径）为准，故上式可以写成：

$$P_y = D_i L P$$

与介质压力 P_y 相平衡的是作用在单元圆筒壁纵截面上的应力的合力 N_y：

$$N_y = 2 S L \sigma_\theta$$

显然

$$P_y = N_y$$

即

$$D_i L P = 2 S L \sigma_\theta$$

由此得

$$\sigma_\theta = \frac{PD}{2S} \tag{3-2}$$

对比式（3-1）和式（3-2），可以看出：薄壁圆筒承受内压时，其环向应力是轴向应力的二倍。因此在设计过程中，必须注意：如果需要在圆筒上开设椭圆形孔，应使椭圆孔的短轴平行于圆筒的轴线，以尽量减少纵截面的削弱程度，从而使环向应力增加少一些，见图 3-6。同时从式（3-1）和式（3-2）还可以看出，筒体承受内压时，筒壁内所产生的应力是与圆筒的 S/D 成反比的，即

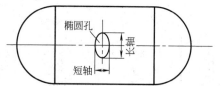

图 3-6　薄壁圆筒上开口的有利形状

$$\sigma_\theta = \frac{P}{2\dfrac{S}{D}} \qquad \sigma_m = \frac{P}{4\dfrac{S}{D}}$$

这里，S/D 值的大小体现着圆筒承压能力的高低。由此可见，看一个圆筒能耐多大压力，不能只看它壁厚的大小。

【例 3-1】　有一外径 $D_0 = 206\text{mm}$ 的压力容器，最小壁厚为 $S = 6.0\text{mm}$，材质为 20Mn。工作压力为 10MPa，试求容器筒身壁内的应力是多少？

解　容器筒身平均直径为：

$$D = D_0 - S = 206 - 6.0 = 200 (\text{mm})$$

$$\sigma_m = \frac{PD}{4S} = \frac{10 \times 200}{4 \times 6.0} = 83.3 (\text{MPa})$$

$$\sigma_\theta = \frac{PD}{2S} = \frac{10 \times 200}{2 \times 6.0} = 166.6 (\text{MPa})$$

第二节　内压圆筒边缘应力及其处理

一、边缘应力的概念

上述对典型圆筒壳体的应力分析将薄壁内压圆筒简化成薄膜，忽略了两种变形与应力，它们分别如下。

① 圆筒受内压作用直径要增大，而且它的曲率半径由原来的 R 变到 $R + \Delta R$，根据力学可知，有曲率变化就有弯曲应力。所以在内压圆筒壁的纵向截面上，除作用有环向应力外，还存在着弯曲应力。但由于这一应力数值相对很小，可以忽略不计，见图 3-7。

② 连接边缘区的变形与应力。连接边缘是指壳体与法兰、封头或不同厚度、不同材料的筒节、裙式支座相连接的边缘。圆筒形容器受内压时，由于连接边缘区的刚性不同，连接处二者的变形大小亦不同，如图 3-8 所示。即圆筒半径的增大值大于封头半径的增长值，如果让其自由变形，必因两部分的位移不同而出现边界分离现象，显然，这与实际情况不符。

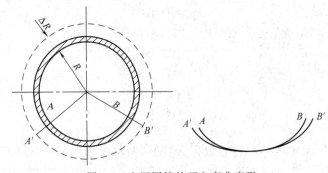

图 3-7 内压圆筒的环向弯曲变形

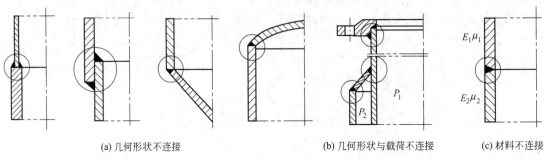

(a) 几何形状不连接   (b) 几何形状与载荷不连接   (c) 材料不连接

图 3-8 连接边缘

实际上由于边缘连接并非自由，必然发生如图 3-9 右侧虚线所示的边缘弯曲现象，伴随这种弯曲变形，必将产生弯曲应力。因此，连接边缘附近的横截面内，除作用有轴（经）向拉伸应力外，还存在着轴（经）向弯曲应力，这就势必改变了无力矩应力状态，用无力矩理论就无法求解。

分析这种边缘应力的状态，可以将边缘弯曲现象看作是附加边缘应力和弯矩作用的结果，如图 3-9 所示。在连接部分受薄膜力之后出现了边界分离，只有再加上边缘力和弯曲应力使之谐调，才能满足边缘连接的连续性。因此连接边缘处的应力就特别大。

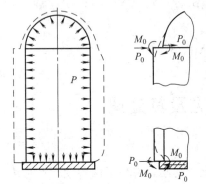

图 3-9 连接边缘的变形-边缘弯曲

上述边缘弯曲应力的大小与连接边缘的形状、尺寸、材质等因素有关，有时可以达到很大值。

二、边缘应力的特点

图 3-10 所示是一内径 $D_i = 1000$mm、壁厚 $S = 10$mm 的钢制内压圆筒，其一端为平板封头，且封头厚度远远大于筒体壁厚。内压为 $P = 1$MPa。经理论计算和实测，其内、外壁轴向应力（薄膜应力与边缘弯曲应力的叠加值）分布情况如图 3-10 所示。

由上述例子可以看到，边缘应力具有以下两个特点。

① 尽管边缘应力有时相当大，但其作用的范围是很小的。随着离开边缘处的距离的增大，边缘应力迅速衰减。且壳壁越薄，衰减得越快，这一特征称为边缘应力的局部性。

② 边缘应力的另一特性是自限性。发生边缘弯曲的原因是薄膜变形不连续。但是当边缘处的局部材料发生屈服进入塑性变形阶段时，上述这种弹性约束就开始缓解，因而原来不同的薄膜变形便趋于谐调，结果边缘应力就自动限制。边缘应力的这一特性决定了它的危害性没有薄膜应力大。

三、对边缘应力的处理

由于边缘应力具有局部性，在设计中可以在结构上只作局部处理。例如，改变连接边缘的结构，在边缘应力区进行局部加强；保证边缘区内焊缝质量；降低边缘区的残余应力（进行消除应力的热处理）；避免边缘区附加局部应力或应力集中，如不在连接边缘区开孔等。

大多数塑性较好的材料制成的容器，除结构上作某些处理外，一般并不对边缘应力作特别处理。

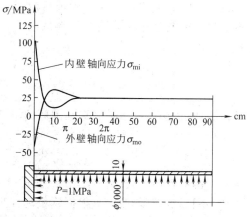

图 3-10　内压圆筒的边缘应力及其分布

但是，塑性较差的高强度钢制的重要压力容器、低温下铁素体钢制的重要压力容器、受疲劳载荷作用的压力容器等，如果不注意控制边缘应力，则在边缘高应力下有可能导致脆性破坏或疲劳破坏。因此必须正确计算边缘应力。

由于边缘应力有自限性，因此它的危害性没有薄膜应力大。如前所述，具有自限性的应力属于二次应力。在设计时考虑边缘应力可以不同于薄膜应力。实际上，无论设计时是否计算边缘应力，在边缘结构上作妥善处理显然都是必要的。

第三节　内压薄壁圆筒与封头的强度设计

在设计压力容器时，确定容器内允许应力的限度（即容器判废的标准）有不同的理论依据和准则。对于中、低压薄壁容器，一般采用的是弹性失效准则。即认为容器上任一处的最大应力必须处于材料的弹性变形范围内，一旦达到材料在设计温度下的屈服点，容器即告破坏。为了保证结构安全可靠地工作，还必须留一定的安全裕度，使结构中的最大工作应力与材料的许用应力之间满足一定的关系。这就是强度安全条件，即

$$\sigma_{当} = \frac{\sigma_t}{n} \leqslant [\sigma]^t \tag{3-3}$$

式中，$\sigma_{当}$ 为相当应力，取决于容器壁中的应力状态及所采用的强度理论；σ_t 为极限应力；n 为安全系数；$[\sigma]^t$ 为许用应力。

由上两节的讨论可知，压力容器筒壁内的基本应力是薄膜应力，根据强度理论，对于承受均匀内压的薄壁容器，其主应力为：

$$\sigma_{当} = \frac{PD}{2S} \tag{3-4}$$

其强度条件为：

$$\sigma_{当} = \frac{PD}{2S} \leqslant [\sigma]^t \tag{3-5}$$

上述强度理论适用于塑性材料，压力容器大多是采用塑性材料制造的。

一、强度计算公式

1. 圆柱形容器

由式（3-5）可得：

$$S = \frac{PD}{2[\sigma]^t}$$

将上式中的平均直径换算为圆筒内径，$D_i = D + S$，压力 P 换为计算压力 P_c，考虑圆筒容器焊缝可能存在的缺陷对材料的削弱，引入焊接制造系数 ϑ。即得到圆筒的计算壁厚公式：

$$S = \frac{P_c D_i}{2[\sigma]^t \vartheta - P_c} \tag{3-6}$$

再考虑腐蚀裕量 C_2，于是，得到圆筒的设计壁厚为：

$$S_d = \frac{P_c D_i}{2[\sigma]^t \vartheta - P_c} + C_2 \tag{3-6a}$$

对于薄壁容器，我国国家标准《压力容器》中规定采用式（3-6）计算容器壁厚，最后还要加上钢板负偏差 C_1，再根据钢板标准规格向上圆整，确定选用钢板的厚度，此厚度称为名义壁厚，以 S_n 表示，它即是图纸上标注的厚度。

根据式（3-5），可以得到对已有设备进行强度校核和确定最大允许工作压力的计算公式分别为：

$$\sigma^t = \frac{P_c(D_i + S_e)}{2S_e} \leqslant [\sigma]^t \vartheta \tag{3-7}$$

$$[P_w] = \frac{2[\sigma]^t \vartheta S_e}{D_i + S_e} \tag{3-8}$$

采用无缝钢管作圆筒体时，其公称直径为钢管的外径。将 $D = D_0 - S$ 代入 $S = \dfrac{PD}{2[\sigma]^t}$ 中，并考虑焊缝因素 ϑ，可以得到以外径为基准的公式：

$$S = \frac{P_c D_0}{2[\sigma]^t \vartheta + P_c} \tag{3-9}$$

$$S_d = \frac{P_c D_0}{2[\sigma]^t \vartheta + P_c} + C_2 \tag{3-10}$$

$$\sigma^t = \frac{P_c(D_0 - S_e)}{2S_e} \leqslant [\sigma]^t \vartheta \tag{3-11}$$

$$[P_w] = \frac{2[\sigma]^t \vartheta S_e}{D_0 - S_e} \tag{3-12}$$

式中　P_c——计算压力，MPa；

D_i——圆筒或球壳的内径，mm；

D_0——圆筒或球壳的外径，mm；

$[P_w]$——圆筒或球壳的最大允许工作压力，MPa；

S——圆筒或球壳的计算厚度（习惯上将圆筒的厚度称作壁厚，其他一律称作厚度），mm；

S_d——圆筒或球壳的设计厚度，mm，它是计算厚度与腐蚀裕量 C_2 之和；

S_e——圆筒或球壳的有效厚度，mm，它是名义厚度 S_n 与厚度附加量 C 之差；

$[\sigma]^t$——圆筒或球壳材料在设计温度下的许用应力，MPa；

σ^t——设计温度下圆筒或球壳的计算应力，MPa；

ϑ——焊接接头系数；

C_2——腐蚀裕量，mm。

上述计算公式的适用范围为 $P_c \leqslant 0.4[\sigma]^t \vartheta$。

2. 球形容器

对于球形容器，由于其主应力为：

$$\sigma_1 = \sigma_2 = \frac{PD}{4S}$$

利用上述推导方法，可以得到球形容器壁厚的计算公式，即

$$S = \frac{P_c D_i}{4[\sigma]^t \vartheta - P_c} \tag{3-13}$$

$$S_d = \frac{P_c D_i}{4[\sigma]^t \vartheta - P_c} + C_2 \tag{3-13a}$$

$$\sigma^t = \frac{P_c(D_i + S_e)}{4S_e} \leqslant [\sigma]^t \vartheta \tag{3-14}$$

$$[P_w] = \frac{4[\sigma]^t \vartheta S_e}{D_i + S_e} \tag{3-15}$$

上述球形容器计算公式的适用范围为 $P_c \leqslant 0.6[\sigma]^t \vartheta$。

二、设计参数的确定

1. 压力

本课程所涉及的压力，除注明者外，均指表压力。

设计压力 P 指设定的容器顶部的最高压力，它与相应的设计温度一起作为设计载荷条件，其值不低于工作压力。

设计压力从概念上说与容器的工作压力 P_w 不同，工作压力是由工艺过程决定的，在工作过程中工作压力可能是变动的，在容器正常工作的情况下容器顶部可能达到的最高压力称为容器的最大工作压力，用 $[P_w]$ 表示。

计算压力 P_c 指在相应设计温度下，用以确定壳体各部位厚度的压力，其中包括液柱静压力。当壳体各部位或元件所承受的液柱静压力小于 5% 的设计压力时，可忽略不计。

设计压力与计算压力的具体取值方法可参见表 3-1。

表 3-1　设计压力与计算压力的具体取值方法

类　型		设　计　压　力
内压容器	无安全泄放装置	1.0～1.10 倍工作压力
	装有安全阀	不低于(等于或稍大于)安全阀开启压力(安全阀开启压力取 1.05～1.10 倍工作压力)
	装有爆破片	取爆破片设计爆破压力加制造范围上限
真空容器	无夹套真空容器 有安全泄放装置	设计外压取 1.25 倍最大内外压力差或 0.1MPa 二者中的小值
	无夹套真空容器 无安全泄放装置	设计外压取 0.1MPa
	夹套内为内压的带夹套真空容器 容器(真空)	设计外压按无夹套真空容器规定选取
	夹套内为内压的带夹套真空容器 夹套(内压)	设计内压按内压容器规定选取
	夹套内为真空的带夹套内压容器 容器(内压)	设计内压按内压容器规定选取
	夹套内为真空的带夹套内压容器 夹套(真空)	设计外压按无夹套真空容器规定选取
外压容器		设计外压力取不小于在正常工作情况下可能产生的最大内外压力差

此外，某些容器除有上述压力载荷外，有时还必须考虑重力、风力、地震力等载荷及温差的影响，这些载荷不能直接折算为计算压力而代入以上公式计算，必须用其他方法分别计算。这些特殊的载荷将在后面章节中涉及。

2. 设计温度

设计温度指容器在正常工作情况下，在相应的设计压力下，设定的元件的金属温度（沿元件金属截面厚度的温度平均值）。

设计温度虽不直接反映在上述计算公式中，但它是设计中选择材料和确定许用应力时不可缺少的一个基本参数，设计温度与设计压力一起作为设计载荷条件。

标志在产品铭牌上的设计温度，应是壳体金属设计温度的最高值或最低值。容器的壁温可由实测设备获得，或由传热过程计算确定，当无计算或实测壁温时，应按下列情况确定。

容器器壁与介质直接接触且有外保温（保冷）时，设计温度应按表 3-2 中的 I 或 II 确定。容器内介质用蒸汽直接加热或被内置加热元件间接加热时，设计温度取最高工作温度。

表 3-2　设计温度选择

介质工作温度 T	设 计 温 度	
	I	II
T≤-20℃	介质最低工作温度	介质工作温度-（0~10℃）
-20℃≤T≤15℃	介质最低工作温度	介质工作温度-（5~10℃）
T≥15℃	介质最低工作温度	介质工作温度+（15~30℃）

设计温度必须在材料允许的使用范围内，可从-196℃至钢材的蠕变范围。

材料的具体适用温度范围如下。

压力容器用碳素钢：-19~475℃；　　　　低合金钢：-40~475℃；

低温用钢：至-70℃　　　　　　　　　　碳钼钢及锰钼铌钢：至520℃；

铬钼低合金钢：至580℃；　　　　　　　铁素体高合金钢：至500℃；

非受压容器用碳素钢、沸腾钢：0~250℃；　镇静钢：0~350℃。

3. 许用应力与安全系数

用于制造容器的钢板，在设计温度下许用应力值的大小，直接决定着容器的强度，是容器设计的一个主要参数。许用应力是以材料的极限应力作为基础，并选择合理的安全系数确定的。即：

$$[\sigma]=\frac{\sigma^0}{n}$$

式中，σ^0 为极限应力；n 为安全系数。

关于材料的许用应力，有关技术部门已根据上述原则将其计算出来，设计者可以根据所选用材料的种类、牌号、尺寸规格及设计温度直接查取。钢板的许用应力列于表 3-3 和表 3-4。

安全系数的合理选择是设计中一个比较复杂和关键的问题。因为它与很多因素有关，其中包括如下几个。

① 材料的质量和制造的技术水平。随着科学技术的发展，材料的质量、焊接检验等制造技术水平在不断地提高。

② 计算方法的准确性、可靠性和受力分析的精确程度。随着科学技术的发展，计算的准确性也将逐渐提高。

③ 容器的工作条件，如压力、温度和温、压波动及容器在生产中的重要性和危险性等。

由此可见，安全系数是一个不断发展变化的参数。按照科学技术发展的总趋势，安全系数将逐渐变小。目前我国推荐的中低压容器和螺栓的安全系数见表 3-5。

表 3-3　碳素钢及低合金钢钢板的许用应力

钢号	钢板标准	使用状态	厚度/mm	常温强度指标		许用应力/MPa																注
				σ_b/MPa	σ_s/MPa	≤20℃	100℃	150℃	200℃	250℃	300℃	350℃	400℃	425℃	450℃	475℃	500℃	525℃	550℃	575℃	600℃	
碳素钢钢板																						
Q235B	GB/T 912	热轧	3~4	375	235	113	113	113	105	94	86	77	—	—	—	—	—	—	—	—	—	①
	GB/T 3274	热轧	4.5~16	375	235	113	113	113	105	94	86	77	—	—	—	—	—	—	—	—	—	①
	GB/T 3274		>16~40	375	225	113	113	107	99	91	83	75	—	—	—	—	—	—	—	—	—	①
Q235C	GB/T 912	热轧	3~4	375	235	125	125	125	116	104	95	86	79	—	—	—	—	—	—	—	—	
	GB/T 3274	热轧	4.5~16	375	235	125	125	125	116	104	95	86	79	—	—	—	—	—	—	—	—	
			>16~40	375	225	125	125	119	110	101	92	83	77	—	—	—	—	—	—	—	—	
Q245R	GB 713	热轧、正火	6~16	400	245	133	133	132	123	110	101	92	86	83	61	41	—	—	—	—	—	
			>16~36	400	235	133	132	126	116	104	95	86	79	78	61	41	—	—	—	—	—	
			>36~60	400	225	133	126	119	110	101	92	83	77	75	61	41	—	—	—	—	—	
			>60~100	390	205	128	115	110	103	92	84	77	71	68	61	40	—	—	—	—	—	
低合金钢钢板																						
Q345R	GB 713	热轧、正火	6~16	510	345	170	170	170	170	156	144	134	125	93	66	43	—	—	—	—	—	
			>16~36	490	325	163	163	163	159	147	134	125	119	93	66	43	—	—	—	—	—	
			>36~60	470	305	157	157	157	150	138	125	116	109	93	66	43	—	—	—	—	—	
07MnCrMoVR	GB 19189	调质	16~50	610	490	203	203	203	203	203	203	203	—	—	—	—	—	—	—	—	—	②
16MnDR	GB 3531	正火	6~16	490	315	163	163	163	156	144	131	122	—	—	—	—	—	—	—	—	—	
			>16~36	470	295	157	156	156	147	134	122	113	—	—	—	—	—	—	—	—	—	
			>36~60	450	275	150	147	147	138	125	113	106	—	—	—	—	—	—	—	—	—	
			>60~100	450	255	150	147	138	128	116	106	100	—	—	—	—	—	—	—	—	—	
07MnNiCrMoVDR	GB 19189	调质	16~50	610	490	203	203	203	203	203	203	203	—	—	—	—	—	—	—	—	—	②

续表

（低合金钢钢板）

钢号	钢板标准	使用状态	厚度/mm	常温强度指标		许用应力/MPa																注
				σb/MPa	σs/MPa	≤20℃	100℃	150℃	200℃	250℃	300℃	350℃	400℃	425℃	450℃	475℃	500℃	525℃	550℃	575℃	600℃	
15MnNiDR	GB 3531	正火、正火加回火	6~16	490	325	163	163	—	—	—	—	—	—	—	—	—	—	—	—	—	—	
			>16~36	470	305	157	157	—	—	—	—	—	—	—	—	—	—	—	—	—	—	
			>35~60	460	290	153	153	—	—	—	—	—	—	—	—	—	—	—	—	—	—	
09MnNiDR	GB 3531	正火、正火加回火	6~16	440	300	147	147	147	147	147	147	138	—	—	—	—	—	—	—	—	—	
			>16~36	430	280	143	143	143	143	143	138	128	—	—	—	—	—	—	—	—	—	
			>36~100	430	260	143	143	141	134	128	119	—	—	—	—	—	—	—	—	—	—	
15CrMoR	GB 713	正火加回火	6~60	450	295	150	150	150	150	141	131	125	118	115	112	110	88	58	37	—	—	
			>60~100	450	275	150	150	147	138	131	123	116	110	107	104	103	88	58	37	—	—	
14Cr1MoR	—	正火加回火	16~20	215	310	172	172	169	159	153	144	138	131	127	122	116	88	58	37	—	—	②
16MnR	GB 713	热轧、正火	>60~100	460	285	153	153	150	150	128	116	109	103	93	66	43	—	—	—	—	—	
			>100~120	450	275	150	150	147	147	125	113	106	100	93	66	43	—	—	—	—	—	
15MnVR	GB 713	热轧、正火	6~8	550	390	183	183	183	183	183	172	159	147	—	—	—	—	—	—	—	—	③
			6~16	530	390	177	177	177	177	177	172	159	147	—	—	—	—	—	—	—	—	
			>16~36	510	370	170	170	170	170	170	163	150	138	—	—	—	—	—	—	—	—	
			>36~60	490	350	163	163	163	163	163	153	141	131	—	—	—	—	—	—	—	—	
15MnNbR	GB 713	正火	10~16	530	370	177	177	177	177	177	169	159	—	—	—	—	—	—	—	—	—	
			>16~36	530	360	177	177	177	177	177	153	153	—	—	—	—	—	—	—	—	—	
			>36~60	520	350	173	173	173	169	159	150	150	—	—	—	—	—	—	—	—	—	
18MnMoNbR	GB 713	正火加回火	30~60	590	440	197	197	197	197	197	197	197	197	197	177	117	—	—	—	—	—	
			16~100	570	410	190	190	190	190	190	190	190	190	190	177	117	—	—	—	—	—	
13MnNiMoNbR	GB 713	正火加回火	30~100	570	390	190	190	190	190	190	190	190	190	—	—	—	—	—	—	—	—	
			>100~120	570	380	190	190	190	190	190	190	190	180	—	—	—	—	—	—	—	—	

① 所列许用应力，已乘质量余系数 0.9。

② 该钢板技术要求见 GB 150.1—2011 标准的附录。

③ 该许用应力仅适用于多层包扎压力容器的层板。

注：中间温度的许用应力可用本表中内插法求得。

表 3-4　高合金钢钢板的许用应力

钢号	钢板标准	使用状态	厚度/mm	许用应力/MPa																				注
				≤20℃	100℃	150℃	200℃	250℃	300℃	350℃	400℃	425℃	450℃	475℃	500℃	525℃	550℃	575℃	600℃	625℃	650℃	675℃	700℃	
				高合金钢钢板																				
0Cr13Al	GB/T 4237	退火	2~15	118	105	101	100	99	97	95	90	87	—	—	—	—	—	—	—	—	—	—	—
0Cr13	GB/T 4237	退火	2~60	137	126	123	120	119	117	112	109	105	100	89	72	53	38	26	16	—	—	—	—	—
0Cr18Ni9	GB/T 4237	固溶	2~60	137	137	137	130	122	114	111	107	105	103	101	100	98	91	79	64	52	42	32	27	①
				137	114	103	96	90	85	82	79	78	76	75	74	73	71	67	62	52	42	32	27	
0Cr18Ni10Ti	GB/T 4237	固溶,稳定化	2~60	137	137	137	130	122	114	111	108	106	105	104	103	101	83	58	44	33	25	18	13	①
				137	114	103	96	90	85	82	80	79	78	77	76	75	74	58	44	33	25	18	13	
0Cr17Ni12Mo2	GB/T 4237	固溶	2~60	137	137	137	134	125	118	113	111	110	109	108	107	106	105	96	81	65	50	38	30	①
				137	117	107	99	93	87	84	82	81	81	80	79	78	78	76	73	65	50	38	30	
0Cr18Ni12Mo2Ti	GB/T 4237	固溶	2~60	137	137	137	134	125	118	113	111	110	109	108	107	—	—	—	—	—	—	—	—	①
				137	117	107	99	93	87	84	82	81	81	80	79	—	—	—	—	—	—	—	—	
0Cr19Ni13Mo3	GB/T 4237	固溶	2~60	137	137	137	134	125	118	113	111	110	109	108	107	106	105	96	81	65	50	38	30	①
				137	117	107	99	93	87	84	82	81	81	80	79	78	78	76	73	65	50	38	30	
00Cr19Ni10	GB/T 4237	固溶	2~60	118	118	118	110	103	98	94	91	89	84	—	—	—	—	—	—	—	—	—	—	①
				118	97	87	81	76	73	69	67	65	62	—	—	—	—	—	—	—	—	—	—	
00Cr17Ni14Mo2	GB/T 4237	固溶	2~60	118	118	118	108	100	95	90	86	85	—	—	—	—	—	—	—	—	—	—	—	①
				118	97	87	81	74	70	67	64	63	—	—	—	—	—	—	—	—	—	—	—	
0Cr19Ni13Mo3	GB/T 2437	固溶	2~60	118	118	118	118	118	118	113	111	110	109	—	—	—	—	—	—	—	—	—	—	①
				118	117	107	99	93	87	84	82	81	81	—	—	—	—	—	—	—	—	—	—	
00Cr18Ni5MoSi2	GB/T 4237	固溶	2~35	197	197	190	173	167	163	—	—	—	—	—	—	—	—	—	—	—	—	—	—	—

① 该行许用应力仅适用于允许产生微量永久变形的元件,对于法兰或其他有微量永久变形就引起泄漏或故障的场合不能采用。

注:中间温度的许用应力可按本表内数值用内插法求得。

表 3-5　我国推荐的中低压容器和螺栓的安全系数

材　　料	常温下的最低抗拉强度 σ_b	常温和设计温度下的屈服点 σ_s
碳素钢、低合金钢	$n_b \geqslant 3$	$n_s \geqslant 1.6$
不锈钢	—	$n_s \geqslant 1.5$

4. 焊接接头系数

由于焊接加热、冷却过程中金属的组织会发生一定的变化，形成粗大晶粒区而使强度和塑性降低；还由于结构刚性约束造成焊接内应力过大等，在焊接接头处金属的强度指标有可能低于没有参与焊接的钢板自身的强度指标，所以焊缝区是容器上强度比较薄弱的地方。

焊接热影响焊缝区的强度主要取决于熔焊金属、焊缝结构和施焊质量。设计所需的焊接接头系数大小主要根据焊接接头的形式和无损检测的长度比率确定，具体可按表 3-6 选取。

表 3-6　焊接接头系数

焊接接头形式	图例	100%无损探伤	局部无损探伤
双面焊对接接头和相当于双面焊的全焊透的对接接头		1.0	0.85
单面焊的对接接头(沿焊缝根部全长有紧贴基本金属的垫板)		0.90	0.80

5. 厚度附加量

容器厚度附加量由钢板或钢管厚度的负偏差 C_1 和腐蚀裕量 C_2 构成，即

$$C = C_1 + C_2$$

(1) 负偏差 C_1　钢板或钢管在轧制过程中，其厚度不可能完全一致，必然有正、负偏差存在。钢板厚度的负偏差 C_1，按相应的钢板标准规定选取。在 GB 150—2011 中规定使用的钢板标准有 GB 713《锅炉和压力容器用钢板》、GB 3531《低温压力容器用钢板》、GB 19189《压力容器用调制高强度钢板》和 GB 24511《承压设备用不锈钢板及钢带》。在这些标准中钢板负偏差 C_1 按 GB/T 709—2006《热轧钢板和钢带的尺寸、外形、重量及允许偏差》的规定执行，一般情况下钢板负偏差 C_1 可根据名义厚度 S_n 按表 3-7 选取。

表 3-7　单轧钢板厚度负偏差　　　　　　　　单位：mm

公称厚度	下列公称宽度的厚度允许偏差			
	≤1500	>1500~2500	>2500~4000	>4000~4800
3.00~5.00	±0.45	±0.55	±0.65	—
>5.00~8.00	±0.50	±0.60	±0.75	—
>8.00~15.0	±0.55	±0.65	±0.80	±0.90
>15.0~25.0	±0.65	±0.75	±0.90	±1.10
>25.0~40.0	±0.70	±0.80	±1.00	±1.20
>40.0~60.0	±0.80	±0.90	±1.10	±1.30
>60.0~100	±0.90	±1.10	±1.30	±1.50
>100~150	±1.20	±1.40	±1.60	±1.80
>150~200	±1.40	±1.60	±1.80	±1.90
>200~250	±1.60	±1.80	±2.00	±2.20
>250~300	±1.80	±2.00	±2.20	±2.40
>300~400	±2.00	±2.20	±2.40	±2.60

（2）腐蚀裕量 C_2　为防止容器元件由于腐蚀、机械磨损而导致厚度减薄削弱，对与工作介质接触的筒体、封头、接管、人（手）孔及内部构件等，应考虑腐蚀裕量。

对有腐蚀或磨损的元件，应根据预期的容器寿命和介质对金属材料的腐蚀速率来确定腐蚀裕量 C_2，即

$$C_2 = K_a B$$

式中，K_a 为腐蚀速率，mm/a，可由材料腐蚀手册查得或由试验确定；B 为容器的设计寿命，容器的设计寿命除有特殊要求外，对塔、反应器等主要容器一般不应少于 $10 \sim 15$ 年，一般容器、换热器等不少于 8 年。

腐蚀裕量的选取原则和方法如下。

① 介质为压缩空气、水蒸气或水的碳素钢或低合金钢制容器，其腐蚀裕量不得小于 1.0mm；对不锈钢，当介质腐蚀性极微时，可取 $C_2 = 0$。

② 除上述情况以外的其他情况，筒体和封头的腐蚀裕量按表 3-8 确定。

表 3-8　筒体和封头的腐蚀裕量

腐蚀程度	不腐蚀	轻微腐蚀	腐蚀程度	腐蚀	严重腐蚀
腐蚀速率/(mm/a)	<0.05	0.05~0.13	腐蚀速率/(mm/a)	0.13~0.25	>0.25
腐蚀裕量/mm	0	≥1	腐蚀裕量/mm	≥2	≥3

注：表中腐蚀速率为均匀、单面腐蚀，最大腐蚀裕量不大于 6mm，否则应采取防腐蚀措施。

③ 容器各元件所受介质的腐蚀速率不同时，可采用不同的腐蚀裕量。

④ 容器接管（包括人孔、手孔）的腐蚀裕量，一般情况下应与壳体的腐蚀裕量相同。

⑤ 两侧同时与腐蚀介质接触的元件（即双面腐蚀），应根据两侧不同的操作介质选取不同的腐蚀裕量，将二者叠加作为总的腐蚀裕量。

⑥ 当容器内件材料与壳体相同时，容器内件的单面腐蚀裕量按表 3-9 确定。

表 3-9　容器内件的单面腐蚀裕量

内 件		腐 蚀 裕 量
结 构 形 式	受力状态	
不可拆卸或无法从人孔取出者	受力 不受力	取壳体腐蚀裕量 取壳体腐蚀裕量的 1/2
可拆卸并可从人孔取出者	受力 不受力	取壳体腐蚀裕量的 1/4 0

⑦ 容器地脚螺栓根径的腐蚀裕量可取 3mm。

⑧ 碳钢裙座筒体的腐蚀裕量应不小于 2mm，如其内、外侧均有保温或防火层，可不考虑腐蚀裕量。

1989 年以前《钢制石油化工压力容器设计规定》中，在厚度附加量中计入加工制造减薄量 C_3，并由设计者根据容器不同的冷、热加工成形状况选取加工减薄量。国家标准 GB 150《压力容器》中规定：设计者在图纸上注明的厚度不包括加工减薄量，加工减薄量由制造单位依据各自的加工工艺和加工能力自行选取，只要保证产品的实际厚度不小于名义厚度减去钢材厚度的负偏差即可。对冷卷圆筒，投料的钢板厚度不得小于名义厚度减去钢板负偏差；对凸形封头和热卷筒节，成形后的厚度不小于该部件的名义厚度减去钢板负偏差。

6. 直径系列与钢板厚度

压力容器的直径由生产需要确定。根据机械工业的要求，筒体和封头的直径不能是任意

的，必须考虑标准化的系列尺寸，否则将提高压力容器的制造成本。

同样，板材厚度亦是一个标准化问题，设计所需的容器厚度须符合冶金产品的标准。表 3-10 是 GB 709—2006 规定的钢板厚度尺寸系列，可供设计时选择。

表 3-10　钢板的常用厚度（GB/T 709—2006）　　　　　　　单位：mm

厚度												
2.0	2.5	3.0	3.5	4.0	4.5	(5.0)	6.0	7.0	8.0	9.0	10	11	12
14	16	18	20	22	25	28	30	32	34	36	38	40	42
46	50	55	60	65	70	75	80	85	90	95	100	105	110
115	120	125	130	140	150	160	165	170	180	185	190	195	200

注：5.0mm 为不锈钢钢板的厚度。

三、容器最小壁厚

在容器设计中，对于计算压力很低的容器，按强度计算公式计算出的壁厚很小，不能满足制造、运输和安装时的刚度要求。因此，对容器需规定一最小壁厚。最小壁厚是指壳体加工成形后不包括腐蚀裕量的壁厚。GB 150.1—2011《压力容器》中对容器最小壁厚的规定是：碳素钢和低合金钢制容器，$S_{min} \geqslant 3mm$；高合金钢制容器，一般 $S_{min} \geqslant 2mm$。

四、容器的耐压试验及其强度校核

容器制成以后（或检修后投入生产之前），必须做耐压试验或增加气密性试验，以检验容器的宏观强度和有无渗漏现象。耐压试验就是用液体或气体作为加压介质，在容器内施加比设计压力还要高的试验压力，并检查容器在试验压力下是否渗漏，是否有明显的塑性变形以及其他的缺陷，以确保设备的安全运行。

对需要进行焊后热处理的容器，应在全部焊接工作完成并经热处理之后，再进行压力试验和气密试验；对于分段交货的压力容器，可分段热处理，在安装工地组装焊接，并对焊接的环焊缝进行局部热处理之后，再进行压力试验。

压力试验的种类、要求和试验压力值应在图样上注明。压力试验一般采用液压试验。对于不适合做液压试验的容器，例如，容器内不允许有微量残留液体，或由于结构原因不能充满液体的容器，可采用气压试验。

1. 试验压力及应力校核

（1）内压容器的试验压力

液压试验：
$$P_T = 1.25P \frac{[\sigma]}{[\sigma]^t}$$

气压试验：
$$P_T = 1.15P \frac{[\sigma]}{[\sigma]^t}$$

式中　P_T——试验压力，MPa；

　　　P——设计压力，MPa；

　　　$[\sigma]$——容器元件材料在试验温度下的许用应力，MPa；

　　　$[\sigma]^t$——容器元件材料在设计温度下的许用应力，MPa。

上述设计压力 P，如容器铭牌上规定有最大允许工作压力时，公式中应以最大允许工作压力代替设计压力 P。

关于比值 $[\sigma]/[\sigma]^t$，如果容器各元件（圆筒、封头、接管、法兰及紧固件等）所用材料不同，应取各元件材料的 $[\sigma]/[\sigma]^t$ 比值中最小者。

（2）压力试验的应力校核　为确保耐压试验时容器材料处于弹性状态，容器中的薄膜应力应满足下列条件：

液压试验时：

$$\sigma_T = \frac{P_T(D_i + S_e)}{2S_e} \leq 0.9\vartheta\sigma_s(\sigma_{0.2}) \qquad (3-16)$$

气压试验时：

$$\sigma_T = \frac{P_T(D_i + S_e)}{2S_e} \leq 0.8\vartheta\sigma_s(\sigma_{0.2}) \qquad (3-17)$$

式中　σ_T——圆筒壁在试验压力下的计算应力，MPa；

$\quad\quad D_i$——圆筒内直径，mm；

$\quad\quad P_T$——试验压力，MPa；

$\quad\quad S_e$——圆筒的有效壁厚，mm；

$\sigma_s(\sigma_{0.2})$——圆筒材料在试验温度下的屈服点，MPa；

$\quad\quad \vartheta$——圆筒的焊接接头系数。

2. 压力试验的要求与试验方法

压力试验必须用两个量程相同的并经过校正的压力表。压力表的量程为试验压力的 2 倍左右为宜，但不应低于 1.5 倍或高于 4 倍的试验压力。容器的开孔补强圈应在压力试验以前通入 0.4～0.5MPa 的压缩空气检查焊接接头质量。

(1) 液压试验　液压试验一般采用水，需要时也可采用不会导致发生危险的其他液体。试验时液体的温度应低于其闪点或沸点。奥氏体不锈钢制容器用水进行液压试验后，应将水渍清除干净。当无法清除干净时，应控制水中氯离子含量不超过 25mg/L。

① 试验温度。对碳钢、Q345R 和正火的 15MnVR 钢制容器液压试验时，液体温度不得低于 5℃；其他低合金钢制容器液压试验时，液体温度不得低于 15℃。如果由于板厚等因素造成材料无塑性转变温度升高，则须相应提高试验液体温度。

② 试验方法。试验时容器顶部应设排气口，充气时应将容器内的空气排尽。试验过程中应保持容器观察表面的干燥；试验时压力应缓慢上升，达到规定试验压力后，保压时间一般不少于 30min。然后将压力降至规定试验压力的 80%，并保持足够长的时间以对所有焊接接头和连接部位进行检查。如有渗漏，修补后重新试验，直至合格。对于夹套容器，先进行内筒液压试验，合格后再焊夹套，然后进行夹套内的液压试验；液压试验完毕后，应将液体排尽并用压缩空气将内部吹干。

(2) 气压试验　由于气压试验比液压试验危险性大，所以气压试验应有安全措施。该安全措施需经试验单位技术总负责人批准，并经本单位安全部门监督检查。试验所用的气体应为干燥洁净的空气、氮气或其他惰性气体。

① 试验温度。对碳素钢和低合金钢制容器，气压试验时介质温度不得低于 15℃；其他钢种制容器，气压试验温度按图样规定。

② 试验方法。试验时压力应缓慢上升，至规定试验压力的 10%，且不超过 0.05MPa 时，保压 5min，然后对所有焊接接头和连接部位进行初次泄漏检查，如有泄漏，修补后重新试验。初次泄漏检查合格后，再继续缓慢升压至规定试验压力的 50%，其后按每级为规定试验压力的 10% 的级差逐级增至规定试验压力。保压 10min 后将压力降至规定试验压力的 87%。并保持足够长的时间后再次进行泄漏检查，如有泄漏，修补后再按上述规定重复试验。

(3) 气密性试验　介质的毒性程度为极度或高度危害的容器，应在液压试验合格后，再进行气密性试验。气密性试验压力、试验介质和检验要求应在图样上注明。气密性试验压力由设计者根据具体情况在图样上注明。气密性试验气体温度应不低于 5℃。试验时压力应缓慢上升，达到规定试验压力后保压 10min，然后降至设计压力，对所有焊接接头和连接部位进行泄漏检查。小型容器亦可浸入水中检查，如有泄漏，修补后重新进行液压试验和气密性试验，直至合格。当对容器作定期检查时，若容器内有残留易燃气体存在会导致爆炸时，则不得使用空气作为试验介质。

五、例题

【例 3-2】 某化工厂欲设计一台石油气分离工程中的乙烯精馏塔。工艺参数为：塔体内径 $D_i=600\text{mm}$，计算压力为 $P_c=2.2\text{MPa}$，工作温度为 $t=-20\sim-3℃$。试选择塔体材料并确定塔体壁厚。

解 （1）选材
由于石油气对钢材的腐蚀不大，温度在 $-20\sim-3℃$，压力为中压，故选用 Q345R。
（2）确定参数
$$P_c=2.2\text{MPa}, \quad D_i=600\text{mm}, \quad [\sigma]^t=170\text{MPa}$$
$\vartheta=0.8$（采用带垫板的单面焊对接接头，局部无损擦伤）
取 $C_2=1\text{mm}$。
（3）计算壁厚
$$S=\frac{P_c D_i}{2[\sigma]^t\vartheta-P_c}=\frac{2.2\times600}{2\times170\times0.8-2.2}=4.9(\text{mm})$$
设计壁厚 $\qquad S_d=S+C_2=4.9+1.0=5.9(\text{mm})$
根据计算壁厚 4.9mm，加上 C_2 后为 5.9mm，查表 3-7 得 $C_1=0.60\text{mm}$，则 $C=C_1+C_2=1.6\text{mm}$。
故 $\qquad\qquad 4.9+C=4.9+1.6=6.5（\text{mm}）$
圆整后取厚度为 $S_n=7\text{mm}$（根据表 3-7 复验名义厚度为 7mm 时钢板厚度负偏差仍为 $C_1=0.60\text{mm}$）的 Q345R 钢板制作塔体。
（4）校核水压试验强度
$$\sigma_T=\frac{P_T(D_i+S_e)}{2S_e}\leq0.9\vartheta\sigma_s(\sigma_{0.2})$$
式中，$P_T=1.25P=1.25\times2.2=2.75（\text{MPa}）$（$t<200℃$，$[\sigma]/[\sigma]^t\approx1$，$P=P_c=2.2\text{MPa}$）。
$$S_e=S_n-C=7-1.6=5.4(\text{mm})$$
$$\sigma_s=345\text{MPa}$$
则 $\qquad\qquad \sigma_T=\frac{2.75\times(600+5.4)}{2\times5.4}=154.2(\text{MPa})$
而 $\qquad\qquad 0.9\vartheta\sigma_s=0.9\times0.8\times345=248.4(\text{MPa})$
可见 $\quad\sigma_T<0.9\vartheta\sigma_s$，所以水压强度足够。

【例 3-3】 有一库存很久的压力容器，材质为 40Mn2A，外径为 $D_0=208\text{mm}$，系无缝钢管收口而成，测其最小壁厚为 $S_n=6.5\text{mm}$，已知材料 $\sigma_b=784.8\text{MPa}$，$\sigma_s=510.12\text{MPa}$。今欲充 20MPa 的压力使用，问强度是否够？若强度不够，该压力容器的最大允许工作压力是多少？已知无缝钢管 $\vartheta=1$，金属附加量 $C=1\text{mm}$。

解 （1）确定参数
$\qquad P_c=20\text{MPa}；D_0=208\text{mm}；\sigma_b=784.8\text{MPa}，\sigma_s=510.12\text{MPa}，$
$\qquad \vartheta=1；S_n=6.5\text{mm}，取 C_2=1\text{mm}；S_e=S_n-C=6.5-1=5.5\text{mm}；$
$\qquad [\sigma]^t=\dfrac{\sigma_b}{n_b}=784.8/3=261.6(\text{MPa})；[\sigma]^t=\dfrac{\sigma_s}{n_s}=510.12/1.6=318.8(\text{MPa})。$

（2）强度校核

$$\sigma^t = \frac{P_c(D_0 - S_e)}{2S_e} \leqslant [\delta]^t \vartheta$$

$$\sigma^t = \frac{20 \times (208 - 5.5)}{2 \times 5.5} = 368.2 \, (\text{MPa})$$

可见 $\sigma^t = 368.2 \text{MPa} > [\sigma]^t \vartheta = 261.6 \text{MPa}$，所以，强度不够。

（3）确定最高允许工作压力

$$[P_w] = \frac{2[\sigma]^t \vartheta S_e}{D_0 - S_e} = \frac{2 \times 261.6 \times 1 \times 5.5}{208 - 5.5} = 14.2 \, (\text{MPa})$$

该容器的最大安全使用压力为 14.2MPa。

第四节　内压圆筒封头的设计

容器封头是化工容器壳体的主要组成部分，容器封头又称端盖，按其形状可分为三类：凸形封头、锥形封头、平板封头。其中凸形封头又包括半球形封头、椭圆形封头、碟形封头和球冠形封头四种。

一、半球形封头

半球形封头由半个球壳构成。直径较小、器壁较薄的半球形封头可以整体热压成形。大直径的先分瓣冲压，再焊接组合（图 3-11）。它的计算壁厚公式与球壳相同，即

$$S = \frac{P_c D_i}{4[\sigma]^t \vartheta - P_c} \tag{3-18}$$

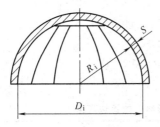

图 3-11　半球形封头

所以，球形封头厚度可较相同直径与压力的圆筒壳减薄一半。但在实际工作中，为了焊接方便以及降低边界处的边缘应力，半球形封头也常和筒体取相同的厚度。半球形封头多用于压力较高的储罐上。

二、椭圆形封头

椭圆形封头由长短半轴分别为 a 和 b 的半椭球和高度为 h_0 的圆筒节（直边）构成，如图 3-12 所示。直边的作用是保证封头的制造质量和避免筒体与封头间的环向焊缝受边缘应力作用。

由椭球壳的应力分析可知，对于长短轴之比等于 2 的标准椭球壳来说，最大薄膜应力位于椭球的顶点，其值与圆柱形通体完全相同，因此仅就标准椭圆形封头而言，其计算厚度与内压圆筒是一样的。应该指出的是，当椭球壳的长短半

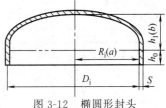

图 3-12　椭圆形封头

轴之比大于 2 [即椭圆封头的 $D_i/(2h_i)>2$] 时，椭球壳赤道上出现很大的环向压应力，其绝对值远大于顶点的应力，考虑这种应力变化对椭圆封头强度的影响，在强度设计时引入一个形状系数 K。国家标准规定，在工程应用中，K 值不大于 2.6。

因此受内压的椭圆形封头的壁厚按下式计算：

$$S=\frac{KP_cD_i}{2[\sigma]^t\vartheta-0.5P_c} \tag{3-19}$$

式中，$K=\frac{1}{6}\left[2+\left(\frac{D_i}{2h_i}\right)^2\right]$，这是一经验关系式，$K$ 为椭圆形封头形状系数，又称为应力增强系数，其值列于表 3-11。

工程上将 $\frac{D_i}{2h_i}=2$，即 $a/b=2$ 的椭圆形封头称为标准椭圆形封头，此时形状系数 $K=1$，于是得标准椭圆形封头的计算壁厚公式为：

$$S=\frac{P_cD_i}{2[\sigma]^t\vartheta-0.5P_c} \tag{3-20}$$

表 3-11　椭圆形封头形状系数

$\frac{D_i}{2h_i}$	2.6	2.5	2.4	2.3	2.2	2.1	2.0	1.9	1.8
K	1.46	1.37	1.29	1.21	1.14	1.07	1.00	0.93	0.87
$\frac{D_i}{2h_i}$	1.7	1.6	1.5	1.4	1.3	1.2	1.1	1.0	
K	0.81	0.76	0.71	0.66	0.61	0.57	0.53	0.50	

国家标准还规定：标准椭圆形封头的有效壁厚 S_e 应不小于封头内直径的 0.15%，其他椭圆形封头的有效壁厚应不小于封头内直径的 0.3%，但当确定封头厚度时，已考虑了内压下的弹性失稳问题，可不受此限制。

椭圆形封头的最大允许工作压力按式（3-21）计算：

$$[P_w]=\frac{2[\sigma]^t\vartheta S_e}{KD_i+0.5S_e} \tag{3-21}$$

标准椭圆形封头的直边高度见表 3-12。

表 3-12　标准椭圆形封头的直边高度 h_0　　　　　　单位：mm

封头材料	碳素钢、普低钢、复合钢板			不 锈 钢		
封头壁厚	4~8	10~18	3~9	3~9	10~18	≥20
直边高度	25	40	50	25	40	50

三、碟形封头

碟形封头又叫带折边球形封头，它由三部分构成：以 R_i 为半径的球面、以 r 为半径的过渡圆弧（即折边）和高度为 h_0 的直边。如图 3-13 所示，其球面半径越大，折边半径越小，封头的深度将越浅，这有利于人工锻打成形。但是考虑到球面部分与过渡区连接处的局部高应力，规定碟形封头球面半径 R_i 应不大于筒体内径，通常取 $R_i\leqslant0.9D_i$，而折边内半径 r 在任何情况下均不得小于筒体内径的 10%，且应不小于 3 倍封头名义壁厚。

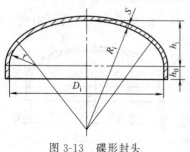
图 3-13　碟形封头

碟形封头受内压作用时，其形状有变成椭球的趋势，过渡圆弧与球面连接处的经线曲率有突变，这里将产生很大的边缘应力，考虑这一边缘应力的影响，在强度设计时引入形状系数 M，M 反映折边处的应力较球面应力增大的程度。其计算壁厚公式为：

$$S = \frac{MP_c R_i}{2[\sigma]^t \vartheta - 0.5P_c}$$ (3-22)

$$M = \frac{1}{4}\left(3 + \sqrt{\frac{R_i}{r}}\right)$$

式中 R_i——碟形封头球面内半径，mm；

　　　r——过渡圆弧内半径，mm；

　　　M——碟形封头形状系数，其值见表3-13。

表 3-13　碟形封头形状系数

R_i/r	1.0	1.25	1.5	1.75	2.0	2.25	2.5	2.75
M	1.0	1.03	1.06	1.08	1.10	1.13	1.15	1.17
R_i/r	3.0	3.25	3.5	4.0	4.5	5.0	5.5	6.0
M	1.18	1.20	1.22	1.25	1.28	1.31	1.34	1.36
R_i/r	6.5	7.0	7.5	8.0	8.5	9.0	9.5	10.0
M	1.39	1.41	1.44	1.46	1.48	1.50	1.52	1.54

对于 $R_i/r \leqslant 5.5$ 的碟形封头，其有效壁厚 S_e 应不小于封头内直径的0.15%，其他碟形封头的有效壁厚应不小于封头内直径的0.30%。但当确定封头厚度时已考虑了内压下的弹性失稳问题，可不受此限制。

碟形封头的最大允许工作压按式（3-23）计算：

$$[P_w] = \frac{2[\sigma]^t \vartheta S_e}{MD_i + 0.5S_e}$$ (3-23)

常用碟形封头 $M = 1.2$，于是计算壁厚公式为：

$$S = \frac{1.2P_c D_i}{2[\sigma]^t \vartheta - 0.5P_c}$$ (3-24)

封头与筒体可用法兰连接，也可用焊接连接时，必须采用对接焊接接头，如果封头与筒体厚度不同，须将较厚的一边切去一部分。

四、球冠形封头

球冠形封头又称为无折边球形封头。为了进一步降低凸形封头的高度，将碟形封头的直边及过渡圆弧部分去掉，只留下球冠部分。并把它直接焊在筒体上，就构成了球冠形封头。封头的球面半径一般取等于圆柱筒体的内直径或0.7～0.9倍的内直径。

球冠形封头多数情况下用作容器中两独立受压室的中间封头，也可作端封头（图3-14）。封头与筒体连接处必须采用全焊透结构，因此，应适当控制封头厚度以保证全焊透结构的焊接质量。

当承受内压时，在球冠形封头内将产生拉应力，但此应力并不

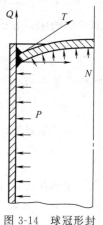

图 3-14　球冠形封头连接的圆筒

大，然而在封头与筒壁连接处，却存在着很大的局部边缘应力，因此，在确定球冠形封头的壁厚时，重点应放在上述局部应力上。

受内压球冠形封头的计算壁厚按下式计算：

$$S = \frac{QP_c D_i}{2[\sigma]^t \vartheta - P_c} \tag{3-25}$$

式中　D_i——封头和筒体的内直径；

　　　Q——系数，对容器端封头由图 3-15 查取。

在任何情况下，与球冠形封头连接的圆筒厚度应不小于封头厚度。否则，应在封头与圆筒间设置加强段过渡连接。圆筒加强段的厚度应与封头等厚，加强段长度 L 均不小于 $2\sqrt{0.5 D_i S}$，如图 3-15 所示。

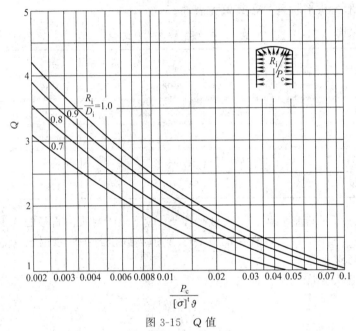

图 3-15　Q 值

五、锥形封头

锥形封头广泛应用于立式化工设备的底部以便于卸除物料。此外，一些塔设备上、下部分的直径不等，也常用锥形壳体将直径不等的两段塔体连接起来。这时的锥壳叫变径段。由锥形壳体的应力分析可知，受内压的锥形封头的最大应力在锥壳的大端，其值为：

$$\sigma_{max} = \sigma_\theta = \frac{PD}{2S} \times \frac{1}{\cos\alpha} \tag{3-26}$$

其强度条件为：

$$\sigma_{max} = \frac{PD}{2S} \times \frac{1}{\cos\alpha} \leqslant [\sigma]^t$$

由此可得计算壁厚公式为：

$$S = \frac{PD}{2[\sigma]^t} \times \frac{1}{\cos\alpha} \tag{3-27}$$

将上式中的压力 P 换成计算压力 P_c，将锥壳的大端直径 D 换成锥壳内直径 D_c，并考虑焊接接头系数，则式（3-27）变为：

$$S_c = \frac{P_c D_c}{2[\sigma]^t \vartheta - P_c} \times \frac{1}{\cos\alpha} \tag{3-28}$$

式中　D_c——锥壳计算内直径；

　　　α——锥壳半顶角度，（°）；

　　　S_c——锥壳计算壁厚，mm。

按式（3-28）计算的锥形封头壁厚，由于没有考虑封头与筒体连接处的边缘应力，因而此壁厚往往是不够的。需在考虑边缘应力的基础上，建立一些补充的设计公式。

为了降低连接处附近的边缘应力，可采用以下两种方法。

① 将连接处附近的封头及筒体壁厚增大，这种方法叫局部加强。图 3-16 是没有局部加强的锥形封头。图 3-17 是有局部加强的锥形封头。它们都是直接与筒体相连，中间没有过渡圆弧，因而叫无折边锥形封头。

② 在封头与筒间增加一个过渡圆弧，则整个封头由锥体、过渡圆弧及高度为 h_0 的直边三部分构成，如图 3-18 和图 3-19 所示，这种封头称为带折边锥形封头。

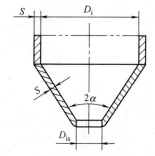

图 3-16　没有局部加强的锥形封头

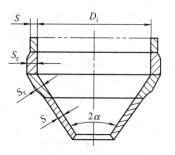

图 3-17　有局部加强的锥形封头

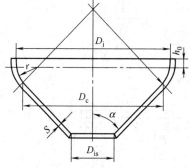

图 3-18　大端折边锥形封头

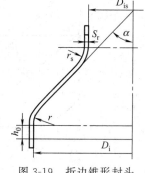

图 3-19　折边锥形封头

1. 无折边锥形封头壁厚的确定

（1）锥壳大端连接处的厚度　对于锥壳大端，当锥壳半顶角 $\alpha \leqslant 30°$ 时，可以采用无折边结构；当 $\alpha > 30°$ 时，应采用带过渡段的折边结构，否则应按应力分析的方法进行设计。

无折边锥形封头大端与圆筒连接时，应按下述方法确定连接处锥壳大端的厚度。

以 $\dfrac{P_c}{[\sigma]^t \vartheta}$ 与半顶角 α 值查图 3-20，当其交点位于曲线上方时，不必局部加强，其厚度按式（3-27）计算。当其交点位于图 3-20 中曲线下方时，则需要局部加强，锥壳和圆筒加强段厚度须相同，其加强区计算厚度按下式计算：

$$S=\frac{QP_cD_i}{2[\sigma]^t-P_c}\qquad(3-29)$$

式中，Q 为系数，由图 3-21 查得，遇中间值用内插法。在任何情况下，加强段的厚度不得小于相连接的锥壳厚度。锥壳加强段的长度 L_1 应不小于 $2\sqrt{\dfrac{0.5D_iS_r}{\cos\alpha}}$；圆筒加强段的

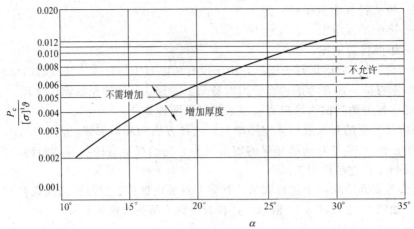

图 3-20 确定锥壳大端与筒体连接处的加强图

曲线系按最大应力强度（主要为轴向弯曲应力）绘制，控制值为 $3[\sigma]^t$。

长度应不小于 $2\sqrt{0.5D_i S_r}$，见图 3-21。

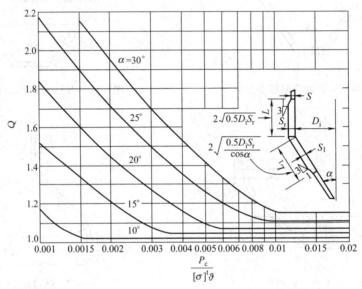

图 3-21 锥壳大端与筒体连接处的 Q 值

曲线系按最大应力强度（主要为轴向弯曲应力）绘制，控制值为 $3[\sigma]^t$。

（2）锥壳小端连接处的厚度 对于锥壳小端，当锥壳半顶角 $\alpha \leqslant 45°$ 时，可以采用无折边结构；当 $\alpha > 45°$ 时，应采用带过渡段的折边结构。

无折边锥壳小端与筒体连接时，应按下述方法确定连接处锥壳小端的厚度。

先由 $\dfrac{P_c}{[\sigma]^t \vartheta}$ 与半顶角 α 值查图 3-22，当其交点位于曲线上方时，不需加强，厚度按式（3-27）计算，当其交点位于曲线下方时，则需加强，且锥壳和圆筒加强厚度须相同，加强段计算厚度按下式计算：

$$S = \frac{Q P_c D_{is}}{2[\sigma]^t - P_c} \tag{3-30}$$

式中 D_{is}——锥壳小端内直径，mm；

Q——系数，其值由图 3-23 查得，中间值用内插法。

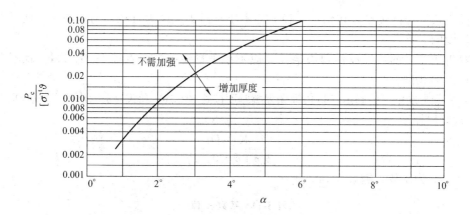

图 3-22　确定锥壳小端与筒体连接处的加强图

曲线系按连接处每侧 $0.25\sqrt{0.5D_{is}S_r}$ 范围内的薄膜应力强度

（由平均环向拉应力和平均径向压应力计算所得）绘制，控制值为 $1.1[\sigma]^t$。

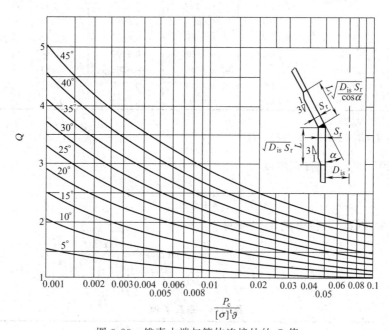

图 3-23　锥壳小端与筒体连接处的 Q 值

曲线系按连接处每侧 $0.25\sqrt{0.5D_{is}S_r}$ 范围内的薄膜应力强度（由平均环向拉应力和平均径向压

应力计算所得）绘制，控制值为 $1.1[\sigma]^t$。

在任何情况下，加强段的厚度不得小于相连接的锥壳厚度。锥壳加强段的长度 L_1 应不

小于圆筒力 $\sqrt{\dfrac{D_{is}S_r}{\cos\alpha}}$；圆筒加强段的长度 L_2 应不小于 $\sqrt{D_{is}S_r}$。

综上所述，对于无折边锥壳的厚度：当无折边锥壳的大端或小端，或大、小端同时具有加强段时，应按式（3-28）～式（3-30）分别确定锥壳各部分厚度。如果考虑只由一种厚度组成时，则应取上述各部分厚度中的最大值作为无折边锥形封头的厚度。

2. 折边锥形封头壁厚的确定

采用带折边锥壳作封头或变径段，可以降低转角处的应力集中。当锥壳大端的半顶角 $\alpha>30°$，锥壳小端的半顶角 $\alpha>45°$ 时，须采用带过渡段的折边结构。

大端折边锥壳的过渡段转角内半径 r 应不小于封头大端内直径 D_i 的 10%，且不小于该过渡段厚度的 3 倍。

小端折边锥壳的过渡段转角内半径 r 应不小于封头小端内直径 D_{is} 的 5%，且不小于该过渡段厚度的 3 倍。

(1) 锥壳大端壁厚的确定　折边锥壳大端厚度按式 (3-31) 和式 (3-32) 计算，取其较大值。

① 过渡段厚度

$$S=\frac{KP_cD_i}{2[\sigma]^t\vartheta-0.5P_c} \tag{3-31}$$

式中，K 为系数，查表 3-14。

表 3-14　系数 K 值

圆锥的半顶角	K 值					
10°	0.6644	0.6111	0.5789	0.5403	0.5168	0.5000
20°	0.6956	0.6357	0.5986	0.5522	0.5223	0.5000
(30°)	0.7544	(0.6819)	0.6357	0.5749	0.5329	0.5000
35°	0.7980	0.7161	0.6629	0.5914	0.5407	0.5000
40°	0.8547	0.7604	0.6981	0.6127	0.5506	0.5000
(45°)	0.9253	(0.8181)	0.7440	0.6402	0.5635	0.5000
50°	1.0270	0.8944	0.8045	0.6765	0.5804	0.5000
55°	1.1608	0.9980	0.8859	0.7249	0.6028	0.5000
60°	1.3500	1.1433	1.0000	0.7923	0.6337	0.5000

注：1. 中间值用内插法求得。

2. 括号内数值是标准带折边锥形封头的 K 值。

② 与过渡段相连接的锥壳厚度

$$S=\frac{fP_cD_i}{2[\sigma]^t\vartheta-0.5P_c} \tag{3-32}$$

式中，f 为系数，其值由表 3-15 查得。

$$f=\frac{1-\dfrac{2r}{D_i}(1-\cos\alpha)}{2\cos\alpha}$$

表 3-15　系数 f 值

α	f 值					
	$r/D_i=0.10$	$r/D_i=0.15$	$r/D_i=0.20$	$r/D_i=0.30$	$r/D_i=0.40$	$r/D_i=0.50$
10°	0.5062	0.5055	0.5047	0.5032	0.5017	0.5000
20°	0.5257	0.5225	0.5193	0.5128	0.5034	0.5000
(30°)	0.5619	(0.5542)	0.5465	0.5310	0.5155	0.5000
35°	0.5883	0.5773	0.5663	0.5442	0.5221	0.5000
40°	0.6222	0.6069	0.5916	0.5611	0.5305	0.5000
(45°)	0.6657	(0.6450)	0.6243	0.5828	0.5414	0.5000
50°	0.7223	0.6945	0.6668	0.6112	0.5556	0.5000
55°	0.7973	0.7602	0.7230	0.6486	0.5743	0.5000
60°	0.9000	0.8500	0.8000	0.7000	0.6000	0.5000

注：1. 中间值用内插法。

2. 括号内数值是标准带折边锥形封头的 f 值。

将式 (3-31) 和式 (3-32) 与内压薄壁圆筒壁厚计算公式 (3-6) 作一比较，可以发现，过渡段的厚度较筒体薄，而锥壳厚度较筒体厚。而且锥顶角越大，锥壳的厚度越厚。所以锥顶角不应设计过大，只在常低压情况下，生产工艺又要求有较大的锥顶角时，才取 $\alpha>45°$。

对于锥形封头来说，锥壳的小端与接口管相连接，这时锥壳小端直径与大端直径之比 D_{is}/D_i 较小，一般情况下，锥壳小端可不加过渡段。

(2) 锥壳小端 当锥壳半顶角 $\alpha\leqslant45°$ 时，若采用小端无折边，其小端厚度按式（3-28）计算，如需采用小端有折边，其小端过渡段厚度仍按式（3-28）计算，式中的 Q 值由图 3-23 查取。当锥壳半顶角 $\alpha>45°$ 时，小端过渡段厚度仍按式（3-28）计算，但式中 Q 值由图 3-24 查取。

与过渡段相接的锥壳和圆筒的加强段厚度应与过渡段厚度相同，锥壳加强段的长度 L_1 应小于 $\sqrt{\dfrac{D_{is}S_r}{\cos\alpha}}$；圆筒加强段的长度 L_2 应不小于 $\sqrt{D_{is}S_r}$，见图 3-24。

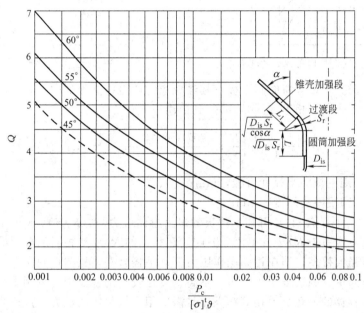

图 3-24 锥壳小端带过渡段连接处的 Q 值

曲线系按过渡区的薄膜应力强度绘制，控制值为 $1.1\,[\sigma]^t$。

在任何情况下，加强段厚度不得小于与其连接处锥壳的厚度。

综上所述，折边锥壳的厚度当锥壳大端或大、小端同时具有过渡段时，应按式（3-27）、式（3-30）、式（3-31）和式（3-29）分别确定锥壳各部分厚度。如考虑只由一种厚度组成时，则应取上述各部分厚度中的最大值作为折边锥壳的厚度。

当锥形封头的锥壳半顶角 $\alpha>60°$ 时，其厚度可按平盖计算，也可以用应力分析方法确定。

锥形封头与圆筒的连接应采用全熔透结构。

标准带折边锥形封头有半顶角为 30° 及 45° 两种。锥体大端过渡区圆弧半径 $r=0.15D_i$。

六、平板封头

平板封头的几何形状有圆形、椭圆形、长圆形、矩形和方形等，最常用的是圆形平板封头。根据薄板理论，受均布载荷的平板，壁内产生两向弯曲应力，一是径向弯曲应力 σ_r，一是切向弯曲应力 σ_t，其最大应力可能在板的中心，亦可能在板的边缘，这要视压力作用面积的大小和边缘支承情况而定。由受均布载荷圆平板的应力分析可知，对于周边固定（夹持）受均布载荷的圆平板，其最大应力是径向弯曲应力，产生在圆平板的边缘（图 3-25），其值由式（3-33）计算：

$$\sigma_{max} = \pm \frac{3}{4} P \left(\frac{R}{S} \right)^2 = \pm \frac{3}{16} P \left(\frac{D}{S} \right)^2 = \pm 0.188 P \left(\frac{D}{S} \right)^2 \qquad (3\text{-}33)$$

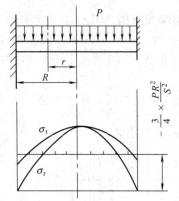 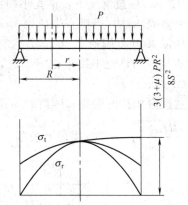

图 3-25　周边固定受均布载荷的圆平板　　　　图 3-26　周边简支受均布载荷的圆平板

对于周边简支受均布载荷的圆平板，其最大应力产生在圆板的中心，且此时此处的径向弯曲应力与切向弯曲应力相等（图 3-26），其值由下式计算：

$$\sigma_{max} = \pm \frac{3(3+\mu)P}{8} \left(\frac{R}{S} \right)^2 \xrightarrow{\text{当取 } \mu=0.3\text{时}} \sigma_{max} = \pm 1.24 P \left(\frac{D}{S} \right)^2 \qquad (3\text{-}34)$$

式中　R，D——圆平板的半径和直径，mm；

　　　　S——圆平板的厚度，mm。

由式（3-33）和式（3-34）可知，薄板的最大弯曲应力与 $(R/S)^2$ 成正比，而圆柱形薄壳的最大拉（压）应力与 R/S 成正比。因此，在相同的 R/S 和相同的载荷的情况下，薄板所需厚度要比薄壳大得多，即在相同操作压力下，平板封头要比凸形封头厚得多。但是，由于平板封头结构简单、制造方便，在压力不高、直径较小的容器中，采用平板封头比较经济简便。对于压力容器的人孔、手孔等在操作时需要用盲板封闭的地方，广泛采用平板盖。此外，在高压容器中，平板封头用得较为普遍。这是因为高压容器的封头很厚，直径又相对较小，凸形封头的制造较为困难。随着制造技术的发展，半球形封头在高压容器中已经开始应用，但到目前为止，平板封头仍然是高压容器应用得最多的一种形式。

根据强度条件：$\sigma_{max} \leqslant [\sigma]^t$，由式（3-33）和式（3-34）即可得到相应的圆平板封头厚度的计算公式：

$$S = D \sqrt{\frac{0.188P}{[\sigma]^t}} \qquad \text{周边固定（夹持）}$$

$$S = D \sqrt{\frac{0.31P}{[\sigma]^t}} \qquad \text{周边简支}$$

以上两种情况的壁厚计算公式形式相同，只是系数不同。由于实际上平板封头的边缘支承情况很难确定，它不属于纯刚性固定也不属于纯简支的情况，往往是介于这两种情况之间，即系数在 0.13～0.188。因此，对于平板封头的设计，在有关化工容器设计规定中，利用一个结构特征系数 K，将平板封头厚度的设计公式归纳为：

$$S = D_c \sqrt{\frac{KP}{[\sigma]^t \vartheta}} \qquad (3\text{-}35)$$

式中　S——平板封头的计算厚度，mm；

　　　D_c——计算直径（见表 3-16 中简图），mm；

　　　P——计算压力，MPa；

　　　ϑ——焊接接头系数；

　　　K——结构特征系数（见表 3-16）；

　　$[\sigma]^t$——材料在设计温度下的许用应力，MPa。

表 3-16　平盖结构特征系数 K 的选择

固定方法	序号	简　图	K	备　注
与圆筒成一体或与圆筒对接	1	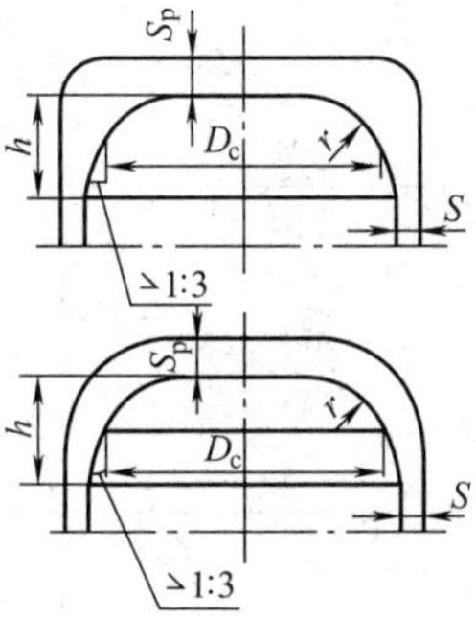	$K=\dfrac{1}{4}\left[1-\dfrac{r}{D_c}\left(1+\dfrac{2r}{D_c}\right)\right]^2$ 且 $K\geqslant0.16$	只适用于圆形平盖 $r\geqslant S$ $h\geqslant S_p$
	2	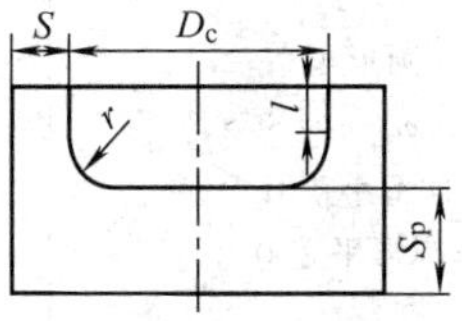	0.27	只适用于圆形平盖 $r\geqslant0.5S_p$，且 $r\geqslant\dfrac{D_c}{6}$
与圆筒角焊或其他焊接	3	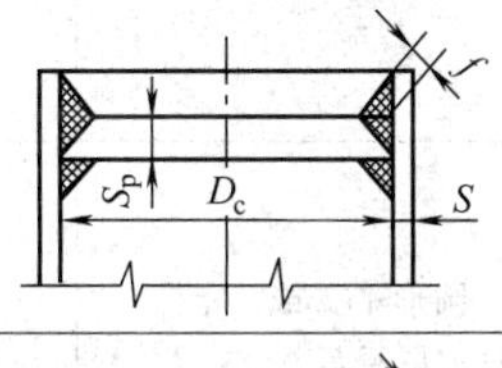	圆形平盖 $0.44m\,(m=S/S_e)$ 且不小于 0.2 非圆形平盖 0.44	$f\geqslant1.25S$
	4	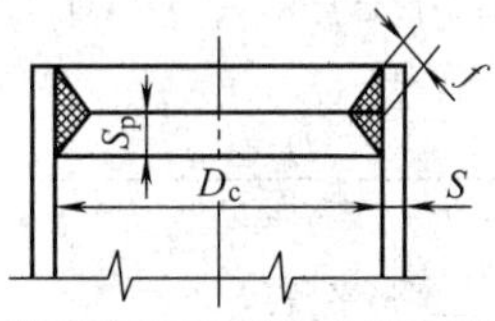		
	5	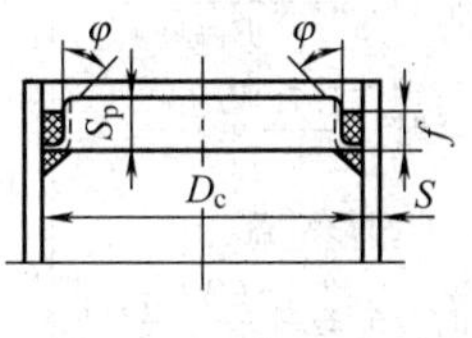	圆形平盖 $0.44m\,(m=S/S_e)$ 且不小于 0.2 非圆形平盖 0.44	需采用全熔透焊缝 $\left.\begin{array}{l}f\geqslant2S\\f\geqslant1.25S_e\end{array}\right\}$取大值 $\varphi\leqslant45°$
	6	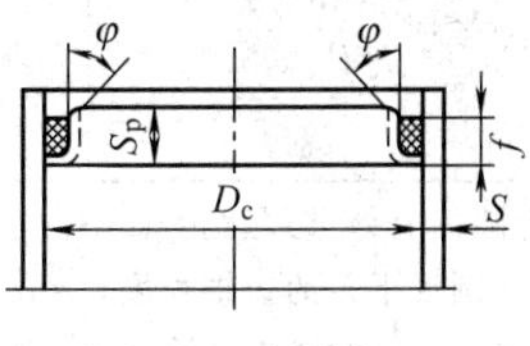		

固定方法	序号	简　图	K	备　注
与圆筒角焊或其他焊接	7	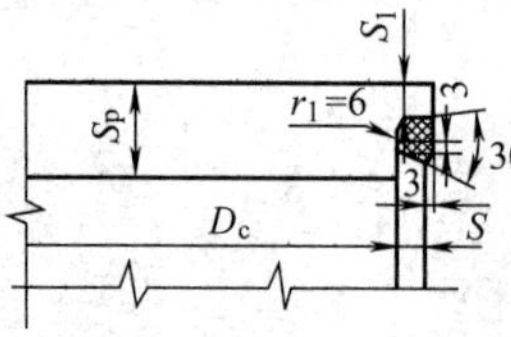	0.35	$S_1 \geqslant S_e + 3mm$ 只适用于圆形平盖
	8	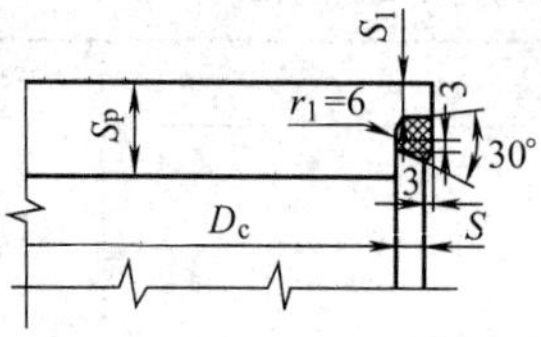		
	9	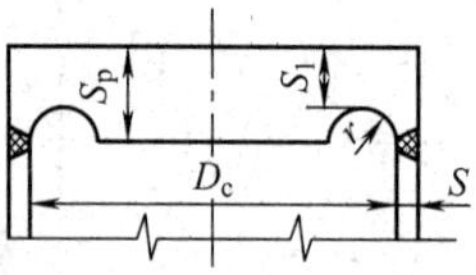	0.30	$r \geqslant 1.5S$ $S_1 \geqslant \dfrac{2}{3}S_p$ 且不小于5mm 只适用于圆形平盖
	10	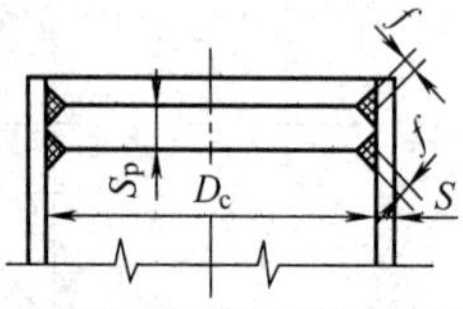	圆形平盖 $0.44m\,(m = S/S_e)$ 且不小于0.2 非圆形平盖0.44	$f \geqslant 0.7S$
	11	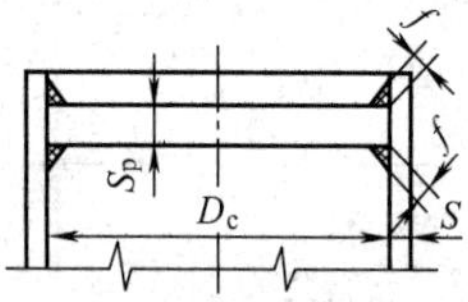		
螺栓连接	12	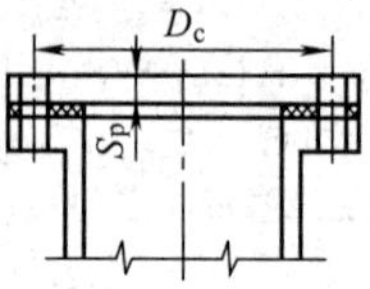	圆形平盖或 非圆形平盖0.25	
	13	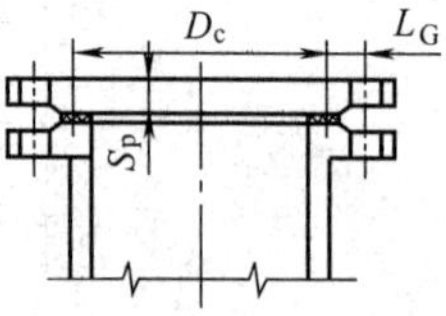	圆形平盖 操作时　$0.3 + \dfrac{1.78WL_G}{P_c D_c^3}$ 预紧时　$\dfrac{1.78WL_G}{P_c D_c^3}$	
	14	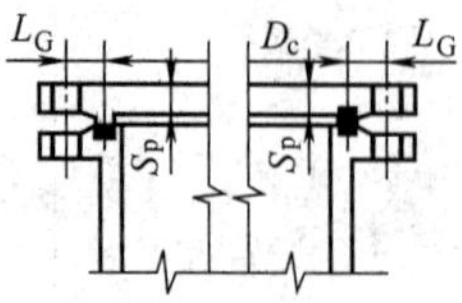	非圆形平盖 操作时　$0.3Z + \dfrac{6WL_G}{P_c La^2}$ 预紧时　$\dfrac{6WL_G}{P_c La^2}$	

注：K 为平盖结构特征系数；S 为圆筒计算壁厚，mm；S_e 为圆筒有效壁厚，mm；S_p 为平盖计算厚度，mm；S_1 为见图中标注尺寸，mm；r 为平盖过渡区圆弧内半径，mm；a 为非圆形平盖的短轴长度，mm；L 为非圆形平盖螺栓中心周长，mm；Z 为非圆形平盖的形状系数；W 为预紧状态时或操作状态时的螺栓设计载荷，N。

对于表 3-16 中所示的平板封头，其厚度按式（3-35）计算；对于表 3-16 中序号 13、14 所示的平板封头，应取其操作状态及预紧状态的 K 值代入式（3-35）分别计算，取较大值。

【例 3-4】 为一直径 $D_i = 600mm$ 的圆柱形筒体选配封头。工艺参数为：计算压力为 $P_c = 2.2MPa$，工作温度为 $t = -20 \sim -3℃$，焊缝系数 $\vartheta = 0.8$，许用应力 $[\sigma]^t = 170MPa$，取 $C_2 = 1mm$。

解 从工艺操作要求来看，封头形式无特别要求，现按凸形封头和平板分别作计算，以便比较。

（1）若采用半球形封头，其壁厚按式（3-18）计算。

$D_i = 600mm$，$P_c = 2.2MPa$，$[\sigma]^t = 170MPa$，取 $C_2 = 1mm$，$\vartheta = 0.8$。

于是
$$S = \frac{P_c D_i}{4[\sigma]^t \vartheta - P_c} = \frac{2.2 \times 600}{4 \times 170 \times 0.8 - 2.2} = 2.4 \text{（mm）}$$
$$C = C_1 + C_2 = 0.3 + 1 = 1.3 \text{（mm）}$$
$$2.4 + 1.3 = 3.7 \text{（mm）}$$

圆整后采用 $S_n = 4mm$ 厚钢板。

（2）若采用标准椭圆形封头，其壁厚按式（3-20）计算，式中 $\vartheta = 0.8$（整板冲压），其他参数同前，于是：

$$S = \frac{P_c D_i}{2[\sigma]^t \vartheta - 0.5P_c} = \frac{2.2 \times 600}{2 \times 170 \times 0.8 - 0.5 \times 2.2} = 4.87 \text{（mm）}$$

$$C = C_1 + C_2 = 0.6 + 1 = 1.6 \text{（mm）}$$

$$4.87 + 1.6 = 6.47 \text{（mm）}$$

圆整后采用 $S_n = 6mm$ 厚钢板。

（3）若采用标准碟形封头，其壁厚按式（3-24）计算。

$$S = \frac{1.2P_c D_i}{2[\sigma]^t \vartheta - 0.5P_c} = \frac{1.2 \times 2.2 \times 600}{2 \times 170 \times 0.8 - 0.5 \times 2.2} = 5.85 \text{（mm）}$$

$$C = C_1 + C_2 = 0.6 + 1 = 1.6 \text{（mm）}$$

$$5.85 + 1.6 = 7.45 \text{（mm）}$$

圆整后采用 $S_n = 8mm$ 厚钢板。

（4）若采用平板封头，其壁厚按式（3-35）计算。

$$S = D_c \sqrt{\frac{KP}{[\sigma]^t \vartheta}}$$

$D_c = 600mm$；K 取 0.25；$\vartheta = 1.0$。

于是
$$S = 600 \sqrt{\frac{0.25 \times 2.2}{170 \times 1.0}} = 34 \text{（mm）}$$

$$C = C_1 + C_2 = 1.1 + 1 = 2.1 \text{（mm）}$$

$$34 + 2.1 = 36.1 \text{（mm）}$$

圆整后采用 $S_n = 38mm$ 厚钢板。

采用平板封头时，在连接处附近，筒壁上亦存在较大的边缘应力，而且平板封头受内压时处于受弯曲应力的不利状态，且采用平板封头厚度太大，故本例题不宜采用平板封头。

习 题

一、名词解释题

1. 薄壁容器　　2. 强度条件　　3. 设计压力　　4. 薄膜理论　　5. 计算压力
6. 安全系数　　7. 壁厚附加量　　8. 腐蚀裕量　　9. 边缘应力　　10. 边缘应力的自限性
11. 弹性失效设计准则　　12. 设计温度　　13. 许用应力　　14. 焊接接头系数

二、判断是非题（是者画√；非者画×）

1. 在承受内压的圆筒形容器上开椭圆孔，应使椭圆的长轴与筒体轴线平行。　（　　）

2. 因为内压薄壁圆筒的两向应力与壁厚成反比，当材质与介质压力一定时，则壁厚大的容器，壁内的应力总是小于壁厚小的容器。　（　　）

3. 按无力矩理论求得的应力称为薄膜应力，薄膜应力是沿壁厚均匀分布的。　（　　）

4. 卧式圆筒形容器，其内无介质压力，只充满液体。因为圆筒内液体静载荷不是沿轴线对称分布的，所以不能用薄膜理论应力公式求解。　（　　）

5. 由于圆锥形容器锥顶部分应力最小，所以开孔宜在锥顶部分。　（　　）

6. 椭球壳的长、短半轴之比 a/b 越小，其形状越接近球壳，其应力分布也就越趋于均匀。　（　　）

7. 因为从受力分析角度来说，半球形封头最好，所以不论在任何情况下，都必须首先考虑采用半球形封头。　（　　）

8. 厚度为 60mm 和 6mm 的 Q345R 热轧钢板，其屈服点是不同的，且 60mm 厚钢板的 σ_s 大于 6mm 厚钢板的 σ_s。　（　　）

9. 依据弹性失效理论，容器上一处的最大应力达到材料在设计温度下的屈服点 σ_s^t 时，即宣告该容器已经"失效"。　（　　）

10. 安全系数是一个不断发展变化的数据，焊接科学技术发展的总趋势是安全系数将逐渐变小。　（　　）

11. 当焊接接头结构形式一定时，焊接接头系数随着检测比率的增加而减小。　（　　）

三、填空题

1. 有一容器，其最高气体工作压力为 1.6MPa，无液体静压作用，工作温度≤150℃且装有安全阀，试确定该容器的设计压力 $P=$（　　）MPa；计算压力 $P=$（　　）MPa；水压试验压力 $P_T=$（　　）MPa。

2. 标准碟形封头的球面部分内径 $R_i=$（　　）D_i；过渡圆弧部分的内半径 $r=$（　　）D_i。

3. 承受均匀压力的圆平板，若周边固定，则最大应力是（　　）弯曲应力，且最大应力在圆平板的（　　）处；若周边简支，最大应力是（　　）和（　　）弯曲应力，且最大应力在圆平板的（　　）处。

四、工程应用题

1. 某厂生产的压力容器，其工作压力为 2.5MPa，圆筒的外径为 816mm，壁厚为 16mm，试求汽包圆筒壁内的薄膜应力 σ_m 和 σ_θ。

2. 有一外径为 10020mm 的球形容器，其工作压力为 0.6MPa，壁厚为 20mm，试求该球形容器壁内的工作应力是多少。

3. 有一 DN2000mm 的内压薄壁圆筒，壁厚 $S_n=22$mm，承受的最大气体工作压力 $P_w=2$MPa，容器上装有安全阀，焊接接头系数 $\vartheta=0.85$，壁厚附加量为 $C=2$mm，试求筒体的最大工作应力。

4. 某球形内压薄壁容器，内径为 $D_i = 10m$，壁厚为 $S_n = 22mm$，若令焊接接头系数 $\vartheta = 1.0$，壁厚附加量为 $C = 2mm$，试计算该球形容器的最大允许工作压力。已知钢材的许用应力 $[\sigma]^t = 147MPa$。

5. 某化工厂反应釜，内径为 1600mm，工作温度为 5～105℃，工作压力为 1.6MPa，釜体材料选用 0Cr18Ni9Ti。采用双面焊对接接头，局部无损检测，凸形封头上装有安全阀，试设计釜体壁厚。

6. 有一乙烯罐，内径 $D_i = 1600mm$，壁厚 $S_n = 16mm$，计算压力为 $P_c = 2.5MPa$，工作温度为 $-3.5℃$，材质为 Q345R，采用双面焊对接接头，局部无损检测，壁厚附加且 $C = 3mm$，试校核储罐强度。

7. 某化肥厂二段转化炉，炉内温度 1200℃，衬砌耐热、隔热材料后，承压钢制壳体的壁温为 100℃。已知炉体内径 $D_i = 3700mm$，计算压力 $P_c = 3.5MPa$，材质为 Q345R。炉体采用双面焊对接接头，100%检测，壁厚附加量取 $C = 3mm$，试设计该转化炉体壁厚。

8. 今欲设计一台高温变换炉，炉内最高温度为 550℃，炉内加衬保温砖及耐火砖后，最高壁温为 450℃，工作压力 1.8MPa，炉体内径 3000mm，采用双面焊对接接头，100%检测，试用 Q245R 和 Q345R 两种材料分别设计炉体壁厚，并作分析比较。

9. 今欲设计一台内径为 1200mm 的圆筒形容器，工作温度为 10℃，最高工作压力为 1.6MPa。筒体采用双面焊对接接头，局部检测，采用标准椭圆形封头，并用整板冲压成形，容器装有安全阀，材质 Q235AR。已知其常温 $\sigma_s = 235MPa$，$\sigma_b = 375MPa$，$n_s = 1.6$，$n_b = 3.0$。容器为单面腐蚀，腐蚀速度为 0.2mm/a。设计使用年限为 10 年，试设计该容器筒体及封头壁厚。

10. 某工厂脱水塔塔体内径为 $D_i = 700mm$，壁厚为 $S_n = 12mm$，工作温度为 180℃，最高工作压力为 2MPa。材质为 Q245R，其 200℃时 $\sigma_s^t = 206MPa$，$\sigma_b = 402.2MPa$，塔体采用带垫板的单面焊对接接头，局部检测，壁厚附加量为 $C = 2mm$，试校核塔体工作应力与水压试验强度。

11. 设计容器筒体和封头壁厚。已知内径 $D_i = 1200mm$，计算压力 $P_c = 1.8MPa$，设计温度为 40℃，材质为 20g，介质无大腐蚀性，双面焊对接接头，100%检测。封头按半球形、标准椭圆形和标准碟形三种形式算出其所需壁厚，最后根据各有关因素进行分析，确定一最佳方案。

12. 试设计一中间试验设备——轻油裂解气废热锅炉汽包筒体及标准椭圆形封头的壁厚，并画出封头草图，注明尺寸。已知设计条件为：计算压力 $P_c = 12MPa$，设计温度 350℃，汽包内径 $D_i = 1000mm$，材质为 Q345R，筒体采用双面焊对接接头，100%检测。

13. 有一承受内压的圆筒形容器，$D_i = 2000mm$，最高工作压力 $P_w = 2MPa$。工作温度不大于 200℃，壁厚 $S_n = 16mm$，材质为 15MnVR，焊接接头系数 $\vartheta = 0.85$，壁厚附加量 $C = 1.8mm$，试验算容器的强度是否足够。

如果已知的 15MnVR 钢板 200℃时的许用应力 $[\sigma]^t = 170MPa$，试求该容器的最大允许工作压力是多少？

14. 今有材质为 20g 的无缝钢管。尺寸规格为 $\phi57 \times 3.5$ 和 $\phi108 \times 4$，在不考虑腐蚀及负偏差的前提下，求在室温和 400℃时各能耐多大压力？

今欲设计一台不锈钢（0Cr18Ni9Ti）制内压容器。最高工作压力 $P_w = 1.6MPa$，容器装防爆片防爆。工作温度为 150℃，容器直径 $D_i = 1200mm$，采用双面焊对接接头，做局部检测，试设计容器筒体壁厚。

15. 有一长期不用的反应釜，经实测内径为 1200mm，最小壁厚为 10mm，材质为 Q235AR，纵向焊缝为双面焊对接接头，是否曾做检测不清楚，今欲利用该釜承受 1MPa 的内压力，工作温度为 200℃，介质无腐蚀性，但需装设安全阀，试判断该釜能否在此条件下使用。

16. 今欲设计一台化肥厂用的甲烷反应器，直径为 $D_i = 3200mm$，计算压力为 $P_c = 2.6MPa$，设计温度为 255℃，材质 Q345R，采用双面焊对接接头，100%检测。腐蚀余量取 $C_2 = 1.5mm$，试设计该反应釜壁厚。

17. 有一台高压锅炉汽包，直径为 $D_i = 2100mm$，工作压力为 10.5MPa，设计温度为 330℃，汽包上装有安全阀，全部焊缝用双面焊对接接头，100%检测，腐蚀裕量取 $C_2 = 3mm$，试分别采用 Q345R 和 18MnMoNbR 两种材料设计汽包壁厚，并作分析比较。

18. 设计一台液氨储罐筒体与标准椭圆形封头的壁厚。已知筒体内径 $D_i = 2200mm$，封头用两块钢板拼焊后冲压成形，储罐设计温度为 50℃，此时液氨的饱和蒸气压为 2.07MPa（绝压），储罐须装安全阀，材质为 Q345R，全部焊缝采用双面焊对接接头，100%检测，腐蚀余量取 $C_2 = 2mm$。

19. 某厂乙炔气瓶整压釜 $D_i = 1500mm$，壁厚为 $S_n = 14mm$，最高工作温度不大于 200℃，计算压力为 1.3MPa，材质为 Q245R，釜体采用双面焊对接接头，100%检测，腐蚀余量取 $C_2 = 4mm$，试校该釜体工作应力与水压试验强度。

20. 某有机化工厂的转位釜，釜体内径为 $D_i = 800mm$，工作温度为 400℃，计算压力为 1.2MPa，材质为 15MnVR，介质无大腐蚀性，釜体焊接接头系数取 $\vartheta = 0.9$，试设计釜体壁厚，并按标准椭圆形和标准碟形封头分别设计封头壁厚。

21. 试设计一反应釜锥形底的壁厚，该釜内径为 $D_i = 800mm$，锥底接一 $DN150$（外径为 159mm）的接管，锥底半顶角为 30°，釜的计算压力为 1.6MPa，工作温度为 40℃，介质无大腐蚀性，材质为 Q235AR，取焊接接头系数为 0.85。

第四章 | 外压容器设计

第一节 概 述

一、外压容器的失稳

外压容器是指容器外部的压力大于内部压力的容器。在石油、化工生产中，除了受内压的容器外，还有不少承受外压的容器，例如，石油分馏中的减压蒸馏塔、多效蒸发中的真空冷凝器、带有蒸汽加热夹套的反应釜以及真空蒸发、真空干燥、真空结晶设备等。

容器受外压的应力计算方法与受内压时相同，也将在筒壁上产生径向和环向应力，对筒体而言，内压在壁中产生拉应力，而外压则产生压应力。当外压在壳壁中的压应力达到材料的屈服极限或强度极限时，和内压圆筒一样，将发生强度破坏。但这种破坏形式是极为少见的。壳体在外压作用下，往往是容器的强度足够却突然失去了原有的几何形状被压扁或出现褶皱，筒壁的圆环截面一瞬间变成曲波形。这种在外压作用下，筒体突然失去原有形状的现象称为失稳。失稳是外压容器失效的主要形式，因此保证壳体的稳定性是维持外压容器正常工作的必要条件。

薄壁容器失稳时压力往往低于材料的屈服极限，这种失稳称为弹性失稳；当壳壁较厚时，其压应力超过材料屈服极限时才发生失稳，这种失稳称为弹塑性失稳。前者是本章所要讨论的重点。

二、容器失稳形式与影响因素

容器的失稳主要分为整体失稳和局部失稳。整体失稳中又分为侧向失稳和轴向失稳。

（一）侧向失稳

容器受均匀侧向外压引起的失稳叫作侧向失稳。侧向失稳时壳体横断面由原来的圆形被压瘪而呈现波形，其波形数可以等于两个、三个、四个……如图4-1所示。

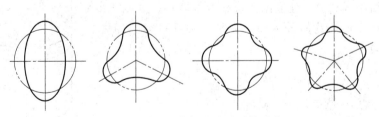

图 4-1 外压圆筒侧向失稳后的形状

（二）轴向失稳

如果一个薄壁圆筒承受轴向外压，当载荷达到某一数值时，也能丧失稳定性。在失去稳定时，它仍然具有圆形的环截面，但是会破坏母线的直线性，母线产生波形，即圆筒发生了

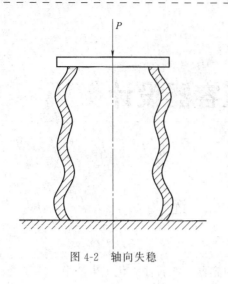

图 4-2　轴向失稳

褶皱，如图 4-2 所示。

（三）局部失稳

容器在支座或其他支撑处以及在安装运输过程中由于过大的局部外压也可能引起局部失稳。

（四）筒体材料性能

外压薄壁圆筒失稳时筒壁的压应力还远未达到材料的屈服极限，这说明筒体失稳不是因材料的强度不够所致。大量的实验表明，薄壁筒体的临界压力与材料的屈服极限无关，而与材料的弹性模量 E 和泊松比 μ 有关。E、μ 值较大的材料抵抗变形的能力较强，其临界压力也较高。

第二节　临界压力及其计算

外压容器在失稳之前，壳体受压后处于一种稳定的平衡状态。这时增加外压力并不引起壳体应力状态的改变。但当外压继续增加到某一特定数值时，筒体的形状及壳壁的应力状态突然发生改变，壳壁中压力由单纯的压应力跃变为以弯曲应力为主的复杂应力状态，壳壁发生不能恢复的永久变形，即筒体丧失原来的几何形状而失稳。外压容器失稳时的压力称为临界压力，用 p_{cr} 表示。容器在临界压力作用下，失稳前那一瞬间所存在的应力称为临界应力，用 σ_{cr} 表示。

容器在超过临界压力的载荷作用下产生失稳是它固有的性质，不是由于圆筒不圆或材料不均以及其他原因所致。每一具体的外压圆筒结构，都客观上对应着一个固有的临界压力值。筒体临界压力的大小与筒体的几何尺寸、材料性能和椭圆度等因素有关。

工程上，根据失稳破坏的情况将承受外压的圆筒分为长圆筒、短圆筒和刚性圆筒三类。

一、长圆筒

当筒体足够长，两端刚性较高的封头对筒体中部的变形不能起到有效支撑作用时，这类圆筒最容易失稳压瘪，出现波纹数 $n=2$ 的扁圆形。这种圆筒称为长圆筒。长圆筒的临界压力仅与圆筒的相对厚度 D_0/S_e 有关，而与圆筒的相对长度 L/D_0 无关。故长圆筒临界压力计算方法与圆筒中远离边界处切出的圆环的临界压力计算方法相同。现从圆筒中远离边界处取出单位长度的圆环，如图 4-3 所示。根据圆环变形的几何关系和静力平衡关系可得圆环失稳时的临界压力：

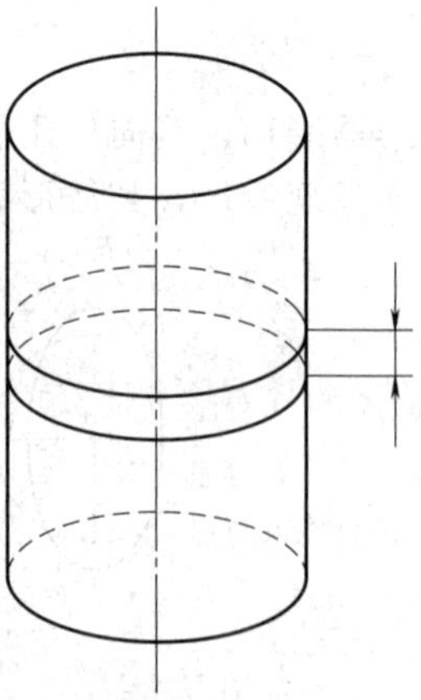

$$p_{cr}=\frac{3EJ}{R^3} \qquad (4-1)$$

式中　p_{cr} ——圆环的临界压力，MPa；

　　　EJ ——圆环的抗弯刚度，其中 E 为圆环材料弹性模量，J 为圆环截面的轴惯性矩；

　　　R ——圆环平均半径，mm。

图 4-3　长圆筒临界压力计算

事实上，圆筒中单位长度圆环的变形要受两端金属的抑制作用，故圆筒的临界压力比圆环的临界压力高。如果用圆筒的抗弯刚度 $D'=EJ/(1-\mu^2)$ 代替式（4-1）中圆环的抗弯刚

度 EJ，即可得长圆筒的临界压力公式：

$$p_{cr} = \frac{3D'}{R^3} = \frac{3EJ}{(1-\mu^2)R^3} \tag{4-2}$$

将 $J = \frac{S_e^3}{12}$ 代入式（4-2）得：

$$p_{cr} = \frac{E}{4(1-\mu^2)}\left(\frac{S_e}{R}\right)^3 = \frac{2E}{1-\mu^2}\left(\frac{S_e}{D}\right)^3 \tag{4-3}$$

式中　p_{cr}——临界压力，MPa；

S_e——筒体的有效壁厚，mm；

D——筒体的平均直径，mm，$D = 2R$；

E——圆筒材料的弹性模量，MPa；

μ——材料的泊松比。

对于钢制圆筒，$\mu = 0.3$，则式（4-3）可写为：

$$p_{cr} = 2.2E\left(\frac{S_e}{D}\right)^3 \tag{4-4}$$

临界压力在筒壁中引起的周向压缩临界应力为：

$$\sigma_{cr} = \frac{p_{cr}D}{2S_e} = 1.1E\left(\frac{S_e}{D}\right)^2 \tag{4-5}$$

上述临界压力公式只有在 σ_{cr} 小于材料的比例极限时（或屈服极限）时才适用，即 $\sigma_{cr} < \sigma_s$。

二、短圆筒

若圆筒两端的封头对筒体变形有约束作用，圆筒失稳破坏的波数 $n > 2$，出现三波、四波等的曲形波，这种圆筒称短圆筒。

短圆筒的临界压力不仅与圆筒的相对厚度 D_0/S_e 有关，同时也随椭圆筒的相对长度 L/D_0 而变化。L/D_0 越大，封头的约束作用越小，临界压力越低。其临界压力为：

$$p_{cr} = \frac{ES_e}{R(1-\mu^2)}\left\{\frac{1-\mu^2}{(n^2-1)\left(1+\frac{n^2L^2}{\pi^2R^2}\right)} + \frac{S_e^2}{12R^2}\left[(n^2-1) + \frac{2n^2-1-\mu}{1+\frac{n^2L^2}{\pi^2R^2}}\right]\right\} \tag{4-6}$$

式中　n——波数；

L——筒体计算长度，mm。

为便于计算，式（4-6）可简化为：

$$p_{cr} = \frac{2.59E}{LD}\left(\frac{S_e}{D}\right)^{2.5} \tag{4-7}$$

式中　L——筒体的计算长度，mm。

筒体的计算长度是指两相邻加强圈的间距，对与封头相连接的那段筒体而言，应计入凸形封头中的1/3的凸面高度，见图4-4。其他符号意义同前。

短圆筒的临界应力：

$$\sigma_{cr} = \frac{p_{cr}D}{2S_e} = \frac{1.3E}{L/D}\left(\frac{S_e}{D}\right)^{1.5} \tag{4-8}$$

式（4-7）也仅适合于弹性失稳，即 $\sigma_{cr} \leq \sigma_s$。

长圆筒与短圆筒临界压力的计算公式都是在认为圆筒截面是规则圆形及材料均匀的情况下得到的。实际使用的筒体都存在一定的椭圆度，不可能是绝对圆的，所以实际筒体的临界压力将低于由公式计算出来的理论值。但即使壳体的形状很精确、材料很均匀，当外压力达

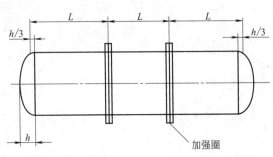

图 4-4 外压圆筒的计算长度

到一定数值时，也会失稳。只不过壳体的椭圆度与材料的不均匀性会使临界压力的数值降低，使失稳提前发生。

三、刚性圆筒

若筒体较短，筒壁较厚，即 L/D_0 较小，D_0/S_e 较大，容器的刚性好，不会因失稳而破坏，这种圆筒称为刚性圆筒。刚性圆筒的问题是强度破坏，计算时只要满足强度要求即可，其强度校核公式与内压筒相同。

四、临界长度

长、短圆筒的区别在于是否受端部约束的影响。对于给定 D_0 和 S_n 的筒体，通常采用一特征长度即临界长度 L_{cr} 来作为长、短圆筒的分界线。当筒体计算长度 $L > L_{cr}$ 时，为长圆筒；当 $L < L_{cr}$ 时，为短圆筒；当 $L = L_{cr}$ 时，既可当成长圆筒，也可当成短圆筒，用式（4-4）和式（4-7）计算的临界压力相等，由此得到长、短圆筒的临界长度 L_{cr} 值，即

$$2.2E\left(\frac{S_e}{D}\right)^3 = \frac{2.59E}{L/D}\left(\frac{S_e}{D}\right)^{2.5}$$

上式中 D 用外径 D_0 代替后，得临界长度：

$$L_{cr} = 1.17D_0\sqrt{\frac{D_0}{S_e}} \tag{4-9}$$

当圆筒的长度 $L \geqslant L_{cr}$ 时，p_{cr} 按长圆筒公式计算；当圆筒的长度 $L \leqslant L_{cr}$ 时，p_{cr} 按短圆筒公式计算。

另外，由于公式是按圆筒横截面为规则圆形推演出来的，实际圆筒总存在一定的不圆度，公式的使用必须限制筒体椭圆度：

$$e \approx \frac{D_{max} - D_{min}}{D_0} \leqslant 0.5\%$$

式中　D_{max}——圆筒横截面的最大内直径，mm；

　　　D_{min}——圆筒横截面的最小内直径，mm；

　　　D_0——圆筒公称直径，mm。

第三节　外压圆筒的设计计算

由外压圆筒的失稳分析可知，外压圆筒计算常遇到两类问题：一是已知圆筒的尺寸，求它的许用外压 $[p]$；二是已给定工作外压，确定所需壁厚 S_e。但在设计计算之前壁厚尚是未知量，所以需要一个反复试算的步骤。若用解析法进行外压容器的计算就比较繁复，国外有关设计规范推荐采用比较简便的图算方法，中国容器标准也借鉴此法，本节主要介绍外压圆筒图算法的原理和用法。

长、短圆筒的临界压力公式是按一定的理想状态推导出来的。实际筒体往往存在几何形状不规则、材料不均匀、载荷不均匀等。因此，决不允许工作外压在等于或接近筒体临界压力下操作，必须留有一定的安全裕度。令筒体的许用压力 $[p]$ 等于临界压力 p_{cr} 的 $1/m$，则计算外压力 p_c 只能小于或等于 $[p]$，即

$$p_c \leqslant [p] = \frac{p_{cr}}{m} \tag{4-10}$$

式中　m——稳定安全系数。

稳定安全系数 m 的选取，主要考虑两个因素：一个是计算公式的可靠性；另一个是制造上所能保证的椭圆度。根据国标 GB 150《压力容器》的规定 $m = 3$。椭圆度 e 与 D_0/S_e、L/D_0 有关，一般应满足 $e \leqslant 0.5\%$。

一、图算法

1. 算图制作

式（4-4）和式（4-7）中的 D 用外径 D_0 代替后，将二式归纳成下式：

$$p_{cr} = KE \left(\frac{S_e}{D} \right)^3 \tag{4-11}$$

式中　K——外压圆筒的几何特征系数，对于长圆筒，$K = 2.2$，短圆筒的 K 值与 L/D_0 及 D_0/S_e 有关。

筒体的临界应力：

$$\sigma_{cr} = \frac{p_{cr} D_0}{2S_e} = \frac{KE}{2} \left(\frac{S_e}{D_0} \right)^2 \tag{4-12}$$

临界应力所对应的周边应变 ε，外压设计中用 A 表示，则：

$$A = \frac{\sigma_{cr}}{E} = \frac{K}{2} \left(\frac{S_e}{D_0} \right)^2 = f \left(\frac{L}{D_0}, \frac{D_0}{S_e} \right) \tag{4-13}$$

将以上关系绘成曲线图 4-5，图 4-5 表示外压圆筒失稳时环向应变 ε（图中记为系数 A）与圆筒几何尺寸 L/D_0、D_0/S_e 的关系。若以 A 为横坐标的参变量，而以 L/D_0 为纵坐标的参变量，就可得到如图 4-5 所示的不同 D_0/S_e 比值的一簇曲线，该图称为几何参数的计算图。图的上部为垂直线簇，这是长圆筒情况，表明失稳时应变量与圆筒长度 L/D_0 无关；图的下部是倾斜线簇，属短圆筒情况，表明失稳时的应变与 L/D_0、D_0/S_e 都有关。图中垂直线与倾斜线交接点处所对应的 L/D_0 是临界长度与外径的比。此算图与材料的弹性模量 E 无关，因此，对各种材料的外压圆筒都能适用。

对于不同材料的圆筒还需寻找 A 与 p_{cr} 的关系，即形成如下外压圆筒图算法中的另一种图线。式中 A 代表临界应力所对应的周向应变，即

$$A = \varepsilon_{cr} = \frac{\sigma_{cr}}{E} \tag{4-14}$$

而

$$\sigma_{cr} = \frac{p_{cr} D_0}{2S_e} = \frac{KE}{2} \left(\frac{S_e}{D_0} \right)^2$$

因此，利用 $[p] = \dfrac{p_{cr}}{m}$ 的关系（中国容器标准取 $m = 3$），由以上两式可得到许用设计外压 $[p]$ 与 A 的关系，即

$$[p] = \frac{p_{cr}}{m} = \frac{KE}{3} \left(\frac{S_e}{D_0} \right)^3 \tag{4-15}$$

$$\frac{[p] D_0}{S_e} = \frac{KE}{3} \left(\frac{S_e}{D_0} \right)^2 = \frac{2}{3} \times \frac{KE}{2} \times \left(\frac{S_e}{D_0} \right)^2 = \frac{2}{3} \sigma_{cr} = \frac{2}{3} AE$$

令 $B = \dfrac{[p] D_0}{S_e}$，得：

$$B = \frac{2}{3} \sigma_{cr} = \frac{2}{3} AE \tag{4-16}$$

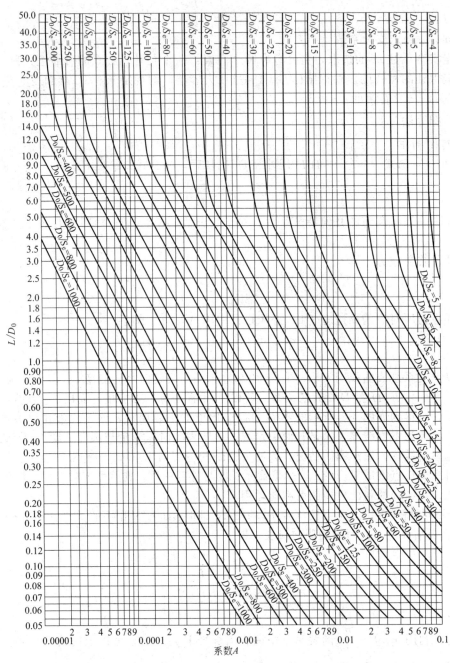

图 4-5　外压受压圆筒几何参数计算图（用于所有材料）

以上分析表明：B 与 A 的关系就是 $\frac{2}{3}\sigma_{cr}$ 与 A 的关系。据此，可利用材料不同温度下的应力-应变图，将纵坐标乘以 2/3 即可作出 B 与 A 的关系曲线。因为同种材料在不同温度下的应力-应变曲线不同，所以图中考虑了一组不同温度的曲线，称为材料温度线，如图 4-6～图 4-9 所示，显然图 4-6～图 4-9 与图 4-5 有共同的横坐标 A，因此由图 4-5 查得 A 可以在图 4-6～图 4-9 中查得相应设计温度下的 B 值，设计时借助于这些图查得 B 值，则许用外压力为：

$$[p] = B \frac{S_e}{D_0} \qquad (4-17)$$

这就是利用上述两种图表计算外压圆筒的基本原理。

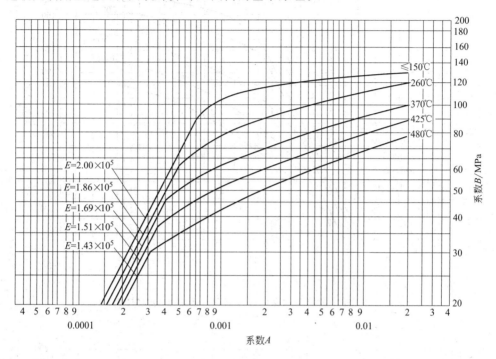

图 4-6　外压圆筒和球壳壁厚计算图（适用于屈服点 $\sigma_s < 210\text{MPa}$ 的普通碳素钢）

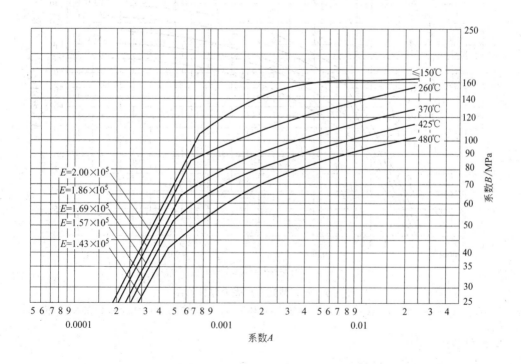

图 4-7　外压圆筒和球壳壁厚计算图（适用于屈服点 $\sigma_s < 210 \sim 260\text{MPa}$ 的碳素钢和 0Cr13、1Cr13 钢）

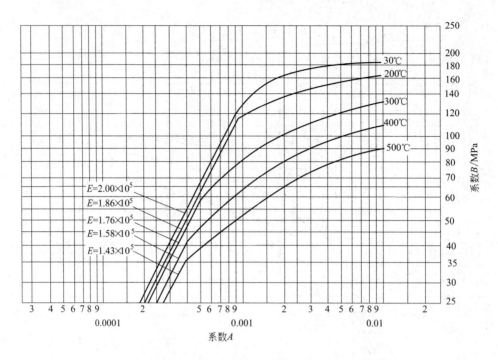

图 4-8 外压圆筒和球壳壁厚计算图（适用于 Q345R 钢）

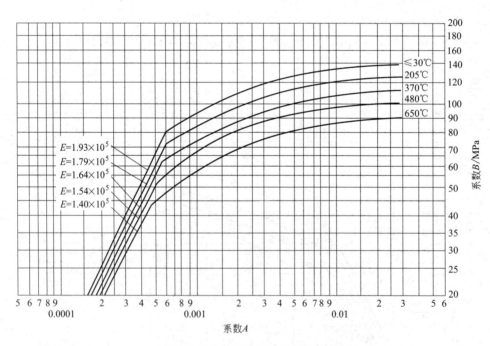

图 4-9 外压圆筒和球壳壁厚计算图
（适用于 0Cr18Ni9Ti、1Cr18Ni9Ti、0Cr17Ni13Mo2Ti、0Cr17Ni13Mo3Ti 和 Cr23Ni18 钢）

2. 设计步骤

（1）$D_0/S_e \geqslant 20$ 的圆筒和管子

① 假设 S_n，求 $S_e = S_n - C$、定出 L/D_0 及 D_0/S_e。

② 在图 4-5 左方找到 L/D_0 值，过此点沿水平方向右移与 D_0/S_e 线相交（遇中间值用内插法），其 L/D_0 值大于 50，则用 $L/D_0=50$ 查图，若 L/D_0 值小于 0.05，则用 $L/D_0=0.05$ 查图。

③ 过此交点沿垂直方向下移，在图的下方得系数 A。

④ 按所用材料选用图 4-6～图 4-9，在图下方找到 A。若 A 落在设计温度下材料线的右方，则过此点垂直上移，与设计温度下的材料线相交（遇中间温度用内插法），再过此点水平方向右移，在图的右方得系数 B，并按式（4-17）计算许用外压力 $[p]$。即

$$[p]=B\frac{S_e}{D_0}$$

若 A 值落在设计温度下材料线的左方，则按式（4-18）计算 $[p]$：

$$[p]=\frac{2AE}{3(D_0/S_e)} \tag{4-18}$$

⑤ 比较 p_c 与 $[p]$，若 $p_c>[p]$，需再设 S_n 重复上述计算步骤，直到 $[p]$ 大于且接近 p_c 为止。

（2）$D_0/S_e<20$ 的圆筒和管子

① 用上述相同步骤得到系数 B。但对于 $D_0/S_e<4.0$ 的圆筒，系数 A 用式（4-19）计算：

$$A=\frac{1.1}{(D_0/S_e)^2} \tag{4-19}$$

当系数 $A>0.1$ 时，取 $A=0.1$。

② 按下式计算 $[p]_1$ 和 $[p]_2$，取二者中的较小值为许用外压力 $[p]$：

$$[p]_1=\left[\frac{2.25}{D_0/S_e}-0.0625\right]B \tag{4-20}$$

$$[p]_2=\frac{2\sigma_0}{D_0/S_e}\left[1-\frac{1}{D_0/S_e}\right] \tag{4-21}$$

式中，应力 σ_0 取下列两值中的小值：

$$\sigma_0=2[\sigma]^t \tag{4-22}$$

$$\sigma_0=0.9\sigma_s^t \text{ 或 } 0.9\sigma_{0.2}^t \tag{4-23}$$

③ $[p]$ 应大于或等于 p_c，否则重复上述计算，直到 $[p]$ 大于且接近 p_c 为止。

二、设计参数

1. 设计压力 p

设计压力的定义与内压容器相同，但其取法不同。外压容器设计压力按表 4-1 确定。对于带夹套的容器应考虑可能出现最大压差的危险工况，例如，当内筒容器突然泄压而夹套内仍有压力时所产生的最大压差。对于带夹套的真空容器，则按上述真空容器选取的设计外压力加上夹套内的设计内压力一起作为设计外压。

表 4-1　外压容器设计压力

类 型			设计压力 p
外压容器			取不小于正常工作过程中可能产生的最大内外压力差
真空容器	无夹套	设安全控制装置	取 1.25 倍最大内外压力差或 0.1MPa 两者中的较小值
		无安全控制装置	0.1MPa
	带夹套	夹套内为内压的真空容器器壁	取无夹套真空容器设计压力，再加上夹套内设计压力
		夹套内为真空的夹套壁（内筒为内压）	按无夹套真空容器规定选取

2. 计算长度 L

筒体计算长度是指两个刚性构件之间的距离。封头、法兰、加强圈均可视为刚性构件，如图 4-4 所示。当圆筒部分没有加强圈或可以作为加强的构件，则取直筒部分的长度加上每个凸形封头直边高度再加上封头深度的 1/3 计入直筒长度内。当圆筒部分有加强圈等时，则取相邻加强圈之间的最大距离为计算长度。

3. 试验压力 p_T

外压容器与内压容器一样，应对压力试验时的应力进行校核。

外压容器的压力试验分为以下两种情况：

① 不带夹套的外压容器和真空容器，以内压进行压力试验，所以试验压力取法同前面内压容器所述：

$$液压：p_T = 1.25p$$
$$气压：p_T = 1.15p$$

式中 p——设计外压力，MPa。

② 带夹套外压容器，则分别确定内筒和夹套的试验压力，除内筒试验压力按①确定，因夹套一般受内压，故在按内压容器确定了夹套的试验压力以后，必须按内筒的有效厚度校核在该试验压力下内筒的稳定性。若内筒不能保证足够的稳定性，或增加内筒厚度或在压力试验过程中内筒保持一定的压力，以保证整个试压过程中夹套和筒体的压差不超过确定的允许试验压差。

【例 4-1】 今需制作一台分馏塔，塔的内径为 2000mm，塔身（不包括两端的椭圆形封头）长度为 6000mm，封头深度为 500mm（见图 4-10）。分馏塔在 370℃及真空条件下操作。现库存有少量 9mm、12mm、14mm 厚的 20g 钢板。问能否用这三种钢板来制造这台设备。

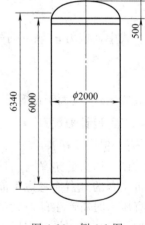

图 4-10 例 4-1 图

解 塔的长度计算：

$$L = 6000 + 2 \times \frac{1}{3} \times 500 = 6333（mm）$$

厚度为 9mm、12mm、14mm 的钢板，它们的钢板负偏差均为 0.8mm（见表 3-7），钢板的腐蚀裕量取 1mm。于是不包括壁厚附加量的塔体钢板的有效厚度应分别为 7.2mm、10.2mm 和 12.2mm。为简化计算，有效厚度分别为 7mm、10mm 和 12mm。

当 $S_e = 7$mm 时，

$$L/D_0 = \frac{6333}{2000 + 2 \times 7} = 3.14$$

$$\frac{D_0}{S_e} = \frac{2014}{7} = 287$$

查图 4-5，得 $A = 0.000082$。20g 钢板的 $\sigma_s = 250$MPa，查图 4-7，A 值所在点落在材料温度线的左方，故：

$$B = \frac{2}{3} EA$$

20g 钢板 370℃时的 $E = 1.69 \times 10^5$MPa，于是：

$$[p] = B\frac{S_e}{D_0} = \frac{2}{3} \times 1.69 \times 10^5 \times 8.2 \times 10^{-5} \times \frac{1}{287} = 0.032（MPa）$$

$[p] < 0.1$MPa，所以 9mm 厚钢板不能用。

当 $S_e = 10$mm 时，

$$L/D_0 = \frac{6340}{2000+2\times10} = 3.14$$

$$\frac{D_0}{S_e} = \frac{2020}{10} = 202$$

查图 4-5，得 $A=0.000014$。查图 4-7，A 值所在点仍落在材料温度线的左方，故：

$$[p] = \frac{2}{3}\times1.69\times10^5\times1.4\times10^{-4}\times\frac{1}{202} = 0.078\,(MPa)$$

$[p]<0.1MPa$，所以 12mm 钢板不能用。

当 $S_e=12mm$ 时，

$$L/D_0 = \frac{6340}{2000+2\times12} = 3.13$$

$$\frac{D_0}{S_e} = \frac{2024}{12} = 169$$

查图 4-5，得 $A=0.000018$。查图 4-7，A 值所在点仍落在材料温度线的左方，故：

$$[p] = \frac{2}{3}\times1.69\times10^5\times1.8\times10^{-4}\times\frac{1}{169} = 0.12\,(MPa)$$

$[p]>0.1MPa$，所以，须采用 14mm 厚的 20g 钢板制造。

第四节　加　强　圈

一、加强圈的作用与结构

由式（4-7）可知，增加壁厚或减小计算长度能提高筒体的临界压力。增大壁厚往往不经济，适宜的方法是减小圆筒的计算长度。工程上，对一定的设计压力，采用减小计算长度的方法来减小壁厚，以降低金属材料的消耗。为了减小筒体计算长度，在筒体的外部或内部装上若干个钢环，即加强圈。

加强圈常用扁钢、角钢、槽钢、工字钢等做成圆环，通常以间断焊缝与筒体连接。为了保证加强圈与筒体一起承受外压的作用。当加强圈焊在筒体外面时，加强圈每侧间断焊缝的总长度不小于容器外圆周长度的 1/2；当设置在容器内部时，应不少于容器内圆周长度的 1/3。加强圈两侧的间断焊缝可以错开或并排，但焊缝之间的最大间隙对外加强圈为 $8S_n$，对内加强圈为 $12S_n$，S_n 为筒体壁厚。如图 4-11 中（a）~（f）所示。

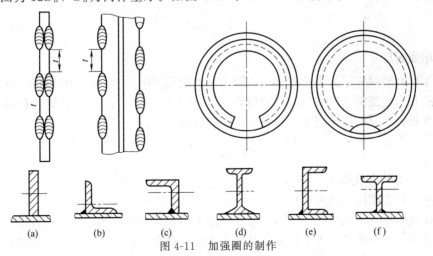

图 4-11　加强圈的制作

为了保证壳体与加强圈的加强作用，加强圈不得任意削弱或割断。对内加强圈，由于排除残液、通过内件或液体等需要，往往难以做到这一点，则因此而留出的间断弧长不得大于图 4-12 所给出的数值。

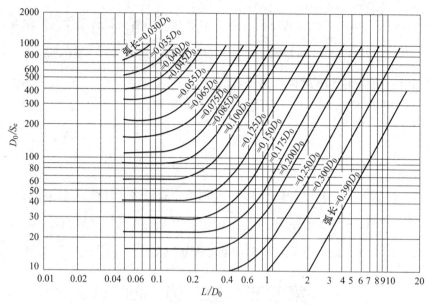

图 4-12　加强圈允许间断的弧长值

二、加强圈间距

筒体设置加强圈后，为了使加强圈起到加强作用，两加强圈之间的距离必须使筒体为短圆筒。据此，可确定加强圈的最大间距 L_{max} 为：

$$L_{max} = \frac{2.59 E^t D_0 \left(\dfrac{S_e}{D_0}\right)^{2.5}}{m p_c} \tag{4-24}$$

如果加强圈是均布的，则筒体所需加强圈数量 n 为：

$$n = \frac{L}{L_{max}} - 1 \quad （取整） \tag{4-25}$$

加强圈的距离：

$$L_s = \frac{L}{n-1}$$

三、加强圈尺寸

设置加强圈的筒体，如果两相邻加强圈之间的距离为 L_s，则加强圈两侧 $L_s/2$ 范围的载荷由加强圈和附近能起承压作用的有效段壳体共同承受（图 4-13）。设计时，将加强圈和筒体视为具有较大壁厚的单层筒体，其厚度称为当量厚度 S_y：

$$S_y = S_e + \frac{A_s}{L_s} \tag{4-26}$$

式中　S_e——筒体有效厚度，mm；

　　　A_s——加强圈的横截面面积，mm^2。

为了保证筒体和加强圈的稳定性，筒体和加强圈必须有足够的刚性或惯性矩。由理论分析并考虑适当的安全系数，欲使带加强圈的筒体保持稳定，加强圈与有效段筒体组合截面的

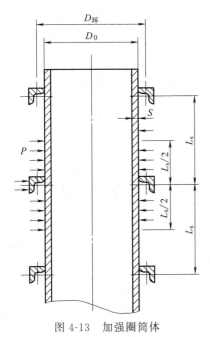

图 4-13 加强圈筒体

最小惯性矩 J 为：

$$J = \frac{D_0^2 L_s \left(S_e + \dfrac{A_s}{L_s} \right)}{10.9} A \qquad (4-27)$$

式中 D_0——筒体外直径，mm；

A——系数，即圆筒的周向临界应变。

为了用图 4-6～图 4-9 计算式（4-27）中的 A，由式（4-17），取 $[p] = p_c$，并将式中 S_e 用 $S_y = S_e + \dfrac{A_s}{L_s}$ 代替后得：

$$B = \frac{p_c D_0}{S_e + \dfrac{A_s}{L_s}} \qquad (4-28)$$

加强圈所需惯性矩按以下步骤确定：

① 已知 D_0、L_s 和 S_e，根据圆筒承受的外载荷，选定加强圈的材料与截面尺寸，并计算横截面积 A_s，以及加强圈与壳体有效段组合截面的惯性矩 J_s。

② 用式（4-28）计算 B 值。

③ 利用外压圆筒的计算图 4-6～图 4-9，在图上找到由式（4-28）计算出的 B 值。再过 B 点沿水平方向向左移与设计温度下的材料相交，再从交点垂直向下在底轴上读出 A 值。

④ 若在算图中找不到 B 值所在点，则按下式计算 A 值：

$$A = 1.5 B/E$$

⑤ 利用式（4-27）计算加强圈与壳体的组合截面所需的惯性矩。

⑥ 比较 J 与 J_s，若 $J_s < J$，则必须另选一个具有较大惯性矩的加强圈，重复上述步骤，直到 $J_s > J$ 为止。

第五节 外压封头设计

外压容器封头的结构形式和内压容器一样，主要包括凸形封头，如半球形、椭圆形、碟形等，以及圆锥形封头。在外压作用下，这些封头上的主要应力是压应力，故与筒体一样也存在稳定性问题。正如前述，封头各种形状、材料等初始缺陷对其稳定性的影响更显著，所以对成形封头的壳体失稳研究在理论和实验上比圆筒复杂得多。外压封头的稳定性计算建立在球形壳体承受均布外压的弹性失稳分析基础上，并结合实验数据给出半经验的临界压力计算公式，但是将它们直接用于设计欠成熟，因此设计中仍采用一些近似方法，如类似外压圆筒的图算法等。

一、外压凸形封头

1. 半球形封头

（1）球壳的临界压力和许用压力 由弹性稳定理论得到外压球壳临界压力公式为：

$$p_{cr} = \frac{2E}{\sqrt{3(1-\mu^2)}} \left(\frac{S_e}{R} \right)^2 \qquad (4-29)$$

对于钢材，取 $\mu = 0.3$ 代入式（4-29）得：

$$p_{cr} = 1.2E \left(\frac{S_e}{R} \right)^2 \qquad (4-30)$$

上述结果与大量实验结果相差甚大，所以，在球壳的稳定性设计时取较大的稳定性系数。在 GB 150 中，取 $m=14.52$。将式（4-30）中 R 用 R_0 代替，可得球壳的许用压力：

$$[p]=\frac{p_{cr}}{m}=\frac{1.2E\left(\dfrac{S_e}{R_0}\right)^2}{14.52}=\frac{0.0833E}{(R_0/S_e)^2} \tag{4-31}$$

式中　$[p]$——许用外压力，MPa；

　　　E——材料弹性模量，MPa；

　　　R_0——球壳外半径，mm；

　　　S_e——球壳有效厚度，mm。

（2）半球形封头（球壳）的图算法　半球形封头的图算法是借助于外压筒体的算图进行计算的。为此，对半球形（球形）规定：

$$B=\frac{[p]R_0}{S_e} \tag{4-32}$$

将图中 $B=\dfrac{2}{3}EA$ 及式（4-31）代入式（4-32）后解得：

$$A=\frac{0.125}{R_0/S_e} \tag{4-33}$$

壳体的壁厚按以下步骤确定：

① 假设 S_n，则 $S_e=S_n-C$，算出 R_0/δ_e。

② 用式（4-33）计算系数 A。

③ 根据所用材料，选用图 4-6～图 4-9，由已算得的系数 A 查得系数 B，并按式（4-32）计算许用外压力 $[p]$：

$$[p]=\frac{B}{R_0/S_e}$$

若 A 值落在设计温度下材料线左方，则用式（4-31）计算许用外压力 $[p]$：

$$[p]=\frac{0.0833E}{(R_0/S_e)^2}$$

④ $[p]$ 应大于或等于 p_c，否则重复上述计算，直到 $[p]$ 大于且接近 p_c 为止。

2. 碟形和椭圆形封头

因为在均匀外压作用下，碟形封头的过渡区承受拉应力，而球冠部分是压应力，须防止发生失稳的可能，确定封头厚度时仍可应用球壳失稳的公式和图算法，只是其中 R_0 用球冠部分内半径代替。对椭圆形封头，与碟形封头类似，取当量曲率半径：

$$R_0=K_1D_0 \tag{4-34}$$

式中　K_1——由椭圆形封头长、短轴比值决定的系数，见表 4-2；

　　　D_0——封头外直径。

表 4-2　系数 K_1 值

$\dfrac{D_0}{2h_0}$	2.6	2.4	2.2	2.0	1.8	1.6	1.4	1.2	1.0
K_1	1.18	1.08	0.99	0.9	0.81	0.73	0.65	0.57	0.50

二、外压圆锥形封头

当半锥角 $\alpha \leqslant 60°$ 时，封头的厚度计算方法与外压筒体相同。只是将筒体的有效厚度和计算长度分别用锥壳的当量圆筒的有效厚度和当量圆筒长度代替，锥壳的当量圆筒有效厚度为：

$$S_e = (S_n - C)\cos\alpha \tag{4-35}$$

式中 S_n——锥壳的名义厚度。

锥壳的当量圆筒长度为：

$$L_e = \frac{L}{2}\left(1 + \frac{D_{0s}}{D_0}\right) \tag{4-36}$$

式中 L——锥形封头轴向计算长度，mm；

D_{0s}——锥体小端外直径，mm；

D_0——锥体大端外直径，mm。

【例4-2】 试确定一真空圆筒形容器的壳体壁厚。已知 $D_i = 2400$mm，圆筒体长度 14000mm，两端为标准椭圆形封头，直边高度 50mm，材料用 0Cr18Ni9Ti，设备最高操作温度为 480℃。

解 图算法

1. 筒体壁厚

（1）假设 $S_n = 20$mm，$S_e = S_n - C = 20 - 0.8 = 19.2$（mm）

$$L = 14900\text{mm}$$

$$\frac{L}{D_0} = \frac{14900}{2440} = 6.11$$

$$\frac{D_0}{S_e} = \frac{2440}{19.2} = 127 > 10$$

（2）由图4-5查得 $A = 0.00014$。

（3）由图4-9，$A = 0.00014$ 与材料温度线无交点，许用压力按式（4-18）计算：

$$[p] = \frac{2AE}{3(D_0/S_e)} = \frac{2 \times 0.00014 \times 1.54 \times 10^5}{3 \times 127} = 0.113\text{（MPa）}$$

（4）$[p] > p_c = 0.1$MPa，且较接近，故 $S_n = 20$mm 合适。

2. 封头

（1）假设 $S_n = 8$mm，$S_e = S_n - C = 8 - 0.8 = 7.2$（mm）

由表4-2查得 $K_1 = 0.9$，则：

$$R_0 = K_1 D_0 = 0.9 \times 2440 = 2196\text{（mm）}$$

$$\frac{R_0}{S_e} = \frac{2196}{7.2} = 305$$

（2）$A = \frac{0.125}{R_0/S_e} = \frac{0.125}{305} = 0.0004$

（3）查图4-9，$B = 41$：

$$[p] = \frac{B}{R_i/S_e} = \frac{41}{300} = 0.137\text{（MPa）}$$

（4）$[p] > p_c$ 且较接近，故 $S_n = 8$mm 合适。

【例4-3】 接【例4-2】的条件，若选用 12mm 厚的 0Cr18Ni9Ti 制造需设几个加强圈？

解

$$S_e = S_n - C_1 = 12 - 0.8 = 11.2\text{（mm）}$$

$$L_{\max} = \frac{2.59E^tD_0\left(\dfrac{S_e}{D_0}\right)^{2.5}}{mp_c} = \frac{2.59 \times 1.54 \times 10^5 \times 2440 \times \left(\dfrac{11.2}{2440}\right)^{2.5}}{3 \times 0.1} = 4630.8\text{（mm）}$$

$$n = (14900 \div 4630.8) - 1 = 2.22$$

取整 $n = 3$。

需设 3 个加强圈，其间距分别为 3800mm、3650mm、3650mm、3800mm。

习　　题

1. 设计一台圆筒形干燥器，$D_i = 500mm$，夹套直径 600mm，夹套内用 0.6MPa 的蒸汽加热（蒸汽温度 160℃），干燥器分 5 节，每节长 1.2m，中间用法兰连接，材料为 Q235A，腐蚀裕量为 2mm。试确定筒体和夹套的壁厚。

2. 某厂拟设计一真空塔，材料为 Q235B，圆筒形塔体内径为 $D_i = 2500mm$，顶部和底部为标准椭圆形封头，塔体部分高度为 20000mm（包括封头直边段高度），操作温度为 250℃，腐蚀裕量 $C_2 = 2.5mm$。试确定塔体壁厚和封头厚度。

3. 有一台圆筒形不锈钢反应釜，内径为 1400mm，高为 8000mm（包括封头直边），两端为标准椭圆形封头，壳体壁厚 $S_n = 10mm$。试问该釜在常温下能承受多大的外压？

4. 设计一台外压设备，已知筒体 $D_i = 1600mm$，采用 600mm 的不锈钢（0Cr13）钢板。试校核能否满足在 370℃、真空条件下工作，该设备计算长度为 6000mm。若不能满足，可采取哪些措施？

5. 已知圆筒体 $D_i = 1800mm$，计算长度为 3000mm，在 240℃操作，最大内外压差为 0.2MPa。若采用 Q245R 制造，腐蚀裕量取 2mm，试确定所需壁厚？

6. 一直径为 700mm，壁厚为 5mm，筒体计算长度为 6000mm 的容器，材质为 Q245R，取腐蚀裕量 1.5mm，试问该设备在 280℃操作温度下能否承受 0.1MPa 的设计外压？

7. 今有一直径为 640mm，壁厚为 4mm，筒长为 5000mm 的容器，材料为 Q235A，工作温度为 200℃，试问该容器能否承受 0.1MPa 的外压？如不能承受，应加几个箍？

8. 一夹套反应釜，釜内圆筒与外部夹套底部的封头为标准椭圆形封头，内筒的内直径为 $D_i = 1400mm$，夹套的内直径为 $D_{ir} = 1500mm$，夹套与内筒焊接处至内封头直边的距离为 $H = 1300mm$。釜内工作介质温度为 100℃，压力为 0.2MPa，夹套内加热介质压力为 0.3MPa，釜体和夹套材料均为 Q245R，腐蚀裕量 $C_2 = 2mm$。试确定内筒和夹套的壁厚，并确定液压试验压力和校核试验时的釜体的强度和稳定性。

第五章 压力容器零部件

容器零部件是化工容器不可缺少的组成部分，它涉及面广、种类多，本章仅讨论中低压容器法兰、支座、容器开孔与补强等零部件的设计方法。

第一节 容器法兰与管法兰

在各种容器和管道中，由于生产工艺的要求，或考虑制造、运输、安装、检修方便常采用可拆卸的结构。常见的可拆卸结构有法兰连接、螺纹连接和承插式连接。

采用可拆连接时为使容器正常而又安全运行，应尽量做到下列几点。

① 连接处保持密封不泄漏，尤其在操作压力有波动、介质有腐蚀性的情况下，仍能保持紧密密封。

② 有足够的刚度，不因可拆卸连接的存在而削弱整体结构的强度。

③ 能迅速并多次重复拆装。

法兰连接结构是一个组合件，一般由连接件、被连接件、密封元件组成。如图 5-1 所示，被连接件 1 为法兰，密封元件 2 为垫片，连接件组成 3 为螺栓、螺母。

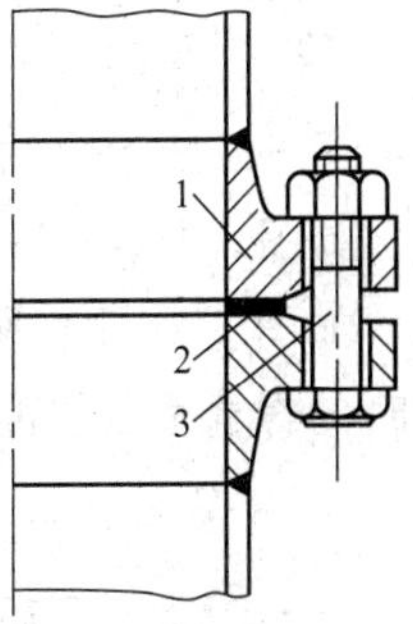

图 5-1 法兰连接结构

1—被连接件；2—密封元件；3—连接件组成

一、法兰连接结构与密封原理

在生产实际中，压力容器常见的法兰密封失效很少是由于连接件或被连接件的强度破坏所引起的，较多的是因为密封不好而泄漏。

防止流体泄漏的基本原理是在连接口处增加流体流动的阻力。当压力介质通过密封口的阻力降大于密封口两侧的介质压力差时，介质就被密封住了。这种阻力的增加是依靠密封面上的密封比压来实现的。

一般说来，密封口泄漏有两个途径：一是垫片渗漏，二是压紧面泄漏。前者由垫片的材质和形式决定。对于渗透性材料如石棉等制作的垫片，由于它本身存在着大量的毛细管，渗漏是难免的。当在垫圈材料中添加某些填充剂（如橡胶等），或与不透性材料组合成形时，这种渗漏即可减小或避免。压紧面泄漏密封失效的主要形式与压紧面的结构有关，但主要由密封组合件各部分的性能和它们之间的变形关系决定。

将法兰与垫片接触面处的微观尺寸放大，可以看到二者的表面都是凹凸不平的，如图 5-2 (a) 所示。把法兰螺栓的螺母拧紧，螺栓力通过法兰压紧面作用在垫片上，当垫片单位面积上所受的压紧力达到某一值时，垫片本身被压实，压紧面上由机械加工形成的微隙被填满，如图 5-2 (b) 所示，这就为阻止介质泄漏形成了初始密封条件。形成初始密封条件时在垫片单位面积上受到的压紧力，称为预紧密封比压。当通入介质压力时，如图 5-2（c）所示，螺栓被拉伸，法兰压紧面沿着彼此分离的方向移动，垫片的压缩量减少，预紧密封比压下降。如果垫片具有足够的回弹能力，使压缩变形的回复能补偿螺栓和压紧面的变形，而使预紧密封比压值至少降到不小于某一值（这个比压值称为工作密封比压），则法兰压紧面之间能够保持良好的密封状态。反之，垫片的回弹力不足，预紧密封比压下降到工作密封比压以下，甚至密封口重新出现缝隙，则此密封即失效。因此，为了实现法兰连接口的密封，必须使密封组合件各部分的变形与操作条件下的密封条件相适应，即使密封元件在操作压力作用下仍然保持一定的残余压紧力。为此，螺栓和法兰都必须具有足够大的强度和刚度，使螺栓在容器内压形成的轴向力作用下不发生过大的变形。

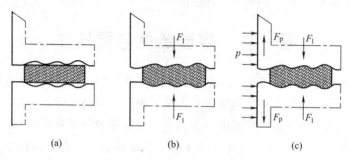

图 5-2 法兰密封的垫片变形

图 5-3 所示是法兰在预紧和工作时的受力情况。

如图 5-3（a）所示预紧时，法兰在螺栓预紧力 T_1 和垫片反作用力 N_1 的作用下处于平衡。

如图 5-3（b）所示工作时，法兰上所受的外力多了一个由容器内压形成的轴向力 Q。这时的螺栓力 T_2 正好用来平衡轴向力 Q 和垫片反力 N_2。

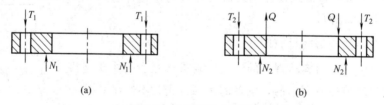

图 5-3 法兰的受力情况

二、法兰的结构与分类

1. 按法兰接触面分类

按法兰接触面分为以下两类。

（1）窄面法兰　法兰与垫片的整个接触面积都位于螺栓孔包围的圆周范围内，如图 5-4（a）所示。

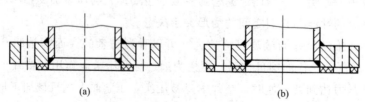

图 5-4 窄面法兰与宽面法兰

（2）宽面法兰　法兰与垫片接触面积位于法兰螺栓中心圆的内外两侧，如图 5-4（b）所示。

压力容器和管道中常用的法兰压紧面的形式如图 5-5～图 5-7 所示。现将各类型压紧面的特点及使用范围说明如下。

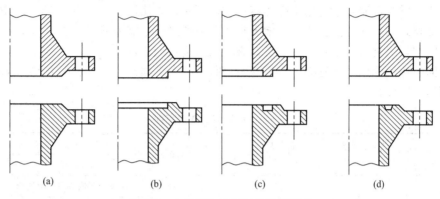

图 5-5　中低压法兰密封压紧面形状

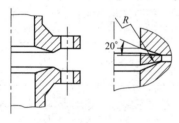

图 5-6　锥形压紧面

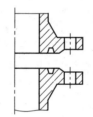

图 5-7　梯形槽压紧面

（1）平面压紧面　这种压紧面的表面是一个光滑的平面，或在其上侧有数条三角形断面的沟槽，如图 5-5（b）所示。这种压紧面结构简单，加工方便，且便于进行防腐衬里。平面压紧面法兰适用的压力范围是 $PN < 2.5MPa$，在 $PN > 0.6MPa$ 的情况下，应用最为广泛。但是这种压紧面垫片接触面积较大，预紧时垫片容易往两边挤，不易压紧，密封性能较差，当介质有毒或易燃或易爆时，不能采用平面压紧面。

（2）凹凸型压紧面　这种压紧面由一个凸面和一个凹面相配合组成［图 5-5（c）］，在凹面上放置垫片，其优点是便于对中，能够防止垫片被挤出，故适用于压力较高的场合。在现行标准中，可用于公称直径 $DN < 800mm$、$PN \geqslant 6.4MPa$ 的情况，随着直径增大，公称压力降低。

（3）榫槽型压紧面　这种压紧面由一个榫和一个槽组成，如图 5-5（d）所示，垫片置于槽中，不会被挤流动。垫片可以较窄，因而压紧垫片所需的螺栓力也就相应较小，即使用于压力较高的场合，螺栓尺寸也不致过大。因而，它比以上两种压紧面均易获得良好的密封效果。这种压紧面的缺点是结构与制造比较复杂，更换挤在槽中的垫片比较困难。此外，榫面部分容易损坏，故设备上的法兰应采取榫面，在拆装或运输过程中应加以注意。这种密封面适于易燃、易爆、有毒的介质以及较高压力的场合。当压力不大时，即使直径较大，也能很好地密封。当 $DN = 800mm$ 时，可以用到 $PN = 20MPa$。

以上三种密封面所用的垫片，大都是各种非金属垫片或非金属与金属混合制的垫片。

（4）锥形压紧面　由锥形压紧面和球面金属垫片（亦称透镜垫片）配合而成，锥角20°（图5-6），通常用于高压管件密封，可用到100MPa，甚至更大。其缺点是需要的尺寸精度和表面光洁度高，直径大时加工困难。

（5）梯形槽压紧面　梯形槽压紧面是利用槽的内外锥面与垫片接触而形成密封的，槽底不起密封作用（图5-7）。这种压紧面一般与槽的中心线呈23°，与椭圆形或八角形截面的金属垫圈配合。密封可靠，它适用于高压容器和高压管道，使用压力一般为7～70MPa。

对于带长颈的整体和活套法兰，增大长颈部分的尺寸，能显著提高法兰抗变形能力，提高法兰的刚度，但是将使法兰笨重，提高整个法兰连接的造价。

压紧面的选用原则，首先必须保证密封可靠，并力求加工容易、装配方便、成本低。具体选用可参考表5-1。

表5-1　压紧面的选用原则

介　　质	法兰公称压力 /MPa	介质温度 /℃	配用压紧面形式	选用垫片 名　称	材　料
油品，油气，液化气，氢气，流化催化剂，溶剂（丙烷、丙酮、苯、酚、糠醛、异丙醇），≤25%的尿素	≤1.6	≤200	平形	耐油橡胶石棉垫	耐油橡胶石棉板
	≤1.6	201～300		缠绕式垫圈	08(15)钢带-石棉带
	2.5	≤200	平形	耐油橡胶石棉垫	耐油橡胶石棉板
	4.0	≤200	平形（凹凸）	缠绕式垫圈，金属包石棉垫圈	08(15)钢带-石棉带 马口铁-石棉板
	2.5～4.0	201～450			
	2.5～4.0	451～600		缠绕式合金垫圈	0Cr13(1Cr13 或 2Cr13)钢带-石棉带
	6.4～16	≤450	梯形槽	八角形断面垫圈	08(10)
		451～600			1Cr18Ni9(1Cr18Ni9Ti)
蒸汽	1.0,1.6	≤250	平形	石棉橡胶垫	中压石棉橡胶板
	2.5,4.0	251～450	平形（凹凸）	缠绕式垫圈金属包石棉垫圈	08(15)钢带-石棉带 马口铁-石棉板
	10	450	梯形槽	八角形断面垫圈	08(10)
水	6.4～16	≤100			
盐水	≤1.6	≤60	平形	橡胶垫圈	橡胶板
		≤150		石棉橡胶垫圈	中压石棉橡胶板
气氨 液氨	2.5	≤150	凹凸（榫槽）		
空气、惰性气体	≤1.6	≤200	平形		
≤98%硫酸 ≤35%盐酸	≤1.6	≤90	平形		
45%硝酸	0.25,0.6	≤45	平形	软塑料垫圈	软聚氯乙烯、聚乙烯、聚四氟乙烯

2. 按法兰与设备或管道的连接方式分类

按法兰与设备或管道的连接方式可分为整体法兰、活套法兰、螺纹法兰三种。

（1）整体法兰　法兰与设备或管道不可拆地固定在一起时称为整体法兰。常见的整体法兰形式有三种：甲型平焊法兰，见图 5-8（a）；乙型平焊法兰，见图 5-8（b）；对焊法兰又叫高颈法兰或长颈法兰，如图 5-8（c）所示。

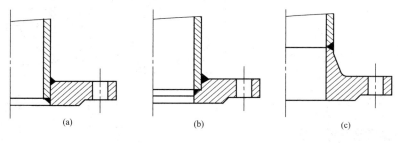

| (a) | (b) | (c) |

图 5-8　整体法兰

甲型平焊法兰与乙型平焊法兰的区别在于乙型法兰有一个壁厚不小于 16mm 的圆筒形短节，因而，使乙型平焊法兰的刚性比甲型平焊法兰好。同时甲型的焊缝开 V 形坡口，乙型的焊缝开 U 形坡口，从这点来看乙型也比甲型具有较高的强度和刚度。

整体法兰制造容易，应用广泛，但刚性较差。法兰受力后，法兰盘的矩形断面发生微小转动，与法兰相连的筒壁随着发生弯曲变形，于是法兰附近筒壁的横截面上将有附加的弯曲应力产生，所以平焊法兰适用的压力范围较低（$PN \leqslant 4\text{MPa}$）。

对焊法兰由于长颈的存在提高了法兰刚性，同时由于颈的根部厚度比器壁厚，所以也降低了这里的弯曲应力。此外，法兰与筒体（或管壁）连接，采用的是对接焊缝，这也比平焊法兰中的填角焊缝强度好。所以，对焊法兰适宜应用于压力、温度较高和设备直径较大的场合。

（2）活套法兰　活套法兰的特点是法兰和设备或管道不直接连成一体，而是把法兰盘套在设备或管道的外面，如图 5-9 所示。这种法兰不需焊接，法兰盘可以采用与设备或管道不同的材料制造。因此，适用于铜制、铝制、陶瓷、石墨及其他非金属材料制作的设备或管道上。这类法兰受力后不会对筒体或管道产生附加的弯曲应力，也是它的一个优点。但一般只适用于压力较低的场合。

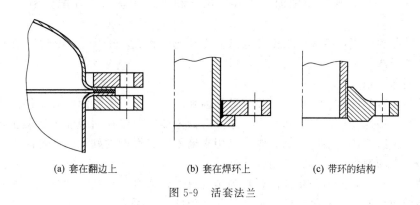

| (a) 套在翻边上 | (b) 套在焊环上 | (c) 带环的结构 |

图 5-9　活套法兰

（3）螺纹法兰　法兰与管壁通过螺纹进行连接。二者之间既有一定连接，又不完全形成一个整体，如图 5-10 所示。因此，法兰对管壁产生的附加应力较小。螺纹法兰多用于高压管道上。

法兰的形状，除常见的形状以外，还有方形与椭圆形，如图 5-11 所示。方形法兰有利于把管子排列紧凑，椭圆形法兰通常用于阀门和小直径的高压管上。

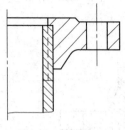

图 5-10　螺纹法兰

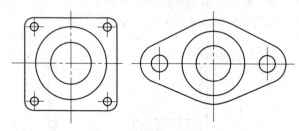

图 5-11　方形与椭圆形法兰

三、影响法兰密封的因素

影响法兰密封的因素是多方面的，现就几个主要因素予以归纳讨论。

1. 螺栓预紧力

螺栓预紧力是影响密封的一个重要因素。预紧力必须使垫片压紧并实现初始密封条件；同时，预紧力也不能过大，否则将会使垫片被压坏或挤出。

提高螺栓预紧力，可以增加垫片的密封能力。这是因为加大预紧力不仅可使渗透性垫片材料的毛细管缩小，而且可以提高工作密封比压。

由于预紧力是通过法兰压紧面传递给垫片的，要达到良好的密封，必须使预紧力均匀地作用于垫片。因此，当密封所需要的预紧力一定时，采取减小螺栓直径、增加螺栓个数的办法对密封是有利的。

2. 压紧面

压紧面直接与垫片接触，它既传递螺栓力使垫片变形，同时也是垫片变形的表面约束。因而，为了达到预期的密封效果，压紧面的形状和表面粗糙度应与垫片相配合。一般与硬金属垫片相配合的压紧面有较高的精度和粗糙度要求，而与软质垫片相配合的压紧面，可相对降低要求。但压紧面的表面决不允许有径向刀痕或划痕。

实践证明，压紧面的平直度和压紧面与法兰中心轴线垂直、同心，是保证垫片均匀压紧的前提；减小压紧面与垫片的接触面积，可以有效地降低预紧力，但若减得过小，则易压坏垫片。显然，如果压紧面的形式、尺寸和表面质量与垫片配合不当，则将导致密封失效。

法兰压紧面的形式，主要应根据工艺条件（压力、温度、介质）、密封口径以及准备采用的垫片等进行选择。

3. 垫片性能

垫片是构成密封的重要元件，垫片变形和回弹能力是形成密封的必要条件。垫片的变形包括弹性变形和塑性变形，仅有弹性变形才具有回弹能力。垫片回弹能力表示在施加介质压力时，垫片能否适应法兰面的分离，它可以用来衡量密封性能的好坏。回弹能力大者，有可能适应操作压力和温度的波动，密封性能好。

垫片的变形和回弹能力与垫片的材料和结构有关，适合制作垫片的材料一般应耐介质腐蚀、不污染操作介质；具有良好的变形性能和回弹能力；要有一定的机械强度和适当的柔软性；在工作温度下不易变质、硬化或软化。

最常用的垫片可分为非金属与金属以及金属-非金属混合制垫片。

非金属垫片材料有石棉板、橡胶板、石棉-橡胶板及合成树脂（塑料），这些材料的优点是柔软和耐腐蚀。耐温度和压力的性能较金属垫片差，通常只用于常、中温和中低压设备及管道的法兰密封。此外，纸、麻、皮革等非金属亦是常用的垫片材料，但是一般只用于低压下温度不高的水和空气或油的系统。以上垫片如图 5-12 （a）所示。

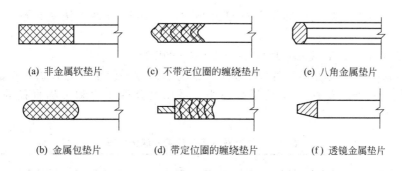

<table>
<tr><td>(a) 非金属软垫片</td><td>(c) 不带定位圈的缠绕垫片</td><td>(e) 八角金属垫片</td></tr>
<tr><td>(b) 金属包垫片</td><td>(d) 带定位圈的缠绕垫片</td><td>(f) 透镜金属垫片</td></tr>
</table>

图 5-12　垫片断面形状

　　金属垫片材料一般并不要求强度高，而是要求软韧。常用的是软铝、铜、铁（软钢）、蒙耐尔合金（含 Ni 67％、Cu 30％、Cr 4％～5％）钢和 18-8 不锈钢等。金属垫片主要用于中高温和中高压的法兰连接密封，其结构如图 5-12 （e）、（f）所示。

　　金属-非金属混合制垫片有金属包垫片及缠绕垫片等，前者是用石棉橡胶垫外包金属薄片（镀锌薄铁片或不锈钢片等）制成的；后者由薄低碳钢带（或合金钢带）与石棉一起绕制而成。这种垫片有不带定位圈的和带定位圈的两种。以上两种垫片较单纯的非金属垫片的性能好，适应的温度与压力范围较高一些。这两种垫片的结构如图 5-12 （b）、（c）、（d）所示。

　　法兰密封垫片的选择要有全面观点，要考虑操作介质的性质、操作压力和温度，以及需要密封的程度；亦要考虑垫片性能、压紧面的形式、螺栓大小以及装卸要求等。其中操作压力与温度是影响密封的主要因素，是选用垫片的主要依据。由于问题较复杂，具体选用时读者可参照 NB 47024—2012《非金属软垫片》、NB/T 47025—2012《缠绕垫片》和 NB/T 47026—2012《金属包垫片》进行选取，同时应重视从实践中总结出使用经验。

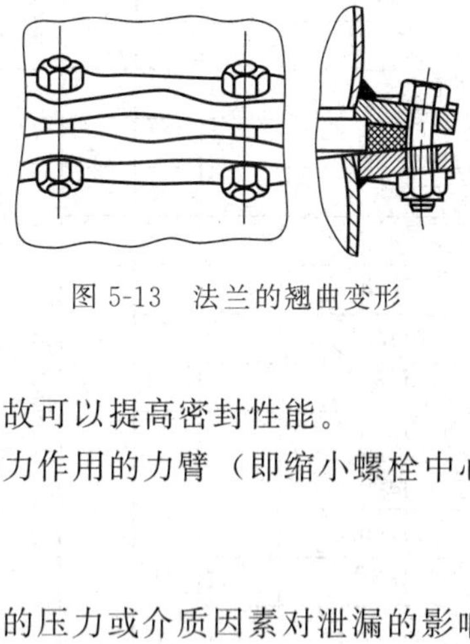

图 5-13　法兰的翘曲变形

　　4. 法兰刚度

　　在实际生产中，由于法兰刚度不足而产生过大的翘曲变形（图 5-13），往往是导致密封失效的原因。刚性大的法兰变形小，并可使分散分布的螺栓力均匀地传递给垫片，故可以提高密封性能。

　　法兰刚度与许多因素有关，增加法兰的厚度、减小螺栓力作用的力臂（即缩小螺栓中心圆直径）和增大法兰盘外径，都能提高法兰的抗弯刚度。

　　5. 操作条件

　　操作条件即压力、温度和介质的物理、化学性质。单纯的压力或介质因素对泄漏的影响并不是主要的，只有和温度联合作用时，问题才显得严重。

　　温度对密封性能的影响是多方面的，高温介质黏度小，渗透性大，容易泄漏；介质在高温下对垫片和法兰的溶解与腐蚀作用将加剧，增加产生泄漏的因素；在高温下，法兰、螺栓、垫片可能发生蠕变，致使压紧面松弛，密封比压下降；一些非金属垫片在高温下还将加速老化或变质，甚至被烧毁。此外，在高温作用下，由于密封组合件各部分的温度不同，发生热膨胀不均匀，会增加泄漏的可能；当温度和压力联合作用时，又有反复的激烈变化，则密封垫片会发生"疲劳"，使密封完全失效。

四、法兰标准及选用

石油、化工压力容器上用的法兰标准有两个，一是压力容器法兰标准，二是管法兰标准。

1. 压力容器法兰标准（NB/T 47020～47029—2012）

（1）平焊法兰　压力容器法兰分甲型平焊法兰、乙型平焊法兰与长颈对焊法兰。表 5-2 中给出了甲型、乙型平焊法兰及长颈对焊法兰适用的公称压力和公称直径的对应关系和范围。

表 5-2　压力容器法兰分类和规格范围

类型	平焊法兰										对焊法兰					
	甲型				乙型						长颈					
标准号	NB/T 47021				NB/T 47022						NB/T 47023					
简图																
公称直径 DN/mm	公称压力 PN/MPa															
	0.25	0.60	1.00	1.60	0.25	0.60	1.00	1.60	2.50	4.00	0.60	1.00	1.60	2.50	4.00	6.40
300	按 PN=1.00															
350																
400																
450	按 PN=1.00							—								
500																
550							—									
600																
650																
700																
800																
900					—											
1000																
1100																
1200																
1300				—												
1400																
1500			—													
1600										—						
1700									—							
1800																
1900																
2000								—								
2200					按 PN=0.60											—
2400																
2600															—	
2800											—					
3000																

甲型平焊法兰有 $PN0.25MPa$、$PN0.60MPa$、$PN1.00MPa$、$PN1.60MPa$ 四个压力等级，实用的直径范围为 $DN\ 300\sim2000mm$，适用温度范围为不大于 $300℃$。乙型平焊法兰用于 $0.25\sim1.60MPa$ 四个压力等级中较大直径范围，并与甲型平焊法兰相衔接。而且还可用于 $PN2.5MPa$ 和 $PN4.00MPa$ 两个压力等级中较小直径范围，适用的全部直径范围为 $DN\ 300\sim3000mm$，适用的温度范围为不大于 $350℃$。

（2）对焊法兰　长颈对焊法兰由于具有厚度更大的颈，因而进一步增大了法兰盘的刚度。故规定用于更高的压力 $PN0.60\sim6.40MPa$ 和直径 $DN300\sim2000mm$ 范围，适用温度范围为 $450℃$。由表 5-2 中可看出，乙型平焊法兰中 $DN2000mm$ 以下的规格均已包括在长颈对焊法兰的规定范围之内。这两种法兰的连接尺寸和法兰厚度完全一样。所以 $DN2000mm$ 以下的乙型平焊法兰可以用轧制的长颈对焊法兰代替，以降低法兰的生产成本。

平焊与对焊法兰都有带衬环的与不带衬环的两种。当设备是由不锈钢制作时，采用碳钢法兰加不锈钢衬环，可以节省不锈钢。

上述的两类六种法兰，它们的密封面都有平面型、凹凸面型和榫槽面型三种。配合这三种密封面规定了相应的垫片尺寸标准。

（3）法兰的公称直径和公称压力　使用法兰标准确定法兰尺寸时，必须知道法兰公称直径与公称压力。压力容器法兰的公称直径与压力容器的公称直径取同一系列数值。例如，$DN1000mm$ 的压力容器，应当配用 $DN1000mm$ 的压力容器法兰。

法兰公称压力的确定与法兰的最大操作压力和操作温度以及法兰材料三个因素有关。我国在制定法兰标准尺寸时，是以 16MnR 在 $-20\sim200℃$ 时的力学性能为基准制定的。例如，公称压力 $PN1.60MPa$ 的法兰，就是指该法兰是用 16MnR 制作的，在 $200℃$ 时，它的最大允许操作压力是 $1.60MPa$。如果把这个 $PN1.60MPa$ 的法兰用在高于 $200℃$ 的条件下，那么它的最大允许操作压力将低于其公称压力 $1.60MPa$。如果把法兰的材料改为 Q235A，那么 Q235A 钢的力学性能比 16MnR 差，这个公称压力 $PN1.60MPa$ 的法兰，即使是在 $200℃$ 时操作，它的最大允许操作压力也将低于其公称压力。反之，如果把法兰的材料由 16MnR 改为 15MnVR，由于 15MnVR 的力学性能优于 16MnR，这个公称压力 $PN1.60MPa$ 的法兰，在 $200℃$ 操作时，它的最大允许操作压力将高于它的公称压力。

总之，只要法兰的公称直径、公称压力一定，法兰的尺寸也就确定了。用于制造压力容器的法兰材料有低碳钢 Q235A、Q235B、Q235C、Q245R 及低合金钢 16MnR 和 15MnVR 板材以及 20 和 16Mn 锻件等，表 5-3 是甲型平焊法兰和乙型平焊法兰在不同温度下，它们的适用材料及最大允许工作压力。利用这个表，可以将设计条件中给出的温度与设计压力换算成法兰标准公称压力。表 5-4 是长颈法兰适用材料及最大允许工作压力关系表。

例如，为一台操作温度为 $300℃$、设计压力为 $0.60MPa$ 的容器选配法兰。查表 5-3 可知，如果法兰材料用 Q345R，它的最高工作压力只有 $0.50MPa$，故须按公称压力为 $1.00MPa$ 查取法兰尺寸；如果法兰材料用 15MnVR，则可按公称压力 $0.60MPa$ 查取法兰尺寸。

法兰类型分为一般法兰和衬环法兰两类，一般法兰的代号为"法兰"，衬环法兰的代号为"法兰 C"。

法兰标准的标记方法如下。

①法兰类型代号；②密封面型式代号（表 5-5）；③公称直径；④公称压力；⑤标准号。

标记示例：公称压力 $0.60MPa$、公称直径 $800mm$ 的衬环榫槽密封面乙型平焊法兰中的榫面法兰。标记为：法兰 C-S 800-0.6 NB/T 47022—2012。

表 5-3 甲型、乙型平焊法兰适用材料及最大允许工作压力（NB/T 47020—2012）

公称压力 PN/MPa	法兰材料		最大允许工作压力/MPa 工作温度/℃				备 注
			>-20~200	250	300	350	
0.25	板材	Q235B	0.16	0.15	0.14	0.13	工作温度下限 20℃ 工作温度下限 0℃
		Q235C	0.18	0.17	0.15	0.14	
		Q245R	0.19	0.17	0.15	0.14	
		Q345R	0.25	0.24	0.21	0.20	
	锻件	20	0.19	0.17	0.15	0.14	
		16Mn	0.26	0.24	0.22	0.21	
		20MnMo	0.27	0.27	0.26	0.25	
0.60	板材	Q235B	0.40	0.36	0.33	0.30	工作温度下限 20℃ 工作温度下限 0℃
		Q235C	0.44	0.40	0.37	0.33	
		Q245R	0.45	0.40	0.36	0.34	
		Q345R	0.60	0.57	0.51	0.49	
	锻件	20	0.45	0.40	0.36	0.34	
		16Mn	0.61	0.59	0.53	0.50	
		20MnMo	0.65	0.64	0.63	0.60	
1.00	板材	Q235B	0.66	0.61	0.55	0.50	工作温度下限 20℃ 工作温度下限 0℃
		Q235C	0.73	0.67	0.61	0.55	
		Q245R	0.74	0.67	0.60	0.56	
		Q345R	1.00	0.95	0.86	0.82	
	锻件	20	0.74	0.67	0.60	0.56	
		16Mn	1.02	0.98	0.88	0.83	
		20MnMo	1.09	1.07	1.05	1.00	
1.60	板材	Q235B	1.06	0.97	0.89	0.80	工作温度下限 20℃ 工作温度下限 0℃
		Q235C	1.17	1.08	0.98	0.89	
		Q245R	1.19	1.08	0.96	0.90	
		Q345R	1.60	1.53	1.37	1.31	
	锻件	20	1.19	1.08	0.96	0.90	
		16Mn	1.64	1.56	1.41	1.33	
		20MnMo	1.74	1.72	1.68	1.60	
2.50	板材	Q235C	1.83	1.68	1.53	1.38	工作温度下限 0℃ DN<1400mm DN≥1400mm
		Q245R	1.86	1.69	1.50	1.40	
		Q345R	2.50	2.39	2.14	2.05	
	锻件	20	1.86	1.69	1.50	1.40	
		16Mn	2.56	2.44	2.20	2.08	
		20MnMo	2.92	2.86	2.82	2.73	
		20MnMo	2.67	2.63	2.59	2.50	
4.00	板材	Q245R	2.97	2.70	2.39	2.24	DN<1500mm DN≥1500mm
		Q345R	4.00	3.82	3.42	3.27	
	锻件	20	2.97	2.70	2.39	2.24	
		16Mn	4.09	3.91	3.52	3.33	
		20MnMo	4.64	4.56	4.51	4.36	
		20MnMo	4.27	4.20	4.14	4.00	

表5-4　长颈法兰适用材料及最大允许工作压力（NB/T 47020—2012）　单位：MPa

公称压力 PN/MPa	法兰材料（锻件）	工作温度/℃								备注
		−70～<−40	−40～−20	>−20～200	250	300	350	400	450	
0.60	20			0.44	0.40	0.35	0.33	0.30	0.27	
	16Mn			0.60	0.57	0.52	0.49	0.46	0.29	
	20MnMo			0.65	0.64	0.63	0.60	0.57	0.50	
	15CrMo			0.61	0.59	0.55	0.52	0.49	0.46	
	14Cr1Mo			0.61	0.59	0.55	0.52	0.49	0.46	
	12Cr2Mo1			0.65	0.63	0.60	0.56	0.53	0.50	
	16MnD		0.60	0.60	0.57	0.52	0.49			
	09MnNiD	0.60	0.60	0.60	0.60	0.57	0.53			
1.00	20			0.73	0.66	0.59	0.55	0.50	0.45	
	16Mn			1.00	0.96	0.86	0.81	0.77	0.49	
	20MnMo			1.09	1.07	1.05	1.00	0.94	0.83	
	15CrMo			1.02	0.98	0.91	0.86	0.81	0.77	
	14Cr1Mo			1.02	0.98	0.91	0.86	0.81	0.77	
	12Cr2Mo1			1.09	1.04	1.00	0.93	0.88	0.83	
	16MnD		1.00	1.00	0.96	0.86	0.81			
	09MnNiD	1.00	1.00	1.00	1.00	0.95	0.88			
1.60	20			1.16	1.05	0.94	0.88	0.81	0.72	
	16Mn			1.60	1.53	1.37	1.30	1.23	0.78	
	20MnMo			1.74	1.72	1.68	1.60	1.51	1.33	
	15CrMo			1.64	1.56	1.46	1.37	1.30	1.23	
	14Cr1Mo			1.64	1.56	1.46	1.37	1.30	1.23	
	12Cr2Mo1			1.74	1.67	1.60	1.49	1.41	1.33	
	16MnD		1.60	1.60	1.53	1.37	1.30			
	09MnNiD	1.60	1.60	1.60	1.60	1.51	1.41			
2.50	20			1.81	1.65	1.46	1.37	1.26	1.13	
	16Mn			2.50	2.39	2.15	2.04	1.93	1.22	
	20MnMo			2.92	2.86	2.82	2.73	2.58	2.45	DN<1400mm
	20MnMo			2.67	2.63	2.59	2.50	2.37	2.24	DN≥1400mm
	15CrMo			2.56	2.44	2.28	2.15	2.04	1.93	
	14Cr1Mo			2.56	2.44	2.28	2.15	2.04	1.93	
	12Cr2Mo1			2.67	2.61	2.50	2.33	2.20	2.09	
	16MnD		2.50	2.50	2.39	2.15	2.04			
	09MnNiD	2.50	2.50	2.50	2.50	2.37	2.20			
4.00	20			2.90	2.64	2.34	2.19	2.01	1.81	
	16Mn			4.00	3.82	3.44	3.26	3.08	1.96	
	20MnMo			4.64	4.56	4.51	4.36	4.13	3.92	DN<1500mm
	20MnMo			4.27	4.20	4.14	4.00	3.80	3.59	DN≥1500mm
	15CrMo			4.09	3.91	3.64	3.44	3.26	3.08	
	14Cr1Mo			4.09	3.91	3.64	3.44	3.26	3.08	
	12Cr2Mo1			4.26	4.18	4.00	3.73	3.53	3.35	
	16MnD		4.00	4.00	3.82	3.44	3.26			
	09MnNiD	4.00	4.00	4.00	4.00	3.79	3.52			
6.40	20			4.65	4.22	3.75	3.51	3.22	2.89	
	16Mn			6.40	6.12	5.50	5.21	4.93	3.13	
	20MnMo			7.42	7.30	7.22	6.98	6.61	6.27	DN<400mm
	20MnMo			6.82	6.73	6.63	6.40	6.07	5.75	DN≥400mm
	15CrMo			6.54	6.26	5.83	5.50	5.21	4.93	
	14Cr1Mo			6.54	6.26	5.83	5.50	5.21	4.93	
	12Cr2Mo1			6.82	6.68	6.40	5.97	5.64	5.36	
	16MnD		6.40	6.40	6.12	5.50	5.21			
	09MnNiD	6.40	6.40	6.40	6.40	6.06	5.64			

表 5-5　压力容器法兰密封面型式及代号（NB/T 47020—2012）

密　封　面　型　式		代　号
平面密封面	平密封面	RF
凹凸面密封面	凹密封面	FM
	凸密封面	M
榫槽面密封面	榫密封面	T
	槽密封面	G

【例 5-1】　试为一压力容器配一对连接筒身与封头的法兰。处理介质无腐蚀性及其他危害性。筒的内径为 800mm，操作温度为 280℃，设计压力为 0.55MPa。材质为 Q245R。

解　根据该容器的工艺条件压力、温度、介质及筒径，确定采用甲型平焊法兰。再根据操作温度、设计压力和所用材料，从表 5-3 可知，所要选用的甲型平焊法兰，应按公称压力为 1.00MPa 来查选它的尺寸。

由于操作压力不高，由表 5-1 可采用平面密封面，垫片材料选用石棉橡胶板。

连接螺栓为 M20，共 32 个，材料由表 5-6 查得为 35 钢，螺母材料为 Q235A。

标记为：法兰 P 800-1.0 NB/T 47021—2012，材质为 Q245R。

甲型、乙型平焊法兰见表 5-7（a）、表 5-7（b）。

表 5-6　法兰、垫片、螺母、螺柱材料匹配表（NB/T 47020—2012）

法兰类型	垫片			法兰			螺柱与螺母			
	种类	适用温度范围/℃	匹配	材料	适用温度范围/℃	匹配	螺柱材料	螺母材料	适用温度范围/℃	
甲型法兰	非金属软垫片	橡胶	按 NB/T 47024 表1	可选配右列法兰材料	板材 GB/T 3274 Q235B、Q235C	Q235B：20～300 Q235C：0～300	可选配右列螺柱螺母材料	GB/T 699 20	GB/T 700 15	−20～350
		石棉橡胶						GB/T 699 35	20	0～350
		聚四氟乙烯			板材 GB/T 713 Q245R Q345R	−20～450			GB/T 699 25	0～350
		柔性石墨								
乙型法兰与长颈法兰	非金属软垫片	橡胶	按 NB/T 47024 表1	可选配右列法兰材料	板材 GB/T 3274 Q235B、Q235C	Q235B：20～300 Q235C：0～300	按表3选定右列螺柱材料后选定螺母材料	35	20 25	0～350
		石棉橡胶								
		聚四氟乙烯			板材 GB 713 Q245R Q345R	−20～450		GB/T 3077 40MnB 40Cr 40MnVB	45 40Mn	0～400
		柔性石墨			锻件 NB/T 47008 20 16Mn	−20～450				

法兰类型	垫片		匹配	法兰		匹配	螺柱与螺母		
	种 类	适用温度范围/℃		材料	适用温度范围/℃		螺柱材料	螺母材料	适用温度范围/℃
乙型法兰与长颈法兰	缠绕垫片	石棉或石墨填充带	按 NB/T 47025 表1、表2	可选配右列法兰材料	板材 GB 713 Q245R Q345R	−20～450	按表4选定右列螺柱材料后选定螺母材料	40MnB 40Cr 40MnVB	45 40Mn	0～400
		聚四氟乙烯填充带			锻件 NB/T 47008 20 16Mn	−20～450		GB/T 3077 35CrMoA	45 40Mn	−10～400
		非石棉纤维填充带			15CrMo 14CrlMo	0～450			GB/T 3077 30CrMoA 35CrMoA	−70～500
					锻件 NB/T 47009 16MnD	−40～350	选配右列螺柱螺母材料			
					09MnNiD	−70～350				
	金属包垫片	铜、铝包覆材料	按 NB/T 47026 表1、表2		锻件 NB/T 47008 12Cr2Mo1	0～450	按表5选定右列螺柱材料后选定螺母材料	40MnVB	45 40Mn	0～400
							35CrMoA	45Mn,40Mn	−10～400
								30CrMoA 35CrMoA	−70～500
		低碳钢、不锈钢包覆材料					GB/T 3077 25Cr2MoVA	30CrMoA 35CrMoA	−20～500
								25Cr2MoVA	−20～550
					锻件 NB/T 47008 20MnMo	0～450	PN≥2.5	25Cr2MoVA	30CrMoA 35CrMoA	−20～500
								25Cr2MoVA	−20～550
							PN<2.5	35CrMoA	30CrMoA	−70～500

注：1. 乙型法兰材料按表列板材及锻件选用，但不宜采用 Cr-Mo 钢制作。相匹配的螺柱、螺母材料按表列规定。

2. 长颈法兰材料按表列锻件选用，相匹配的螺柱、螺母材料按表列规定。

表 5-7（a） 甲型平焊法兰尺寸（NB/T 47021—2012）

公称直径 DN/mm	法兰/mm							螺栓	
	D	D_1	D_2	D_3	D_4	δ	d	规格	数量
	PN=0.25MPa								
700	815	780	750	740	737	36	18	M16	28
800	915	880	8580	840	837	36	18	M16	32
900	1015	980	950	940	937	40	18	M16	36
1000	1130	1090	1055	1045	1042	40	23	M20	32
1100	1230	1190	1155	1141	1138	40	23	M20	32
1200	1330	1290	1255	1241	1238	44	23	M20	36
1300	1430	1390	1355	1341	1338	46	23	M20	40
1400	1530	1490	1455	1441	1438	46	23	M20	40
1500	1630	1590	1555	1541	1538	48	23	M20	44
1600	1730	1690	1655	1641	1638	50	23	M20	48

续表

公称直径	法兰/mm							螺栓	
DN/mm	D	D_1	D_2	D_3	D_4	δ	d	规 格	数 量
$PN=0.250\text{MPa}$									
1700	1830	1790	1755	1741	1738	52	23	M20	52
1800	1930	1890	1855	1841	1838	56	23	M20	52
1900	2030	1990	1955	1941	1938	56	23	M20	56
2000	2130	2090	2055	2041	2038	60	23	M20	60
$PN=0.60\text{MPa}$									
450	565	530	500	490	487	30	18	M16	20
500	615	580	550	540	537	30	18	M16	20
550	665	630	600	590	587	32	18	M16	24
600	715	680	650	640	637	32	18	M16	24
650	765	730	700	690	687	36	18	M16	28
700	830	790	755	745	742	36	23	M20	24
800	930	890	855	845	842	40	23	M20	24
900	1030	990	955	945	942	44	23	M20	32
1000	1130	1090	1055	1045	1042	48	23	M20	36
1100	1230	1190	1155	1141	1138	55	23	M20	44
1200	1330	1290	1255	1241	1238	60	23	M20	52
$PN=1.00\text{MPa}$									
300	415	380	350	340	337	26	18	M16	16
350	465	430	400	390	387	26	18	M16	16
400	515	480	450	440	437	30	18	M16	20
450	565	530	500	490	487	34	18	M16	24
500	630	590	555	545	542	34	23	M20	20
550	680	640	605	595	592	38	23	M20	24
600	730	690	655	645	642	40	23	M20	24
650	780	740	705	695	694	44	23	M20	28
700	830	790	755	745	742	46	23	M20	32
800	930	890	855	845	842	54	23	M20	40
900	1030	990	955	945	942	60	23	M20	48
$PN=1.60\text{MPa}$									
300	430	390	355	345	342	30	23	M20	16
350	480	440	405	395	392	32	23	M20	16
400	530	490	455	445	442	36	23	M20	20
450	580	540	505	495	492	40	23	M20	24
500	630	590	555	545	542	44	23	M20	28
550	680	640	605	595	592	50	23	M20	36
600	730	690	655	645	642	54	23	M20	40
650	780	740	705	695	692	58	23	M20	44

表 5-7（b）　乙型平焊法兰尺寸（NB/T 47022—2012）

公称直径	法兰/mm											螺 栓	
DN/mm	D	D_1	D_2	D_3	D_4	δ	H	δ_t	a	a_1	d	规格	数量
$PN=0.250\mathrm{MPa}$													
2600	2760	2715	2676	2656	2653	96	345	16	21	18	27	M24	72
2800	2960	2915	2876	2856	2853	102	350	16	21	18	27	M24	80
3000	3160	3115	3076	3056	3053	104	355	16	21	18	27	M24	84
$PN=0.60\mathrm{MPa}$													
1300	1460	1415	1376	1356	1353	70	270	16	21	18	27	M24	36
1400	1560	1515	1476	1456	1453	72	270	16	21	18	27	M24	40
1500	1660	1615	1576	1556	1553	74	270	16	21	18	27	M24	40
1600	1760	1715	1676	1656	1653	76	275	16	21	18	27	M24	44
1700	1860	1815	1776	1756	1753	78	280	16	21	18	27	M24	48
1800	1960	1915	1876	1856	1853	80	280	16	21	18	27	M24	52
1900	2060	2015	1976	1956	1953	84	285	16	21	18	27	M24	56
2000	2160	2115	2076	2056	2053	87	285	16	21	18	27	M24	60
2200	2360	2315	2276	2256	2253	90	340	16	21	18	27	M24	64
2400	2560	2515	2476	2456	2453	92	340	16	21	18	27	M24	68
$PN=1.00\mathrm{MPa}$													
1000	1140	1100	1065	1055	1052	62	260	12	17	14	23	M20	40
1100	1260	1215	1176	1156	1153	64	265	16	21	18	27	M24	32
1200	1360	1315	1276	1256	1253	66	265	16	21	18	27	M27	36
1300	1460	1415	1376	1356	1353	70	270	16	21	18	27	M24	40
1400	1560	1515	1476	1456	1453	74	270	16	21	18	27	M24	44
1500	1660	1615	1576	1556	1553	78	275	16	21	18	27	M24	48
1600	1760	1715	1676	1656	1653	82	280	16	21	18	27	M24	52
1700	1860	1815	1776	1756	1753	88	280	16	21	18	27	M24	56
1800	1960	1915	1876	1856	1853	94	290	16	21	18	27	M24	60
$PN=1.60\mathrm{MPa}$													
700	860	815	776	766	763	46	200	16	21	18	27	M24	24
800	960	915	876	866	863	48	200	16	21	18	27	M24	24
900	1060	1015	976	966	963	55	205	16	21	18	27	M24	28
1000	1160	1115	1076	1066	1063	66	260	16	21	18	27	M24	32
1100	1260	1215	1176	1156	1153	76	270	16	21	18	27	M24	36
1200	1360	1315	1276	1256	1253	85	280	16	21	18	27	M24	40
1300	1460	1415	1376	1356	1353	94	290	16	21	18	27	M24	44
1400	1560	1515	1476	1456	1453	103	295	16	21	18	27	M24	52
$PN=2.50\mathrm{MPa}$													
300	440	400	365	355	352	35	180	12	17	14	23	M20	16
350	490	450	415	405	402	37	185	12	17	14	23	M20	16
400	540	500	465	455	452	42	190	12	17	14	23	M20	20
450	590	550	515	505	502	43	190	12	17	14	23	M20	20
500	660	615	576	566	563	43	190	16	21	18	27	M24	20
550	710	665	626	616	613	45	195	16	21	18	27	M24	20
600	760	715	676	666	663	50	200	16	21	18	27	M24	24
650	810	765	726	716	713	60	205	16	21	18	27	M24	24
700	860	815	776	766	763	66	210	16	21	18	27	M24	28
800	960	915	876	866	863	77	220	16	21	18	27	M24	32
$PN=4.00\mathrm{MPa}$													
300	460	415	376	366	363	42	190	16	21	18	27	M24	16
350	510	465	426	416	413	44	190	16	21	18	27	M24	16
400	560	515	476	466	463	50	200	16	21	18	27	M24	20
450	610	565	526	516	513	61	205	16	21	18	27	M24	20
500	660	615	576	566	563	68	210	16	21	18	27	M24	24
550	710	665	626	616	613	75	220	16	21	18	27	M24	28
600	760	715	676	666	663	81	225	16	21	18	27	M24	32

注：法兰短节与容器筒体连接部位的焊接坡口型式和尺寸由设计或制造单位决定。

2. 管法兰类型与标准

管法兰是工业管道系统最广泛使用的一种可拆卸连接件，主要用于压力容器和设备、管道、管件、阀门连接的标准件、通用件。它涉及的领域很广，主要有压力容器、锅炉、管道、机械设备，如泵、阀门、压缩机、冷冻机、仪表等诸多行业。因此管法兰标准的选用必须考虑各相关行业的协调，并同时与国际标准接轨。管法兰与管子的连接方式有十种基本类型，如图 5-14 所示。

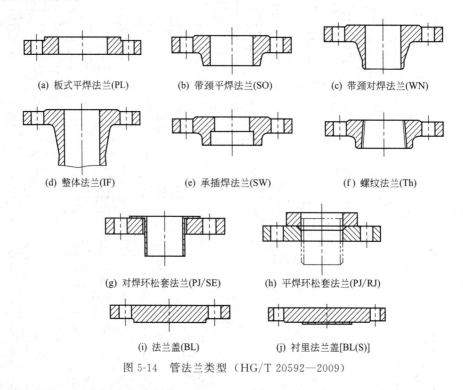

(a) 板式平焊法兰(PL)　(b) 带颈平焊法兰(SO)　(c) 带颈对焊法兰(WN)

(d) 整体法兰(IF)　(e) 承插焊法兰(SW)　(f) 螺纹法兰(Th)

(g) 对焊环松套法兰(PJ/SE)　(h) 平焊环松套法兰(PJ/RJ)

(i) 法兰盖(BL)　(j) 衬里法兰盖[BL(S)]

图 5-14　管法兰类型 （HG/T 20592—2009）

管法兰密封面型式与法兰密封性密切相关，常用的密封面型式包括凸面密封面、凹凸面密封面、榫槽面密封面、全平面密封面和环连接面密封面等多种，如图 5-15 所示。

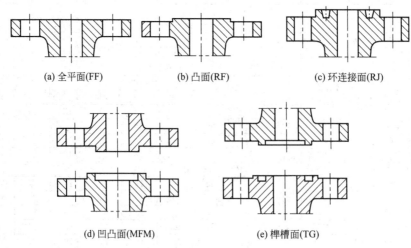

(a) 全平面(FF)　(b) 凸面(RF)　(c) 环连接面(RJ)

(d) 凹凸面(MFM)　(e) 榫槽面(TG)

图 5-15　管法兰密封面型式

管法兰标准涉及的内容相当广泛，除了管法兰本身以外，还与钢管系列（外径、厚度）、公称压力等级、垫片材料及尺寸、紧固件、螺纹等密切相关。

目前，国内外管法兰标准主要有两大体系，即欧洲体系（以 DIN 标准为代表）、美洲体系（以美国 ASME 的 B16.5、B16.47 标准为代表）。凡同一体系内，各国的管法兰标准的连接尺寸和密封面尺寸基本上可以互相配用。我国现行两大体系管法兰标准见表 5-8。

表 5-8　我国现行两大体系管法兰标准

欧 洲 体 系		美 洲 体 系	
标　准	压力等级/MPa	标　准	压力等级/MPa
HG/T 20592 ～ 20614—2009《钢制管法兰、垫片、紧固件》系列标准	0.25、0.60、1.00、1.60、2.50、4.00、6.30、10.00、16.00、25.00	HG/T 20615 ～ 20635—2009《钢制管法兰、垫片、紧固件》系列标准	2.00、5.00、11.00、15.00、26.00、42.00
GB/T 9112～9123—2000《钢制管法兰》	0.25、0.60、1.00、1.60、2.50、4.00、6.30、10.00、16.00	GB/T 9112～9123《钢制管法兰》	2.00、5.00、10.00、15.00、26.00、42.00

我国 TSG 21—2016《固定式压力容器安全技术监察规程》提出压力容器优先推荐采用 HG/T 20592～20614—2009（欧洲体系）和 HG/T 20615～20635—2009（美洲体系）标准。它是一个内容完整、体系清晰、适合国情，并与国际接轨的《钢制管法兰、垫片、紧固件》系列标准。这里仅对《钢制管法兰》（HG/T 20592—2009）和《板式平焊钢制管法兰》（HG/T 20593—2009）标准作简要的介绍。

① 该标准通用的公称压力等级见表 5-9。

表 5-9　管法兰的公称压力（PN）等级

PN/MPa	0.25(2.5)	0.6(6.0)	1.0(10)	1.6(16)
	2.5(25)	4.0(40)	6.3(63)	10(100)
	16(160)			

② 管法兰与钢管的公称直径（通径）和钢管外径系列见表 5-10，此表中钢管外径包括 A、B 两个系列：A 为国际通用系列（即英制管），B 为国内沿用系列（即公制管）。

表 5-10　管法兰与钢管公称直径及钢管外径（HG/T 20592—2009）　单位：mm

公称尺寸 DN		10	15	20	25	32	40	50	65	80
钢管外径	A	17.2	21.3	26.9	33.7	42.4	48.3	60.3	76.1	88.9
	B	14	18	25	32	38	45	57	76	89
公称尺寸 DN		100	125	150	200	250	300	350	400	450	500
钢管外径	A	114.3	139.7	168.3	219.1	273	323.9	355.6	406.4	457	508
	B	108	133	159	219	273	325	377	426	480	530
公称尺寸 DN		600	700	800	900	1000	1200	1400	1600	1800	2000
钢管外径	A	610	711	813	914	1016	1219	1422	1626	1829	2032
	B	630	720	820	920	1020	1220	1420	1620	1820	2020

该标准的法兰类型和密封面型式见图 5-16 和图 5-17。各种类型法兰的密封面型式及其适用范围见表 5-11，密封面型式及其代号见表 5-12，法兰类型代号见表 5-13。

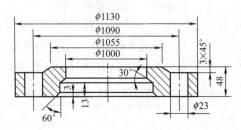

图 5-16 法兰

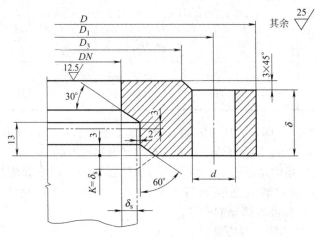

图 5-17 密封面

表 5-11 各种类型法兰的密封面型式及其适用范围

法 兰 类 型	密封面型式	公称压力 PN/MPa								
		2.5	6	10	16	25	40	63	100	160
板式平焊法兰(PL)	突面(RF)	$DN10\sim$ 2000	$DN10\sim600$				—			
	全平面(FF)	$DN10\sim$ 2000	$DN10\sim600$				—			
带颈平焊法兰(SO)	突面(RF)	—	$DN10\sim$ 300	$DN10\sim$ 600			—			
	凹面(FM) 凸面(M)	—		$DN10\sim$ 600			—			
	榫面(T) 槽面(G)	—		$DN10\sim$ 600			—			
	全平面(FF)	—	$DN10\sim$ 300	$DN10\sim$ 600			—			
带颈对焊法兰(WN)	突面(RF)	—	$DN10\sim$ 2000			$DN10\sim$ 600		$DN10\sim$ 400	$DN10\sim$ 350	$DN10\sim$ 300
	凹面(FM) 凸面(M)	—		$DN10\sim$ 600				$DN10\sim$ 400	$DN10\sim$ 350	$DN10\sim$ 300
	榫面(T) 槽面(G)	—		$DN10\sim$ 600				$DN10\sim$ 400	$DN10\sim$ 350	$DN10\sim$ 300
	全平面(FF)	—	$DN10\sim$ 2000				—			
	环连接面(RJ)		—					$DN15\sim$ 400		$DN15\sim$ 300

法兰类型	密封面型式	公称压力 PN/MPa								
		2.5	6	10	16	25	40	63	100	160
整体法兰(IF)	突面(RF)	—	DN10~2000			DN10~1200	DN10~600	DN10~400		DN10~300
	凹面(FM)凸面(M)	—		DN10~600				DN10~400		DN10~300
	榫面(T)槽面(G)	—		DN10~600				DN10~400		DN10~300
	全平面(FF)	—	DN10~2000			—				
	环连接面(RJ)	—						DN15~400		DN15~300
承插焊法兰(SW)	突面(RF)	—		DN10~50						—
	凹面(FM)凸面(M)	—		DN10~50						—
	榫面(T)槽面(G)	—		DN10~50						—
螺纹法兰(Th)	突面(RF)	—	DN10~150			—				
	全平面(FF)	—	DN10~150			—				
对焊环松套法兰(PJ/SE)	突面(RF)	—	DN10~600				—			
平焊环松套法兰(PJ/RJ)	突面(RF)	—	DN10~600			—				
	凹面(FM)凸面(M)	—		DN10~600			—			
	榫面(T)槽面(G)	—		DN10~600			—			
法兰盖(BL)	突面(RF)	DN10~2000		DN10~1200		DN10~600		DN10~400		DN10~300
	凹面(FM)凸面(M)	—		DN10~600				DN10~400		DN10~300
	榫面(T)槽面(G)	—		DN10~600				DN10~400		DN10~300
	全平面(FF)	DN10~2000		DN10~1200		—				
	环连接面(RJ)	—						DN15~400		DN15~300
衬里法兰盖[BL(S)]	突面(RF)	—		DN40~600				—		
	凸面(M)	—		DN40~600				—		
	槽面(T)	—		DN40~600				—		

表 5-12　管法兰密封面型式及其代号

密封面型式	突面	凹面	凸面	榫面	槽面	全平面	环连接面
代号	RF	FM	M	T	G	FF	RJ

表 5-13　法兰类型代号

法兰类型	法兰类型代号	法兰类型	法兰类型代号
板式平焊法兰	PL	带颈平焊法兰	SO
带颈对焊法兰	WN	整体法兰	IF
承插焊法兰	SW	螺纹法兰	Th
对焊环松套法兰	PJ/SE	平焊环松套法兰	PJ/RJ
法兰盖	BL	衬里法兰盖	BL(S)

第二节　容器支座

容器的支座是用来支承其重量，并使其固定在一定的位置上的。在某些场合下支座还要承受操作时的振动或地震载荷。如果设备放置在室外，支座还要承受风载荷。

容器支座的结构型式很多，根据容器的型式，支座的型式基本上可以分成两大类，即卧式容器支座和立式容器支座。

现执行标准 JB/T 4712.1～4712.4—2007《容器支座》。

一、立式容器支座

立式容器支座主要有耳式支座（又称悬挂式支座）、支承式支座和裙式支座三种。小型直立容器常采用前两种支座，高大的塔设备则多采用裙式支座。

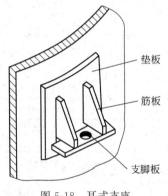

图 5-18　耳式支座

1. 耳式支座结构

耳式支座由筋板和支脚板组成，见图 5-18，广泛用在反应釜及立式换热器等直立设备上。它的优点是简单、轻便，但对器壁会产生较大的局部应力。

当设备较大或器壁较薄时，应在支座与器壁间加一垫板。对于不锈钢制设备，用碳钢作支座时，为防止器壁与支座在焊接过程中不锈钢中合金元素的流失，也需在支座与器壁间加一个不锈钢垫板。因此耳式支座分带垫板和不带垫板两种。

按筋板宽度的不同，耳式支座还分为 A 型（短臂）、B 型（长臂）和 C 型（加长臂）三类，每类又有带垫板和不带垫板的两种，不带垫板的分别以 AN、BN 和 CN 表示。

图 5-19 和表 5-14 给出了 A 型、AN 型耳式支座的结构及系列参数与尺寸。

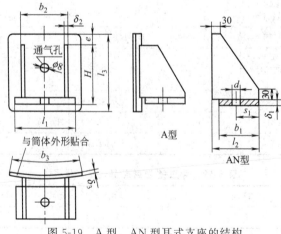

图 5-19　A 型、AN 型耳式支座的结构

B 型耳式支座有较宽的安装尺寸，当设备外面有保温层或者将设备直接放在楼板上时，宜采用 B 型耳式支座。

B 型和 BN 型耳式支座的结构及系列参数与尺寸见图 5-20 和表 5-15。

C 型和 CN 型为加长臂耳式支座，C 型和 CN 型耳座系列分 C-1～C-8，并带有盖板；C-3 型以上的支座采用两个螺栓与基础相连。

耳式支座结构形式特征见表 5-16。

表 5-14 A 型、AN 型耳式支座系列参数与尺寸

支座号	支座本体允许载荷 Q/kN	适用容器公称直径 DN/mm	高度 H/mm	底板				筋板			垫板				地脚螺栓	支座质量/kg	
				l_1/mm	b_1/mm	δ_1/mm	s_1/mm	l_2/mm	b_2/mm	δ_2/mm	l_3/mm	b_3/mm	δ_3/mm	e/mm	d/mm 规格	A 型	AN 型
1	10	300～600	125	100	60	6	30	80	80	4	160	125	6	20	24 M20	1.7	0.7
2	20	500～1000	160	125	80	8	40	100	100	5	200	160	6	24	24 M20	3.0	1.5
3	30	700～1400	200	160	105	10	50	125	125	6	250	200	8	30	30 M24	6.0	2.8
4	60	1000～2000	250	200	140	14	70	160	160	8	315	250	8	40	30 M24	11.1	—
5	100	1300～2600	320	250	180	16	90	200	200	10	400	320	10	48	30 M24	21.6	—
6	150	1500～3000	400	315	230	20	115	250	250	12	500	400	12	60	36 M30	40.8	—
7	200	1700～3400	480	375	280	22	130	300	300	14	600	480	14	70	36 M30	67.3	—
8	250	2000～4000	600	480	360	26	145	380	380	16	720	600	16	72	36 M30	120.4	—

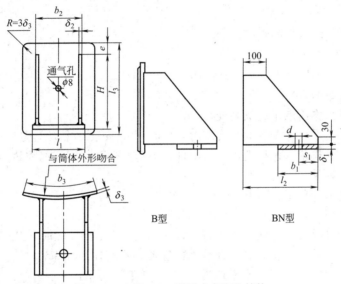

图 5-20 B 型、BN 型耳式支座的结构

表 5-15 B 型、BN 型耳式支座系列参数与尺寸

支座号	支座本体允许载荷 Q/kN	适用容器公称直径 DN/mm	高度 H/mm	底板				筋板			垫板				地脚螺栓	支座质量/kg	
				l_1/mm	b_1/mm	δ_1/mm	s_1/mm	l_2/mm	b_2/mm	δ_2/mm	l_3/mm	b_3/mm	δ_3/mm	e/mm	d/mm 规格	B 型	BN 型
1	10	300～600	125	100	60	6	30	160	80	5	160	125	6	20	24 M20	2.5	1.6
2	20	500～1000	160	125	80	8	40	180	100	6	200	160	6	24	24 M20	4.3	2.8
3	30	700～1400	200	160	105	10	50	205	125	8	250	200	8	30	30 M24	8.3	5.2
4	60	1000～2000	250	200	140	14	70	290	160	10	315	250	8	40	30 M24	15.7	—
5	100	1300～2600	320	250	180	16	90	330	200	12	400	320	10	48	30 M24	28.7	—
6	150	1500～3000	400	315	230	20	115	380	250	14	500	400	12	60	36 M30	51.8	—
7	200	1700～3400	480	375	280	22	130	430	300	16	600	480	14	70	36 M30	81.5	—
8	250	2000～4000	600	480	360	26	145	510	380	18	720	600	16	72	36 M30	140.8	—

注：A 型、B 型耳式支座的垫板厚度一般与圆筒厚度相等，也可根据实际需要确定。

表 5-16 耳式支座结构形式特征

类 型	支 座 号	适用公称直径/mm	结构特征
A	1~8		短臂、带垫板
AN	1~3	DN300~4000	短臂、不带垫板
B	1~8		长臂、带垫板
BN	1~3		长臂、不带垫板

2. 耳式支座的选用

按标准规定，耳式支座的选用根据公称直径 DN 及估算的每个支座承受的 Q 值预选一标准支座，然后计算支座承受的实际载荷 Q，并使 $Q<[Q]$。$[Q]$ 为支座本体允许载荷，单位为 kN，其值由表 5-14 或表 5-15 查得。一般情况下还应校核支座处圈筒所受的支座弯矩 M_L，并使 $M_L \leqslant [M_L]$，具体校核方法参见参考文献 [18]。

3. 耳式支座实际承受载荷的近似计算

耳式支座实际承受载荷可按下式近似计算：

$$Q = \left[\frac{m_0 g + G_e}{kn} + \frac{4(Ph + G_e S_e)}{nD} \right] \times 10^{-3}$$

式中　Q——支座实际承受的载荷，kN；

D——支座安装尺寸，mm；

g——重力加速度，取 $g = 9.8 \text{m/s}^2$；

G_e——偏心载荷，N；

h——水平力作用点至底板高度，mm；

k——不均匀系数，安装 3 个支座时，取 $k=1$，安装 3 个以上支座时，取 $k=0.83$；

m_0——设备总质量（包括壳体及其附件，内部介质及保温层的质量），kg；

n——支座数量；

P——水平力，取 P_w 和 P_e 的大值，N；

S_e——偏心距，mm。

当容器高径比不大于 5，且总高度 H_0（图 5-21）不大于 10m 时，P_e 和 P_w 可按下式计算，超出此范围的容器不推荐使用耳座。

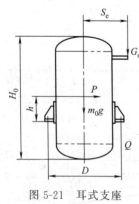

图 5-21 耳式支座

水平地震力：　　　　$P_e = 0.5 \alpha_e m_0 g$

式中　α_e——地震系数，对 7 级、8 级、9 级地震分别取 0.23、0.45、0.90。

水平风载荷：$P_w = 0.95 f_i q_0 D_0 H_0 \times 10^{-6}$

式中　D_0——容器外径，mm，有保温层时取保温层外径；

f_i——风压高度变化系数，按设备质心所处高度取；

H_0——容器总高度，mm；

q_0——10m 高度处的基本风压值，N/m²。

4. 耳式支座的标记方法

①标准号；②支座类型；③支座型号；④支座号。

如 A 型，不带垫板，3 号耳式支座，支座材料为 Q235AF，标记为：JB/T 4712.3—2007 耳座 AN3，材料 Q235AF。

二、卧式容器支座

卧式容器的支座有三种：鞍座、圈座和支腿。

常见的卧式容器和大型卧式储槽、热交换器等多采用鞍座，如图 5-22 所示。这是应用最广泛的一种卧式容器支座。但对大直径薄壁容器和真空操作的容器，或支承数多于两个时，采用圈式支座比采用鞍式支座受力情况更好些，而支腿支承一般只适用于小直径的容器。

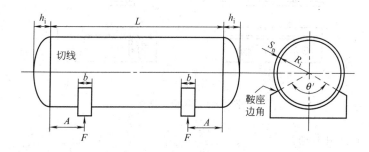

图 5-22　卧式容器的支座

置于支座上的卧式容器，其情况和梁相似，在材料力学中曾学到：对于具有一定几何尺寸和承受一定载荷的梁来说，如果各支承点的水平高度相同，则采用多支承比采用双支承好，因前者在梁内产生的应力小。但是具体情况必须具体分析，对于大型卧式容器，当采用多支座时，如果各支座的水平高度有差异，或地基有不均匀的沉陷，或筒体不直不圆等，则各支座的反力就要重新分配，这就可能使筒体的局部应力大为增加，因而体现不出多支座的优点，故对于卧式容器最好是采用双支座。

设备受热会伸长，如果不允许设备有自由伸长的可能性，则在器壁中将产生热应力。如果设备在操作与安装时的温度相差很大，可能由于热应力而导致设备的破坏。因此在操作时，对要加热的设备，总是将一个支座做成固定式的，另一个做成活动式的，使设备与支座间可以有相对的位移。

活动式支座有滑动式的和滚动式的两种。滑动式的如图 5-22 所示，支座与器身固定，而支座能在基础面上自由滑动。这种结构简单，较易制造，但支座与基础面之间的摩擦力很大，有时螺栓因年久而锈住，支座也就无法活动。图 5-23 所示是滚动式支座，支座本身固定在设备上，而支座与基础间装有滚子，这种支座移动时摩擦力很小，但造价较高。

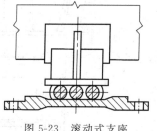

图 5-23　滚动式支座

1. 双鞍式支座的结构与标准

双鞍式支座见图 5-24，它由横向直立筋板、轴向直立筋板和底板焊接而成。在与设备筒体连接处，有带加强垫板和不带加强垫板的两种结构，图 5-23 所示为带加强垫板结构。加强垫板的材料应与设备壳体材料相同。鞍座的材料（加强垫板除外）一般为 Q235AF，如需要使用其他材料，垫板材料一般应与容器圆筒材料相同。

鞍座的底板尺寸应保证基础的水泥面不被压坏。根据底板上螺栓孔形状的不同，每种形式的鞍座又分为 F 型（固定支座）和 S 型（活动支座），F 型和 S 型底板的各部尺寸，除地脚螺栓孔外，其余均相同。在一台容器上，F、S 型总是配对使用。活动支座的螺栓采用长圆形地脚螺栓，采用两个螺母，第一个螺母拧紧后倒退一圈，然后用第二个螺母锁紧，以使

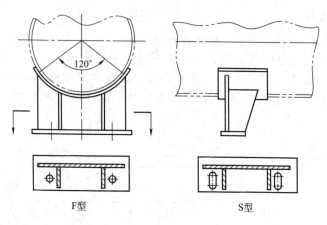

图 5-24 双鞍式支座

鞍座能在基础面上自由滑动。

鞍座标准分为轻型（A）和重型（B）两大类，重型又分为 BI～BV 五种型号。

图 5-25 和表 5-17 给出了轻型（A）$DN1000～2000$mm 带垫板、包角为 120°的鞍座结构和参数尺寸。图 5-26 和表 5-18 给出了重型（BI型）$DN1000～2000$mm 带垫板、包角为 120°的鞍座结构与尺寸。

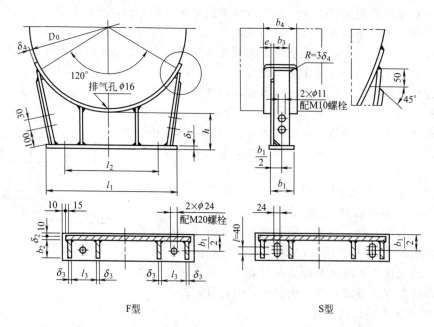

图 5-25 轻型（A）$DN1000～2000$mm 带垫板、包角为 120°的鞍座结构

采用双鞍座时，圆柱形筒体的端部切线与鞍座中心线间的距离 A（图 5-27）可按下述原则确定。

当筒体 L/D 较小，S/D 较大，或在鞍座所在平面内有加强圈时，取 $A < 0.2L$。

当筒体的 L/D 较大，且在鞍座所在平面内又无加强圈时，取 $A < D_0/4$，且 A 不宜大于 $0.2L$。当需要时，A 最大不得大于 $0.25L$。

鞍式支座选用说明如下。

表 5-17 轻型（A）DN1000～2000mm 带垫板、包角为 120°的鞍座尺寸

公称直径 DN /mm	允许载荷 Q /kN	鞍座高度 h /mm	底板 l_1 /mm	底板 b_1 /mm	底板 δ_1 /mm	腹板 δ_2 /mm	筋板 l_3 /mm	筋板 b_2 /mm	筋板 b_3 /mm	筋板 δ_3 /mm	垫板 弧长 /mm	垫板 b_4 /mm	垫板 δ_4 /mm	垫板 e /mm	螺栓间距 l_2 /mm	鞍座质量 /kg	增加 100mm 高度增加的质量 /kg
1000	143		760				170				1180				600	44	7
1100	145		820			6	185				1290				660	48	7
1200	147	200	880	170	10		200	140	180	6	1410	270	6		720	52	7
1300	158		940				215				1520				780	60	9
1400	160		1000				230				1640				840	64	9
1500	272		1060			8	242				1760			40	900	101	12
1600	275		1120	200			257	170	230		1870	320			960	107	12
1700	278	250	1200				277			8	1990				1010	113	12
1800	295		1280		12		296				2100		8		1120	137	16
1900	298		1360	220		10	316	190	260		2220	350			1200	145	16
2000	300		1420				331				2330				1260	152	17

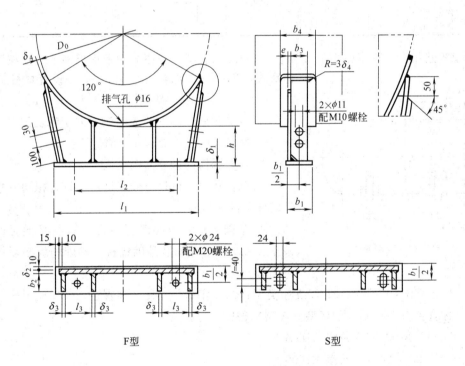

图 5-26 重型（B I 型）DN1000～2000mm 带垫板、包角为 120°的鞍座结构

① 标准高度下鞍式支座的允许载荷按表 5-17 和表 5-18 中规定。在标准系列中鞍式支座有 200mm、300mm、400mm、500mm 四种规格，但可根据要求改变。当鞍座高度增加时，其允许载荷随之降低，可参照相关资料确定。

② 根据鞍座实际承载的大小，确定选用轻型（A 型）或重型（B I、B II、B III、B IV、B V 型）鞍座，根据容器圆筒强度确定选用 120°包角或 150°包角的鞍座。

表5-18　重型（BⅠ型）DN1000～2000mm带垫板、包角为120°的鞍座尺寸

公称直径 DN /mm	允许载荷 Q /kN	鞍座高度 h /mm	底板 l_1 /mm	底板 b_1 /mm	底板 δ_1 /mm	腹板 δ_2 /mm	筋板 l_3 /mm	筋板 b_2 /mm	筋板 b_3 /mm	筋板 δ_3 /mm	垫板 弧长 /mm	垫板 b_4 /mm	垫板 δ_4 /mm	垫板 e /mm	螺栓间距 l_2 /mm	鞍座质量 /kg	增加100mm高度增加的质量 /kg
1000	307		760				170				1180				600	57	9
1100	312		820			8	185			8	1290				660	62	9
1200	562	200	880	170	12		200	140	180		1410	270	8		720	80	12
1300	571		940			10	215			10	1520				780	86	12
1400	579		1000				230				1640				840	92	13
1500	786		1060				242				1760			40	900	138	17
1600	796		1120	200		12	257	170	230		1870	320			960	146	18
1700	809	250	1200				277				1990				1040	155	19
1800	856		1280		16		296			12	2100		10		1120	185	22
1900	867		1360	220		14	316	190	260		2220	350			1200	195	23
2000	875		1420				331				2330				1260	205	24

③ 垫板选用：公称直径小于或等于900mm的容器，鞍座分为带垫板和不带垫板两种结构形式，当符合下列条件之一时，必须设置垫板。

a. 容器圆筒有效壁厚小于或等于3mm时。

b. 容器圆筒鞍座处的周向应力大于规定值时。

c. 容器圆筒有热处理要求时。

d. 容器圆筒与鞍座间温差大于200℃时。

e. 当容器圆筒材料与鞍座材料不具有相同或相近化学成分和性能指标时。

④ 基础垫板：当容器基础为钢筋混凝土时，滑动鞍座底板下面必须安装基础垫板，基础垫板必须保持平整光滑。

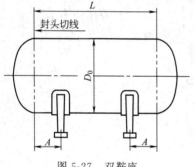

图 5-27　双鞍座

鞍座标记方法：①标准号；②支座类型；③支座型号；④公称直径；⑤支座形式。

如公称直径为1600mm的轻型（A型）鞍座，标记为：

JB/T 4712.1—2007　鞍座 A1600-F

JB/T 4712.1—2007　鞍座 A1600-S

2. 圈式支座

圈座适用的范围是：因自身重而可能造成严重挠曲的薄壁容器；支承数多于两个支承的长容器。圈座的结构如图5-28所示。

3. 支腿

支腿的结构及类型如图5-29、图5-30所示，这种支座由于其在与容器壁连接处会造成严重的局部应力，故只适用于小型容器。

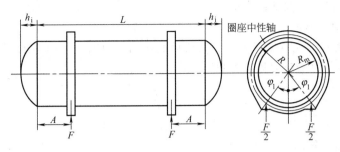

图 5-28　圈座的结构

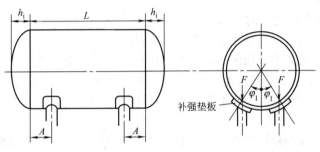

图 5-29　支腿的结构

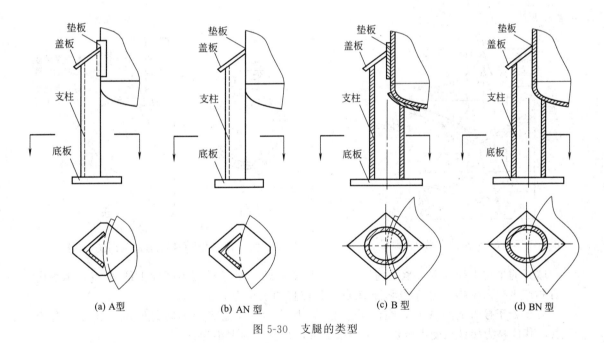

(a) A型　　　　　　(b) AN型　　　　　　(c) B型　　　　　　(d) BN型

图 5-30　支腿的类型

第三节　容器的开孔补强

一、开孔应力集中现象及其原因

由于各种工艺、结构、操作、维护检修等方面的要求，需要在压力容器上和封头上开孔或安装接管，例如人孔、手孔、介质的出入口等。容器开孔之后，由于器壁金属的连续性受到破坏，在孔边附近的局部地区，应力会急剧增加。这种局部的应力增长现象，称为"应力集中"。在应力集中区域的最大应力值，称为"应力峰值"。

图 5-31 所示为一球壳（未经补强）接管后的实测应力曲线。图中 K 为实际应力与球壳薄膜应力的比值，称为"应力集中系数"。

$$K = \frac{\sigma_{实际}}{\dfrac{PR}{2S}}$$

式中　　P——内压，MPa；

$\qquad$ R——球壳平均半径，mm；

$\qquad$ S——球壳厚度，mm；

$\sigma_{实际}$——球壳或其接管中的实际应力，MPa。

工程上一般用应力集中系数来表示应力集中程度。

引起开孔附近应力集中现象的基本原因是结构的连续性被破坏，在开口接管处，壳体和接管的变形不一致。为了使二者在连接之后的变形协调一致，连接处便产生了附加的内力，主要是附加弯矩。由此产生的附加弯曲应力，便形成了连接处局部地区的应力集中。

下面以带有接管的球壳为例，对连接处的变形和内力加以简要的分析，如图 5-32 所示。

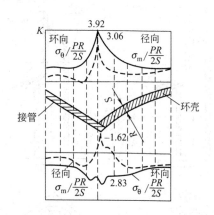

图 5-31　球壳接管后的实测应力曲线

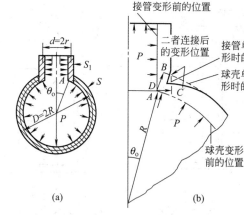

图 5-32　壳体和接管连接处的变形分析

球壳的平均半径为 R，承受内压后，变为 $R+\Delta R$。处于球壳中间面上的 A 点，承受内压后亦产生径向位移，由 A 点移至 B 点，其位移的大小为 Δ_{AB}。

对于处于接管上的 A 点，在内压作用下，则产生沿接管半径方向的位移，由 A 点移至 C 点，其位移为接管承受内压后的半径增加量，其位移的大小为 Δ_{AC}。

可以发现：对于同处在球壳和接管上的 A 点，其位移的大小和方向都是不一致的。Δ_{AB} 沿着球壳的半径方向位移，既非垂直，又非水平；而 Δ_{AC} 则为水平方向位移。

二者连成一体后，必须保证变形协调，因此，A 点既不能移至 B 点，也不能移至 C 点，而必须是两点之间的某一点，例如 D 点，见图 5-32（b）。这就相当于将球壳上的 B 点和接管上的 C 点，都拉到 D 点，从而使二者连在一起，于是，在连接处，无论是球壳还是接管都产生了弯曲变形，也产生了局部弯曲应力。

上述连接点处的弯曲变形和边界效应一样，也具有局部的性质，即只在连接处附近地区发生，离开连接处稍远处，弯曲变形与弯曲应力很快衰减并趋于消失。

由于壳体与接管都是用塑性良好的材料制造的，如果介质压力平稳，开孔边缘处的应力峰值即使很大，对容器的安全使用也不会造成太大的影响。因为金属材料可以借助少量的塑性变形使应力的增长达到材料的屈服极限时即告终止，而少量的塑性变形并不会造成容器的失效。但是若容器需频繁开车、停车，容器内的压力有较大的波动或有周期性的变化时，应力集中对容器安全使用的影响就不能忽视了。因为反复的塑性变形将导致材料硬化，并产生微小裂纹。这些微小裂纹又会在交变应力反复作用下不断扩展，最终导致容器出现破裂。

二、开孔补强设计的原则与补强结构

1. 补强设计原则

（1）等面积补强法的设计原则　这种补强方法是世界各国沿用较久的一种方法，其设计计算较为复杂，且偏于保守。但经验证明其补强结果比较安全可靠，因此迄今仍然得到广泛应用。

这种补强方法规定局部补强的金属截面积必须等于或大于开孔所减去的壳体截面积，其含义在于补强壳壁的平均强度，用与开孔等截面的外加金属来补偿被削弱的壳壁强度。但是，这种补强方法并不能完全解决应力集中问题，当补强金属集中于开孔接管的根部时，补强效果良好；当补强金属比较分散时，即使 100% 等面积补强，仍不能有效地降低应力集中系数。

（2）塑性失效补强原则　这是一种极限设计的方法，同时又考虑到结构的安定性。其基本点是：开孔容器在接管处达到全域塑性时的极限压力应等于无孔壳体的屈服压力；同时，按弹性计算的最大应力应不超过 $2\sigma_s$，即

$$\sigma_{max} = 2\sigma_s$$

$$\sigma_s = 1.5[\sigma]$$

$$\sigma_{max} = 3.0[\sigma]$$

该式表明：如果将薄膜应力控制在许用应力以下，那么应力集中区的最大应力集中系数允许达到 3.0。应该指出，这种补强方法只允许采用整体锻件补强结构。

2. 补强形式

目前采用的补强形式主要有：①内加强平齐接管；②外加强平齐接管；③对称加强凸出接管；④密集补强，如图 5-33 所示。

理论和实验研究结果表明，从强度角度看，密集补强最好，对称加强凸出接管次之，内加强平齐接管第三，外加强平齐接管效果最差。

3. 补强结构

（1）补强圈补强结构　以补强圈作为补强金属部分焊接在壳体与接管连接处。如图 5-34（a）所示。补强圈的材料一般与器壁的材料相同。补强圈与被补强的器壁之间要很好地焊接，使其与器壁能同时受力，否则起不到补强的作用。

在这种搭板焊接结构中，补强金属板与壳体或接管金属之间存在一层静气隙，传热效果差，致使二者温差与热膨胀差较大，在补强的局部地区往往会产生较大的热应力，因而抗疲劳的能力差。所以，补强圈补强结构只适用于一般中低压容器。

（2）加强元件补强结构　加强元件补强结构是将接管或壳体开孔附近需要加强的部分做成加强元件，然后再与接管和壳体焊接在一起，如图 5-34（b）～（e）所示。

（3）整体补强结构　这种补强结构是增加壳体的壁厚，或用全焊透的结构形式将厚壁接

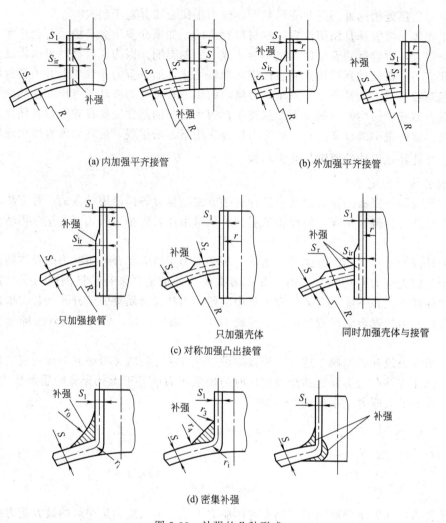

(a) 内加强平齐接管　　　　(b) 外加强平齐接管

只加强接管　　只加强壳体　　同时加强壳体与接管

(c) 对称加强凸出接管

(d) 密集补强

图 5-33　补强的几种形式

管或整体补强锻件与壳体相焊，如图 5-34 (f)、(g) 所示。

4. 等面积补强法的设计

等面积补强设计就是：由于开孔，壳体承受应力所必需的金属截面积被削去多少，就必须在开孔周围的补强范围内补回同样面积的金属截面。

（1）开孔有效补强范围的计算

$$\left.\begin{array}{l} B = 2d \\ B = d + 2S_n + 2S_{nt} \end{array}\right\}\text{取二者中较大值}$$

式中　B——有效宽度。

$$\left.\begin{array}{l} H_1 = \sqrt{dS_{nt}} \\ H_1 = \text{接管实际外伸高度} \end{array}\right\}\text{取二者中较小值}$$

式中　H_1——外侧有效高度。

$$\left.\begin{array}{l} H_2 = \sqrt{dS_{nt}} \\ H_2 = \text{接管实际外伸高度} \end{array}\right\}\text{取二者中较小值}$$

式中　H_2——内侧有效高度。

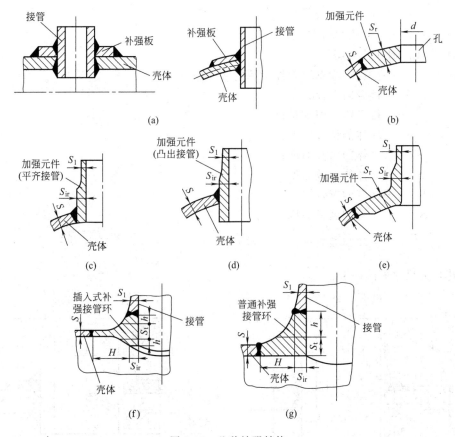

图 5-34 几种补强结构

（2）补强面积的计算

$$A = dS$$

$$D = d_i + 2C_t$$

式中 A——在开孔有效补强范围内需要补强的金属截面面积。

在开孔有效补强范围内，可作为有效补强的金属截面积按下式计算：

$$A_1 + A_2 + A_3 = A_e$$

从原设计压力考虑，壳体厚度只需要 S，但实际的有效厚度为 S_e，所以 $S_e - S$ 是多余的厚度，在开孔有效补强范围内的截面面积为：

$$A_1 = (B - d)(S_e - S)$$

接管承受设计压力所需厚度为 S_t，但实际的有效厚度为 S_{nt}，所以在 H_1 范围内多余的管壁截面面积是 $2H_1(S_{nt} - S_t)f_r$；在 H_2 范围内管壁没有承受压力，所以除接管的厚度附加外都是多余厚度，于是在 H_2 范围内多余管壁金属截面面积为 $2H_2(S_{et} - C_2)f_r$。

于是：

$$A_2 = 2H_1(S_{nt} - S_t)f_r + 2H_2(S_{et} - C_2)f_r$$

以上这三块多余的金属截面均可作为补强金属使用，不足部分再用补强金属补足，于是需要补强的金属截面面积应该是 A_s：

$$A_s = A - A_e = A - (A_1 + A_2 + A_3)$$

若 $A > A_e$，则开孔需另加补强；

若 $A \leqslant A_e$，则开孔不需另加补强。

上述各式中　d——去掉接管壁厚附加量后的接管内直径；

d_i——接管内直径；

C_t——接管壁厚附加量；

S——壳体的计算厚度；

S_n——壳体的名义厚度；

S_e——壳体的有效厚度；

S_{et}——接管的有效厚度；

S_{nt}——接管的名义厚度；

f_r——金属削弱系数，$f_r = \dfrac{[\sigma]}{[\sigma]^t}$。

上述相关尺寸见图 5-35。

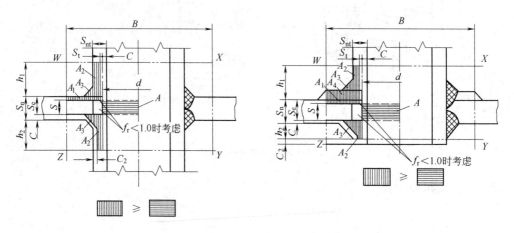

图 5-35　有效补强范围

以上讨论的补强面积的计算仅限于单个开孔所用的补强结构，当有多个开孔，且相邻开孔的中心距小于两孔平均直径的两倍时，应按塑性失效补强原则进行计算。

（3）容器上开孔及补强的有关规定

① 开孔尺寸的限制见表 5-19。

表 5-19　容器上开孔尺寸的限制

开 孔 部 位	允 许 开 孔 孔 径
筒体	$D_i \leqslant 1500$mm 时，$d \leqslant \dfrac{D_i}{2}$，且不大于 520mm
	$D_i > 1500$mm 时，$d \leqslant \dfrac{D_i}{3}$，且不大于 1000mm
凸形封头 平板形封头	$d \leqslant \dfrac{D_i}{2}$
锥形封头	$d \leqslant \dfrac{D_k}{3}$（$D_k$ 为开孔中心处锥体内直径）

② 尽量不要在焊缝上开孔，如果必须在焊缝上开孔时，则在开孔周围必须进行 100％的

探伤。

③ 在椭圆形或碟形封头过渡部分开孔时，其孔的中心线宜垂直于封头表面。

（4）壳体上开孔满足下述全部条件时，可以不另行补强

① 设计压力不大于 2.5MPa。

② 相邻开孔的中心距（对曲面间距以弧长计算）不小于两孔直径之和的两倍。

③ 接管公称外径小于或等于 89mm。

④ 不补强接管的外径及其最小壁厚符合表 5-20 的规定。

表 5-20　允许不另行补强的接管的外径与最小壁厚　　　　　单位：mm

接管的外径	25	32	38	45	48	57	65	76	89
最小壁厚	3.5	3.5	3.5	4.0	4.0	5.0	5.0	6.0	6.0

第四节　容器附件

一、接口管

为了连接其他设备和输送介质的管道以及装置测量、控制仪表等，在化工设备上要装设必要的接口管。

管道的连接方法主要有螺纹连接、焊接、法兰连接、承插连接四种。焊接设备的接口管如图 5-36（a）所示。图 5-36（b）所示为铸造设备的接口管。图 5-36（c）所示为螺纹接口管，主要用于连接温度计、压力表和液面计。

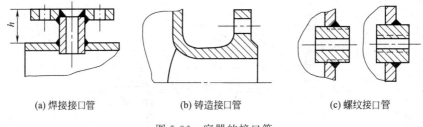

(a) 焊接接口管　　　　　(b) 铸造接口管　　　　　(c) 螺纹接口管

图 5-36　容器的接口管

接口管长度参照表 5-21 确定。

表 5-21　接口管长度

公称直径 DN/mm	不保温接口管长度/mm	保温接口管长度/mm	适用公称压力/MPa
≤15	80	130	≤4.0
20～50	150	150	≤1.6
70～350	150	200	≤1.6
70～500			≤1.0

二、凸缘

当接管长度必须很短时，可用凸缘（又叫突出接口）来代替，设备上的凸缘按其与外部零部件连接方式来区分，有通过法兰连接的法兰凸缘和利用螺纹连接的管螺纹凸缘两种。图 5-37 所示为法兰凸缘。凸缘本身具有加强开孔的作用，不需再另外补强。缺点是当螺栓折

断在螺栓孔中时，取出较困难。

由于凸缘与管道法兰配用，因此它的连接尺寸应根据所选用的管法兰来确定。

三、手孔与人孔

手孔和人孔的作用是检查设备的内部空间以及便于安装和拆卸设备的内部构件。

标准手孔的公称直径有 $DN150mm$ 和 $DN250mm$ 两种。手孔的结构一般是在容器上接一短管，并在其上盖一盲板。图 5-38 所示为常压手孔。

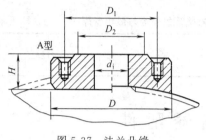

图 5-37 法兰凸缘

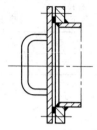

图 5-38 常压手孔

当设备的直径超过 $900mm$ 时，应开设人孔。人孔的形状有圆形和椭圆形两种。椭圆形人孔的短轴应与受压容器的筒身轴线平行。圆形人孔的直径一般为 $400mm$，容器压力不高或有特殊需要时，直径可以大一些，圆形标准人孔的公称直径有 $DN400mm$、$DN450mm$、$DN500mm$ 和 $DN600mm$ 四种。椭圆形人孔（或称长圆形人孔）的最小尺寸为 $400mm \times 300mm$。

容器在使用过程中，人孔需要经常打开时，可选用快开式结构人孔。图 5-39 所示是一种回转盖快开人孔的结构。

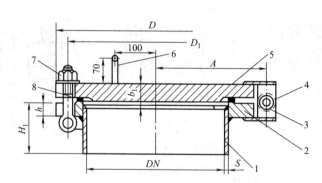

图 5-39 回转盖快开人孔的结构

1—人孔接管；2—法兰；3—回转盖连接板；4—销钉；5—人孔盖；6—手柄；
7—可回转的连接螺栓；8—密封垫片

根据设备的公称压力、工作温度以及所用材料的不同，手孔和人孔均已制定出多种类型的定型结构标准。设计时可以依据设计条件直接选用。常用的人孔、手孔标准有《钢制人孔和手孔》（HG/T 21514～21535—2014），《不锈钢人、手孔》（HG 21594～21604—2014）等。

四、视镜

视镜除了用来观察设备内部情况外，也可用作物料液面指示镜。

图 5-40 所示为用凸缘构成的视镜，其结构简单，有比较广泛的视察范围，其标准结构可以用到 $0.6MPa$。

当视镜需要斜装，或设备直径较小时，则需采用带颈视镜，如图 5-41 所示。

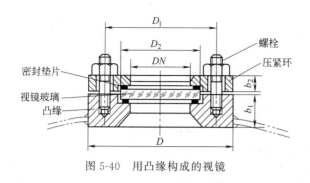

图 5-40 用凸缘构成的视镜

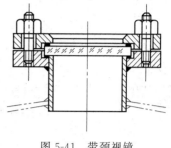

图 5-41 带颈视镜

第五节 容器设计举例

试设计一台液氨储罐。已知储罐内径 $D_i = 2600\text{mm}$，罐体（不包括封头）长度 $L = 4800\text{mm}$。使用地点：北京。

一、罐体壁厚设计

根据第二章选材所做的分析，本储罐选用 Q345R 制作罐体和封头。

壁厚计算：

$$S = \frac{P_c D_i}{2[\sigma]^t \vartheta - P_c}$$

本储罐在夏季最高温度按 50℃ 考虑，这时氨的饱和蒸气压为 2.07MPa（绝对压力），储罐上需要安装安全阀，故取 $P_c = 2.16\text{MPa}$。

$D_i = 2600\text{mm}$；$[\sigma]^t = 163\text{MPa}$；$\sigma_s = 325\text{MPa}$；

$\vartheta = 1.0$（双面焊对接接头，100％探伤）；取 $C_2 = 2\text{mm}$。

于是
$$S = \frac{2.16 \times 2600}{2 \times 163 \times 1.0 - 2.16} = 17.3 \ （\text{mm}）$$

$$S_d = S + C_2 = 17.3 + 2 = 19.3 \ （\text{mm}）$$

根据 $S_d = 19.3\text{mm}$，由表 3-7 查得 $C_1 = 0.25$，则：

$S_d + C_1 = 19.3 + 0.25 = 19.55$（mm），圆整后取 $S_n = 20\text{mm}$。

确定选用 $S_n = 20\text{mm}$ 厚的 Q345R 钢板制作罐体。

二、封头厚度设计

采用标准椭圆形封头。

厚度计算：

$$S = \frac{P_c D_i}{2[\sigma]^t \vartheta - 0.5 P_c}$$

式中，$\vartheta = 1.0$（钢板最大宽度为 3m，该储罐直径为 2.6m，故封头需将钢板并焊后冲压）；其他符号同前。

$$S = \frac{2.16 \times 2600}{2 \times 163 \times 1.0 - 0.5 \times 2.16} = 17.3 \ （\text{mm}）$$

同前，$C = 0.25 + C_2 = 2.25$（mm）。

故 $17.3 + C = 17.3 + 2.25 = 19.55$（mm）。

圆整后，取 $S_n = 20\text{mm}$。确定选用 $S_n = 20\text{mm}$ 厚的 Q345R 钢板制作封头。

校核罐体与封头水压试验强度。

根据式:

$$\sigma_T = \frac{P_T(D_i + S_e)}{2S_e} \leqslant 0.9\vartheta\sigma_s$$

式中, $P_T = 1.25P = 1.25 \times 2.16 = 2.7$ （MPa）。

$$S_e = S_n - C = 20 - 2.25 = 17.75 \text{ (mm)}$$

$$\sigma_s = 325 \text{ (MPa)}$$

则

$$\sigma_T = \frac{2.7 \times (2600 + 18.2)}{2 \times 18.2} = 194.2 \text{ (MPa)}$$

而

$$0.9\vartheta\sigma_s = 0.9 \times 1.0 \times 325 = 292.5 \text{ (MPa)}$$

可见 $\sigma_T < 0.9\vartheta\sigma_s$，所以水压强度足够。

三、鞍座

首先粗略计算鞍座负荷。

储罐质量: $\qquad m = m_1 + m_2 + m_3 + m_4$

式中 m_1——罐体质量;

m_2——封头质量;

m_3——液氨质量;

m_4——附件质量。

1. 罐体质量 m_1

$DN = 2600\text{mm}$, $S_n = 20\text{mm}$ 的筒节, $q_1 = 1290\text{kg/m}$, 所以:

$$m_1 = q_1 L = 1290 \times 4.8 = 6192 \text{ (kg)}$$

2. 封头质量 m_2

$DN = 2600\text{mm}$, $S_n = 20\text{mm}$, 直边高度 $h = 40\text{mm}$ 的标准椭圆形封头, 其质量 $m_2' = 1230\text{kg}$, 所以:

$$m_2 = 2m_2' = 2 \times 1230 = 2460 \text{ (kg)}$$

3. 液氨质量 m_3

$$m_3 = \alpha V \rho$$

式中 α——装量系数,《固定式压力容器安全技术监察规程》规定: 介质为液化气体的固定式压力容器, 装量系数一般取 0.7;

V——储罐容积, $V = V_{封} + V_{筒} = 2 \times 2.51 + 4.8 \times 5.309 = 5.02 + 25.5 = 30.52$ （m³）;

ρ——液氨在 -20℃时的密度, 为 665kg/m^3。

于是, $m_3 = 0.7 \times 30.52 \times 665 = 14207$ （kg）。

4. 附件质量 m_4

人孔质量约 200kg, 其他接管等质量总和按 300kg 计。于是, $m_4 = 500\text{kg}$。

设备总质量 $\qquad m = m_1 + m_2 + m_3 + m_4$

$$= 6192 + 2460 + 14207 + 500$$

$$= 23359 \text{ (kg)}$$

$$F = mg/2 = 23359 \times 9.81/2 = 114.6 \text{ (kN)}$$

每个鞍座只承受 114.6kN 负荷, 可以选用轻型带垫板、包角为 120° 的鞍座。即

JB/T 4712.1—2007 鞍座 A2600-F

JB/T 4712.1—2007 鞍座 A2600-S

四、人孔

　　根据储罐的设计温度、最高工作压力、材质、介质及使用要求等条件，选用公称压力 $PN=2.50\text{MPa}$ 的水平吊盖带颈对焊法兰人孔（HG/T 21524—2014），人孔公称直径选定为 $DN=450\text{mm}$。采用榫槽面密封面（TG 型）和石棉橡胶板垫片。人孔结构如图 5-42 所示，人孔各零件名称、数量、材料及尺寸见表 5-22。

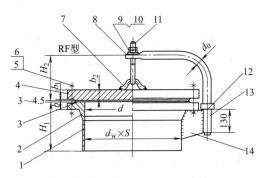

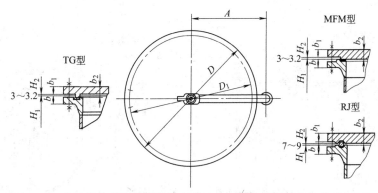

图 5-42　水平吊盖带颈对焊法兰人孔结构（图中零件号名称见表 5-22）

表 5-22　人孔各零件名称、数量、材料及尺寸表

件 号	标准号	名称	数量	材料	尺寸/mm
1		筒节	1	16MnR（Q345R）	$d_w \times \delta=480 \times 12, H_i=320$
2	HG/T 20592	法兰	1	16Mn II（锻件）	
3	HG/T 20606	垫片	1	石棉橡胶板	$\delta=3$（代号 A.G）
4	HG/T 20592	法兰盖	1	16MnR（Q345R）	$b_1=39, b_2=44$
5	HG/T 20613	螺柱	20	35CrMoA	M33×2×175
6	HG/T 20613	螺母	40	30CrMoA	M33
7		吊环	1	Q235B	
8		转臂	1	Q235B	$d_0=36$
9	GB/T 95	垫圈 20	1	100HV	
10	GB/T 41	螺母 M20	2	4 级	
11		吊钩	1	Q235B	
12		环	1	Q235B	
13		无缝钢管	1	20	
14		支承板	1	16MnR（Q345R）	

　　该水平吊盖带颈对焊法兰人孔的标记为：

　　人孔 TG Ⅷ（A.G）450-2.5 HG/T 21524—2014

五、人孔补强

人孔开孔补强采用补强圈结构，材质为 Q345R，根据 JB/T 4736—2002，确定补强圈内径 $D_i=484mm$，外径 $D_2=760mm$，补强圈厚度为 20mm。

六、接管

本储罐设有以下接管。

1. 液氨进料管

采用 $\phi 57mm \times 3.5mm$ 无缝钢管（强度验算略）。管的一端切成 45°，伸入储罐内少许。配用凸面板式平焊管法兰：HG/T 20592 法兰 PL 50-2.5 RF 16Mn。

因为该接管为 $\phi 57mm \times 3.5mm$，厚度小于 5mm，故该接管开孔需要补强。

2. 液氨出料管

采用可拆的压出管 $\phi 25mm \times 3mm$，将它套入罐体的固定接口管 $\phi 38mm \times 3.5mm$ 内，并用一非标准法兰固定在接口管法兰上。

罐体的接口管法兰采用 HG/T 20592 法兰 PL 32-2.5 RF 16Mn，与该法兰相配并焊接在压出管的法兰上，其连接尺寸和厚度与法兰 HG/T 20592 法兰 PL 32-2.5 RF 16Mn 相同，但其内径为 25mm。

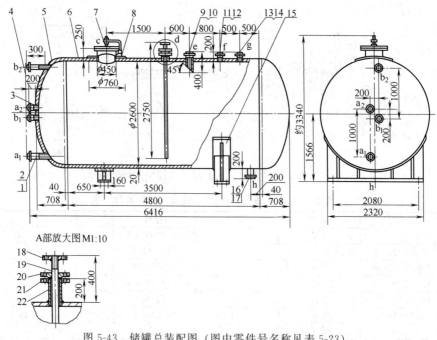

图 5-43　储罐总装配图（图中零件号名称见表 5-23）

图 5-43 的技术要求如下：

① 本设备按 GB 150—2011《压力容器》和 HG/T 20584—2011《钢制化工容器制造技术要求》进行制造、检验和验收，并接受国家质量监督检验检疫总局颁发的《固定式压力容器安全技术监察规程》的监督。

② 焊接采用电弧焊，焊条牌号 Q345R 间为 J507，Q345R 与碳钢间为 J427。

③ 焊接接头形式及尺寸除图中注明外，按 HG/T 20583—2011 中的规定，不带补强圈的接管与筒体的焊接接头为 G2，角焊缝的焊角尺寸按较薄板的厚度，法兰的焊接按相应法兰标准中的规定。

④ 设备筒体的 A、B 类焊接接头应进行无损探伤检测，探伤长度为 100％，射线检测不低于 NB/T 47013—2015RTⅡ为合格，且射线照相质量不低于 AB 级。

⑤ 设备制造完毕，以 2.7MPa 表压进行水压试验。

⑥ 管口方位按图 5-43 左视图。

液氨压出管的端部法兰（与氨输送管相连）采用 HG/T 20592 法兰 PL 20-2.5 RF 16Mn。液氨出料管也不必补强。

3. 排污管

储罐右端最底部安设排污管一个，管子规格是 $\phi 57mm \times 3.5mm$，管端装有与截止阀 J41W-16 相配的管法兰：HG/T 20592 法兰 PL 50-2.5 RF 16Mn。

4. 液面计接管

本储罐采用玻璃管防霜液面计 AⅠ 2.5-1260-50 HG/T 21550—1993 两支。其标记符号意义如下：第一项用 AⅠ表示防霜液面计类型；第二项 2.5 表示液面计公称压力等级，MPa；第三项 1260 表示液面计的公称长度，mm；第四项 50 表示防霜翅片高度，mm；第五项 HG/T 21550—1993 表示该液面计的标准图号。

5. 放空管接管

采用 $\phi 32mm \times 3.5mm$ 无缝钢管，管法兰为：HG/T 20592 法兰 PL 25-2.5 RF 16Mn。

七、设备总装配图

储罐的总装配见图 5-43，图纸中技术要求、技术特性、各零部件的名称、规格、尺寸、材料及接管表等分别列于表 5-23～表 5-25。

表 5-23 技术特性表

序 号	名 称	指 标	序 号	名 称	指 标
1	设计压力	2.16MPa	3	物料名称	液氨
2	工作温度	≤50℃	4	容积	30.52m³

表 5-24 总图材料明细表

序号	图号或标准号	名 称	材料	数量	单重	总重	备注
					质量/kg		
1		GB/T 8163 接管 $\phi 57 \times 3.51$　$l=400$	10	2	0.44	0.88	
2	HG/T 20592	法兰 PL 15-2.5 RF 20	20	4	0.7	2.8	
3		GB/T 8163 接管 $\phi 57 \times 3.51$　$l=210$	10	2	0.23	0.46	
4	HG/T 21550	防霜液面计 AⅠ 2.5-1260-50	组合件	2	12.6	25.2	
5	GB/T 25198	封头 $DN2600 \times 20$　$h=40$	Q345R	2	1100	2460	
6	GB/T 9019	罐体 $DN2600 \times 20$　$L=4800$	Q345R	1		6192	
7	HG/T 21524	人孔 PN2.5DN450	组合件	1		178	
8	JB/T 4736	补强圈 $\phi 760/\phi 484$　$\delta=20$	Q345R	1		33.9	
9		GB/T 8163 进料接管 $\phi 57 \times 3.5$　$l=400$	10	1		1.85	
10	HG/T 20592	法兰 PL 50-2.5 RF 16Mn	16Mn	1		2.61	
11		GB/T 8163 安全阀接管 $\phi 32 \times 2.5$　$l=210$	20	1		0.58	
12	HG/T 20592	法兰 PL 25-2.5 RF 16Mn	16Mn	1		1.2	

续表

序号	图号或标准号	名　称	材　料	数量	单重	总重	备注
					质量/kg		
13		GB/T 8163 放空管接管 $\phi 32 \times 2.5$ $l=210$	20	1		0.58	
14	HG/T 20592	法兰 PL 25×2.5 RF 20	20	1		1.2	
15	JB/T 4712	鞍座 A2600-F 鞍座 A2600-S	Q235AF	2	420	840	
16	HG/T 20592	法兰 PL 50-2.5 RF 20	20	1		2.61	
17		GB/T 8163 排污接管 $\phi 57 \times 3.5$ $l=210$	10	1		1.0	
18	HG/T 20592	法兰 PL 20-2.5 RF 20	20	1		0.87	
19	GB/T 8163	压料管 $\phi 25 \times 3$ $l=2750$	10	1		4.5	
20	HG/T 20592	法兰 PL 32-2.5 RF 20	20	1		1.8	
21	HG/T 20592	法兰 PL 32-2.5 RF 20	20	1		1.6	
22		GB/T 8163 出料接管 $\phi 38 \times 3.5$ $l=160$	10	1		0.5	

		工程名称	
（企业名称）		设计项目	
		设计阶段	施工图

审核			
校对		液氨储罐装配图	
设计		$\phi 2600 \times 6416$　$V=30.52 m^3$	
制图			
描图		年　月	比例	1:30	第1张	共1张

表 5-25　接管表

序　号	公称尺寸	接管法兰标准	密封面型式	用　途
a_1,a_2	DN15	PN2.5 HG/T 20592—2009	平面	液面计接管口
b_1,b_2	DN15	PN2.5 HG/T 20592—2009	平面	液面计接管口
c	DN450	PN2.5 HG/T 21524—2014	榫槽	人孔
d	DN32	PN2.5 HG/T 20592—2009	平面	出料口
e	DN50	PN2.5 HG/T 20592—2009	平面	进料口
f	DN25	PN2.5 HG/T 20592—2009	平面	安全阀接管口
g	DN25	PN2.5 HG/T 20592—2009	平面	放空口
h	DN50	PN2.5 HG/T 20592—2009	平面	排污口

本储罐应按 GB 150.1～150.4—2011《压力容器》标准释义进行制造、试压和验收。

习　题

一、名词解释题

A组

1. 宽面法兰　　　2. 窄面法兰　　　3. 整体法兰　　　4. 活套法兰

5. 螺纹法兰　　6. 平焊法兰　　7. 对焊法兰　　8. 法兰密封原理

9. 预紧密封比压

B 组

1. 残余压紧力　2. 甲型平焊法兰　3. 乙型平焊法兰　4. 长颈对焊法兰

5. 开孔应力集中　6. 应力集中系数　7. 等面积补强原则　8. 工作密封比压

二、填空题

A 组

1. 法兰连接结构，一般是由（　　）件、（　　）件和（　　）件三部分组成。

2. 在法兰密封所需要的预紧力一定时，采取适当减小螺栓（　　）和增加螺栓（　　）的办法，对密封是有利的。

3. 提高法兰刚度的主要途径是：①（　　）；②（　　）；③（　　）。

4. 制定法兰标准尺寸系列时，是以（　　）材料，在（　　）℃时的力学性能为基础的。

5. 法兰公称压力的确定与法兰的最大（　　）、（　　）和（　　）三个因素有关。

6. 卧式容器双鞍座设计中，容器的计算长度等于（　　）长度加上两端凸形封头曲面深度的（　　）。

B 组

1. 采用双鞍座时，为了充分利用封头对筒体临近部分的加强作用，应尽可能将支座设计得靠近封头，即 $A \leqslant$（　　）D_0，且 A 不大于（　　）L。

2. 在鞍座标准中规定的鞍座包角有 $\theta =$（　　）和 $\theta =$（　　）两种。

3. 采用补强板对开孔进行等面积补强时，其补强范围是：

有效补强宽度 $B =$（　　）；

外侧有效补强高度 $h_1 =$（　　）；

内侧有效补强高度 $h_2 =$（　　）。

4. 根据等面积补强原则，必须使开孔削弱的截面积 $A \leqslant A_e =$（　　）$A_1 +$（　　）$A_2 +$（　　）A_3。

5. 采用等面积补强时，当筒体内径 $D_i \leqslant 1500mm$ 时，须使开孔最大直径 $d \leqslant$（　　）D_i，且不得超过（　　）mm，当筒体内径 $D_i > 1500mm$ 时，须使开孔直径 $d \leqslant$（　　）D_i，且不得超过（　　）mm。

6. 现行标准中规定的圆形人孔公称直径有 DN（　　）mm、DN（　　）mm、DN（　　）mm、DN（　　）mm 四种。

7. 现行标准中规定，椭圆形人孔的最小尺寸为 $2a \times 2b =$（　　）×（　　）mm。

8. 现行标准中规定的标准手孔的公称直径有 DN（　　）mm 和 DN（　　）mm 两种。

三、判断是非题（是者画√，非者画×）

1. 法兰密封中，法兰的刚度与强度具有同等重要的意义。（　　）

2. 在法兰设计中，如欲减薄法兰厚度 t，则应加大法兰盘外径 D_0，加大法兰长径部分尺寸和加大力臂长度 l。（　　）

3. 金属垫片材料一般并不要求强度高，而是要求其软韧。金属垫片主要用于中、高温和中、高压的法兰连接密封。（　　）

4. 法兰连接中，预紧密封比压大，则工作时可有较大的工作密封比压，有利于保证密封。所以预紧密封比压越大越好。（　　）

四、工程应用题

1. 为一压力容器选配器身与封头的连接法兰。已知容器内径为 1600mm，壁厚为

12mm，材质为 Q345R，最大操作压力为 1.5MPa，操作温度≤200℃。绘出法兰结构图并注明尺寸。

2. 试为一精馏塔配塔节与封头的连接法兰及出料口接管法兰。已知条件为：塔体内径 800mm，接管公称直径 100mm，操作温度 300℃，操作压力 0.25MPa，材质 Q235AR，绘出法兰结构图并注明尺寸。

3. 为一不锈钢（0Cr18Ni9Ti）制的压力容器配制一对法兰，最大工作压力为 1.6MPa，工作温度为 150℃，容器内径为 1200mm。确定法兰形式、结构尺寸，绘出零件图。

4. 某厂用以分离甲烷、乙烯、乙烷等的甲烷塔，塔顶温度为－1000℃，塔底温度为 15℃，最高工作压力为 3.53MPa，塔体内径为 300mm，塔高 20m，由于温度不同，塔体用不锈钢（0Cr18Ni9Ti）和 Q345R 分两段制成，中间用法兰连接，试确定法兰形式、材质及尺寸（连接处温度为－20℃）。

5. 某厂已装好一台换热器，发现管板连接的法兰太薄是造成泄漏的原因漏，问能否在原有基础上补救？已知换热器的 $D_i = 1000$mm，$P = 1.2$MPa，最高工作温度 $t < 200$℃，采用的是平焊法兰，厚度为 24mm，材质为 Q235A。

6. 有一卧式圆筒形容器，$DN = 3000$mm，最大重量为 100t，试选择双鞍式支座标准，并画图标明尺寸。

7. 有一立式圆筒形容器，$D_i = 1400$mm，其总重量为 5000kg，容器外需设 100mm 厚的保温层，试选择悬挂式支座标准，并画图标明尺寸。

8. 有一容器，内径为 $D_i = 3500$mm，工作压力为 $P_w = 3$MPa，工作温度为 140℃，壁厚 $S_n = 40$mm，在此容器上开一个 $\phi = 450$mm 的人孔，试选配人孔法兰和进行开孔补强设计。容器材质为 Q345R。

9. 有一 $\phi 89$mm$\times 6$mm 的接管，焊接于内径为 1400mm、壁厚为 16mm 的筒体上，接管材质为 10 号无缝钢管，筒体材料为 Q235AR，容器的设计压力为 1.8MPa，设计温度为 250℃，腐蚀裕量为 2mm，开孔未与筒体焊缝相交，接管周围 200mm 内无其他接管。试确定此开孔是否需要补强？如需要，其补强圈的厚度应为多少？画出补强结构图。

10. 有一公称直径 $DN = 1600$mm 的卧式圆筒形容器，其最大总重量为 7.5t，试为其选择双鞍式支座标准。

11. 有一卧式圆筒形容器，$DN = 3000$mm，最大重量为 180t，试选择鞍式支座标准。

12. 有一小型立式圆筒形容器，$D_i = 1000$mm，总重量为 2000kg，该容器外壳无保温层，坐落在水泥柱基础上，试为其选择标准悬挂支座，并画图标明尺寸。

第六章 搅拌式反应器及其机械设计基础

第一节 概　述

从用途上化工设备可以分为盛装或储运设备、换热设备、分离设备和反应设备四种。反应设备可以有反应锅、反应器、反应釜、聚合釜、变换炉、合成塔等。反应设备在工业生产中应用范围很广，尤其是化学工业中，很多的化工生产都具有单元反应操作。

反应设备又可以分为带有搅拌装置和不带搅拌装置两种类型。一些大型的塔器设备如分馏塔、吸收塔、干燥塔、净化塔等不带有搅拌装置；然而在化工生产和石油化工中，更多的反应设备带有动力搅拌装置。化学工艺过程的种种化学变化是以参加反应物质的充分混合为前提的，对于加热、冷却和液体萃取以及气体吸收等物理变化过程，也往往要采用搅拌操作才能得到好的效果。在三大合成材料的生产中，带有搅拌设备的反应器约占反应器总数的90%。其他如染料、医药、农药、油漆等行业，搅拌式反应器的使用亦很广泛。搅拌式反应器的应用范围之所以如此广泛，还得因于搅拌设备操作条件（如浓度、温度、停留时间等）的可控范围较广，又能适应多样化的生产。

搅拌式反应器在化工和石油工业生产中被用于物料混合、溶解、传热、制备悬浮液、聚合反应、制备催化剂等物理和化学反应过程。例如，石油工业中，异种原油的混合调整和精制；汽油中添加四乙基铅等填加物而进行混合，使原料液或产品均匀化；化工生产中，制造苯乙烯、乙烯、高压聚乙烯、聚丙烯、合成橡胶、苯胺染料和油漆颜料等工艺过程等。

在石油工业中因为大量应用催化剂、添加剂，所以对搅拌式反应器的需要量很大。如炼油厂的硅铝反应器、打浆反应器壳、钡化反应釜、硫磷化反应釜、烃化反应釜、白土混合反应器壳等都是装有各种不同形式搅拌器的反应设备。

搅拌式反应器在化学纤维生产中，如聚酯、尼龙等生产装置中就有很多种类。功率0.09～37kW，转速6.5～150r/min，种类繁多，桨叶的形式多种多样。在新型农药——胺菊酸的工业化试验中，在液相中以铜粉为催化剂的反应，成功地使用了行星搅拌器。生产高压聚乙烯的反应器是超高压反应器，乙烯气与催化剂、调节剂进入反应器后在200MPa的超高压、250℃的温度下进行聚合。反应器内有一搅拌器进行搅拌。电影胶片厂使用了高速搅拌器，转速达8000～10000r/min。

搅拌式反应器使用历史悠久，应用范围广，但对搅拌操作的科学研究还很不够。搅拌操作看似简单，但实际上，它所涉及的因素极为复杂。对于搅拌器形式的选择，从工艺观点以及力学观点来说，迄今都是有待继续研究的课题。

搅拌式反应器主要由搅拌装置、轴封和搅拌罐三大部分组成。其构成形式如下：

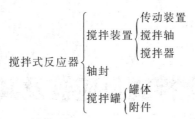

$$
搅拌式反应器
\begin{cases}
搅拌装置
\begin{cases}
传动装置 \\
搅拌轴 \\
搅拌器
\end{cases} \\
轴封 \\
搅拌罐
\begin{cases}
罐体 \\
附件
\end{cases}
\end{cases}
$$

搅拌式反应器的结构如图 6-1 所示。

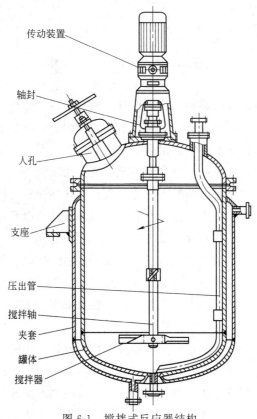

图 6-1　搅拌式反应器结构

第二节　反应器壳体结构设计

一、壳体设计

壳体的几何尺寸包括内直径 D、高度 H、容积 V 及壁厚 S，如图 6-2 所示。

反应器壳体包括壳体和装焊在其上的各种附件。常用反应器壳体是立式圆筒形容器，它有顶盖、筒体和壳底，通过支座安装在基础或平台上。反应器壳体在规定的操作温度和操作压力下，为物料完成其反应提供一定的空间。为了满足不同的工艺要求，或者因为搅拌式反应器壳本身结构上的需要，反应器壳体上装有各种不同用途的附件。例如，由于物料在反应过程中常常伴有热效应，为了提供或取出反应热，需要在反应器壳体的外侧安装夹套或在反应器壳体的内部安装蛇管；为了与减速器和油封相连接，顶盖上要焊装底座；为了便于检修内件及加料和排料，需要装焊人孔、手孔和各种接管；为了在操作过程中有效地监视和控制物料的温度、压力和料面高度，则要安装温度计、压力表、液面计、视镜和安全泄放装置；

有时为了改变物料的流型、增加搅拌强度、强化传质和传热，还要在反应器壳体的内部焊装挡板和导流筒。在确定搅拌式反应器壳结构的时候应全面地综合考虑，使设备既满足生产工艺要求又做到经济合理，实现最佳化设计。

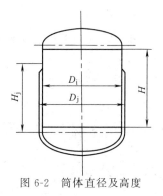

图 6-2 筒体直径及高度

（一）反应器壳体的长径比

壳体的长径比大小对搅拌功率产生影响。选择反应器壳体的长径比应考虑的主要因素有三个方面，即长径比对搅拌功率的影响、长径比对传热的影响以及物料搅拌反应特性对反应器壳体长径比的要求。

1. 反应器壳体长径比对搅拌功率的影响

一定结构形式搅拌器的桨叶直径同与其装配的搅拌反应器壳体内径通常有一定的比例范围。随着反应器壳体长径比的减小，即高度减小而直径增大，搅拌器桨叶直径也相应增大。在固定的搅拌轴转速下，搅拌功率与搅拌器桨叶直径的五次方成正比。所以，随着反应器壳体直径的增大，搅拌器功率增加很多，这对于需要较大搅拌作业功率的搅拌过程是适宜的。否则减小长径比只能无谓地损耗一些搅拌器功率，长径比则可以考虑选得大一些。

2. 反应器壳体长径比对传热的影响

反应器壳体长径比对夹套传热有显著影响。容积一定时，长径比越大则反应器壳体盛料部分表面积越大，夹套的传热面积也就越大。同时长径比越大，传热表面距离反应器壳体中心越近，物料的温度梯度就越小，有利于提高传热效果。因此，单从夹套传热角度考虑，一般希望长径比取得大一些。

3. 物料搅拌反应特性对反应器壳体长径比的要求

某些物料的搅拌反应过程对反应器壳体长径比有着特殊要求，例如，发酵罐之类，为使通入罐内的空气与发酵液有充分的接触时间，需要有足够的液位高度，就希望长径比取得大一些。

根据实践经验，几种搅拌反应器壳的长径比大致见表 6-1。

表 6-1 几种搅拌反应器壳的 H/D_i 值

种 类	设备内物料类型	H/D_i
一般搅拌反应器壳	液-固相或液-液相物料	1～1.3
	气-液相物料	1～2
发酵反应器壳类		1.7～2.5

（二）搅拌反应器装料量

选择了反应器壳体长径比之后，还要根据搅拌反应器操作时所允许的装满程度考虑选择装料系数 η，然后经过初步计算、数值圆整及核算，最终确定筒体的直径和高度。

1. 装料系数

反应器壳体的全容积 V 与反应器壳体的公称容积（操作时盛装物料的体积）V_g 有如下关系：

$$V_g = \eta V \tag{6-1}$$

设计时应合理选用装料系数值，提高设备利用率。通常 η 取 0.6～0.85；如果物料在反应过程中呈泡沫或沸腾状态，η 应取较低值，约为 0.6～0.7；如果物料反应平稳，η 可取 0.8～0.85（物料黏度大时可取较大值）。

2. 初步计算筒体直径

知道了筒体的长径比和装料系数后，还不能直接算出筒体直径和高度，因为筒体直径未知，封头的容积则未知，反应器壳体全容积则不能确定。为了便于计算，忽略封头的容积，可以认为有以下公式：

$$V \approx \frac{\pi}{4} D_i^2 H \qquad (6\text{-}2)$$

把反应器壳体长径比代入式（6-2）得：

$$V \approx \frac{\pi}{4} D_i^3 \left(\frac{H}{D_i} \right) \qquad (6\text{-}3)$$

将式（6-1）代入式（6-3），整理得：

$$D_i \approx \sqrt[3]{\frac{4V_g}{\pi \left(\dfrac{H}{D_i} \right) \eta}} \qquad (6\text{-}4)$$

3. 确定筒体直径和高度

将式（6-4）计算出的结果圆整成公称直径，代入式（6-5）算出筒体高度：

$$H = \frac{V - V_0}{\frac{\pi}{4} D_i^2} = \frac{\dfrac{V_g}{\eta} - V_0}{\dfrac{\pi}{4} D_i^2} \qquad (6\text{-}5)$$

式中　V_0——封头容积，m^3；

　　　D_i——由式（6-4）计算值经圆整后的筒体直径，m。

再将式（6-5）算出的筒体高度进行圆整，然后核算 H/D_i 及 η，如大致符合要求便可。

二、附件的结构

1. 顶盖

搅拌反应器壳顶盖在受压状态下操作常选用椭圆形封头。设计时一般先算出顶盖承受操作压力所需要的最小壁厚，然后根据顶盖上密集的开孔情况按整体补强的方法计算其壁厚，再加上壁厚附加量，经圆整即是采用的封头壁厚。一般搅拌器重量及工作载荷对封头稳定性影响不大时，不必将封头另行加强；如果搅拌器的工作状况对封头影响较大，则要把封头壁厚适当增加一些。例如，封头直径较大而壁厚较薄刚性较差，不足以承受搅拌器操作载荷；因传动装置偏载而产生较大弯矩（如某些 V 带传动）；搅拌操作时轴向推力较大或机械振动较大；由于搅拌轴安装位置偏离反应器壳体几何中心线或者由于搅拌器几何形状的不对称而产生弯矩等。必要时也可以在搅拌反应器壳体之外另做一个框架，将搅拌装置的轴承安装在框架上，由框架承担搅拌器的操作载荷。对于常压或操作压力不大而直径较大的设备，顶盖常采用薄钢板制造的平盖，即在薄钢板上加设型钢（槽钢或工字钢）制的横梁，用以支承搅拌器及其传动装置。

2. 夹套

夹套是在搅拌式反应器壳体外面套上的一个直径稍大的容器。它与罐体外壁形成密闭空间，在此空间内通入加热或冷却物料流体介质。

常用的整体式夹套结构如图 6-3 所示。图 6-3（a）仅部分圆筒有夹套，用在传热面积不大的场合；图 6-3（b）为部分圆筒与下封头有夹套，这是一种常用典型结构；图 6-3（c）为分段式夹套，各段之间设置加强圈或采用能起加强作用的夹套封口结构，此结构适用于罐体细长的情况；图 6-3（d）为全包式夹套，这种结构有相对最大的传热面积。

夹套与罐体的连接方式有不可拆式和可拆式两种。不可拆式整体夹套结构如图 6-4 所示，

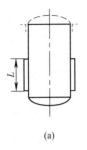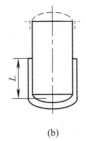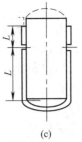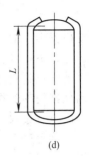

(a)　　　　　　(b)　　　　　　(c)　　　　　　(d)

图 6-3　整体式夹套的结构

夹套与罐体以焊接方式连接，结构简单，密封性能好。

　　可拆式整体夹套结构如图 6-5 所示，这类夹套结构适用于操作条件变化较大，以及需要定期检查罐体外表面，或者要求定期对夹套进行清洗的场合。此外，当夹套与罐体二者至少有一种材料是非金属时，采用可拆式结构。

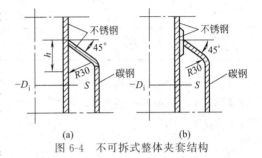

(a)　　　　　　　(b)

图 6-4　不可拆式整体夹套结构

　　夹套的直径 D_j 可根据壳体直径 D_i 按表 6-2 中推荐的数据选取。

表 6-2　夹套直径 D_j 与壳体直径 D_i 的关系　　单位：mm

D_i	50～600	700～1800	2000～3000
D_j	55～650	800～1900	2200～3200

　　为了保证罐体内料液与夹套内的介质充分传热，夹套高度 H_j 应满足如下关系：

$$H > \frac{V_0 - V_b}{\frac{\pi}{4}D_i^2} = \frac{\eta V - V_b}{\frac{\pi}{4}D_i^2} \tag{6-6}$$

式中　V_b——底封头容积。

　　夹套的壁厚按前述的内压容器壁厚设计方法计算。当夹套内介质压力较高，或反应器直径较大时，可以按照图 6-6 所示的半圆管、型钢、蜂窝式夹套结构来设计。

　　各种夹套的使用范围见表 6-3。

表 6-3　各种夹套的使用范围

夹套形式	整体式	半圆管式	型钢式	蜂窝式
温度/℃	300～350	280	225	250
压力/MPa	0.6～1.6	1.0～6.4	0.6～2.5	2.5～4.0

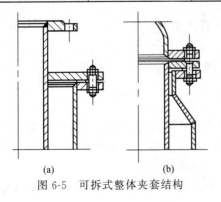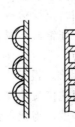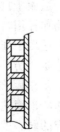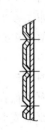

(a)　　　　　　(b)　　　　　(a) 半圆管式　　　(b) 型钢式　　　(c) 蜂窝式

图 6-5　可拆式整体夹套结构　　图 6-6　半圆管、型钢和蜂窝式夹套结构

3. 蛇管

在搅拌反应器中，如果采用夹套传热不能满足工艺要求，或罐体结构不能采用夹套时，可采用蛇管传热，单排蛇管结构如图 6-7 所示。

由于蛇管沉浸在物料之中，所以传热效果好，能量损失少，同时因增加了物料的对流程度而起到提高搅拌效率的作用。

蛇管的长度不宜过大，长度很大的盘管管内流体流动阻力增大且不易排出蒸汽所夹带的惰性气体。如果管径过大，制造又困难。一般采用的蛇管公称直径 $DN = 25 \sim 70\text{mm}$，蛇管的长径比可以参考表 6-4 选取。

表 6-4　盘管长度与管径的比值

蒸汽压力/MPa	0.045	0.125	0.2	0.3	0.5
长径最大比值	100	150	200	225	275

当单排蛇管的换热面积不够时，可以采用数排并联的同心圆蛇管组合，如图 6-8 所示，这种蛇管组合的最外圈直径 $D_0 = D_i - (200 \sim 300)\text{mm}$；圈间距 $l = (2 \sim 3)d_0$；圈间垂直距离 $h = (1.5 \sim 2)d_0$。

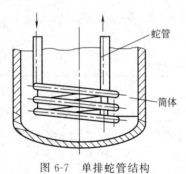

图 6-7　单排蛇管结构

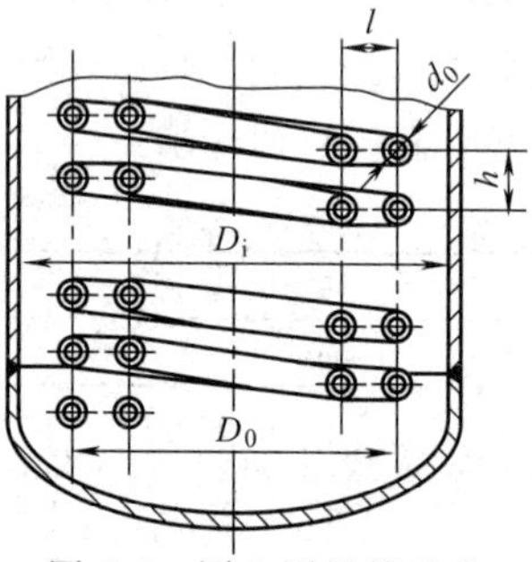

图 6-8　同心圆蛇管组合

4. 底座

底座焊接在反应器壳体的顶盖上，用以连接减速器和轴的密封装置。图 6-9（a）～（c）为整体式底座，图 6-9（d）为分装式底座。各种形式底座的特点如下。

图 6-9（a）左侧：底座与封头接触处做成平面，加工方便简单。底座外周焊一圆环，与封头焊成一体。该结构在设计中采用较多。

图 6-9（a）右侧：底座与封头接触处为平面，其间隙中间垫一适当直径的圆钢后，再焊成一体。

图 6-9（b）左侧：在底座的底面车一斜面约 15°，使外周与封头吻合，然后焊成一体。

图 6-9（b）右侧：底座底面的曲率做成与封头相应部分外表层的曲率相同，使底面全部与封头吻合，在加工中不易做到，一般很少采用。

图 6-9（c）左侧：适用于衬里设备。衬里设备也可使用图 6-9（a）、（b）所示的底座，亦可如图 6-9（c）左侧那样用衬里层包覆。

图 6-9（c）右侧：适用于碳钢或不锈钢制设备。加工方便，设计中采用较多。

图 6-9（d）左侧：加工方便。

图 6-9（d）右侧：加工困难，设计中不易采用。

为了保证既与减速器牢固连接又使穿过密封装置的搅拌轴运转顺利，要求轴的密封装置与减速器安装时有一定的同心度，为此常常采用整体式底座。如果减速器底座和轴封底座的直径相差很多，做成一体则不经济，这时可采用分装式底座。

视搅拌反应器壳内物料的腐蚀情况，底座有衬里和不衬里两种。不衬里的底座材料可用

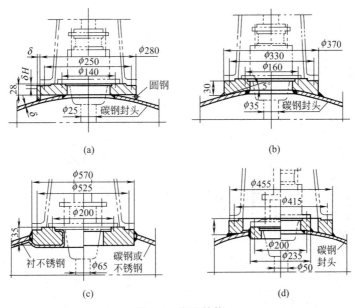

图 6-9 底座结构

Q235 或 Q235F。要求衬里的，则在可能与物料接触的底座表面衬一层耐腐蚀材料，通常用不锈钢。为便于和底座焊接，车削应在衬里焊好后进行。

第三节 搅　拌　器

在反应器中，搅拌器的作用是增加反应速率，强化传质和传热效果，使混合均匀，提供适宜的流动状态，加快反应速度。搅拌过程的正常进行有赖于搅拌器的类型、结构、强度等因素。搅拌器的形式很多，通常根据工艺条件来决定。

一、搅拌器的类型

1. **按照形状划分**

按照搅拌器形状的不同，常用的搅拌器形式有桨式、涡轮式、推进式、平直叶圆盘、锚式、框式、螺带式、螺杆式等。如图 6-10 所示。各种搅拌器在配合各种可控制流动状态的附件后，能使流动状态以及供给能量的情况出现多种变化，有利于强化不同的搅拌过程。

2. **按照流型划分**

搅拌器按流型分为轴流式和径流式。轴流式包括推进式、螺带式、螺杆式、折叶开启涡轮式等；径流式包括平叶、弯叶开启涡轮式，平叶、弯叶圆盘涡轮式，桨式及其衍生类型。常用的类型是推进式，平叶、弯叶涡轮式和桨式。

3. **按照搅拌速度划分**

可以将搅拌器分为快速搅拌器和慢速搅拌器两种。快速搅拌器有圆盘涡轮式、开启涡轮式、推进式等；慢速搅拌器包括桨式、框式、锚式、螺带式、螺杆式等。

二、搅拌器的选型

搅拌器的选型和搅拌器的功能作用的不同密切相关。搅拌器的功能概括地说就是提供搅拌过程所需要的能量和适宜的流动状态，以达到搅拌过程的目的。桨叶的形状、尺寸、数量以及转速直接影响搅拌器的功能；同时，搅拌介质的特性以及搅拌槽的形状、尺寸，挡板的

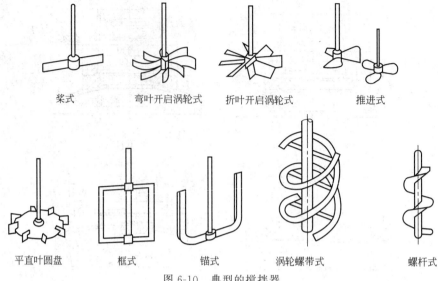

图 6-10　典型的搅拌器

设置情况、物料在槽中的进出方式，搅拌器在槽内的安装位置、方式、工作环境都对搅拌器的功能有一定影响。

搅拌器的选型可以根据实践经验，选择习惯应用的桨型，再在常用范围内决定搅拌器的种种参数，也可以通过小型试验取得数据，然后进行比拟放大。

同时，搅拌器选型也要考虑动力消耗的问题。在达到同样的搅拌效果时，要求尽可能少地消耗动力。

搅拌器的结构也是选型中需要考虑的因素。一个完整的选型方案必须满足经济与安全的要求。

总之，不论哪种选型方法，都离不开最初的搅拌目的和不同搅拌器造成物料不同流动状态而产生的不同搅拌效果等这些根本出发点。

表 6-5 给出了各种形式搅拌器的适用条件。

表 6-5　各种形式搅拌器的适用条件

搅拌器形式	流动状态			搅拌目的									釜容量范围 /m³	转速范围 /(r/min)	最高黏度 /Pa·s
	对流循环	湍流扩散	剪切流	低黏度液体混合	高黏度液体混合传热反应	分散	溶解	固体悬浮	气体吸收	结晶	传热	液相反应			
涡轮式	○	○	○	○		○	○	○	○	○	○	○	1～100	10～300	50
桨式	○	○		○			○	○			○	○	1～200	10～300	2
推进式	○			○		○	○		○		○	○	1～1000	100～500	50
折叶开启涡轮式	○	○		○		○	○	○			○	○	1～1000	10～300	50
布尔马金式	○											○	1～100	10～300	50
锚式	○				○		○				○		1～100	1～100	100
螺杆式	○				○		○						1～50	0.5～50	100
螺带式	○				○		○						1～50	0.5～50	100

注：表中空白为不适或不详，○为适合。

第四节 传动装置及搅拌轴

搅拌设备具有单独的传动机构，一般包括电动机、减速器、联轴器及机座等。如图6-11所示。

一、电动机

电动机按照功率、转速、安装方式、防爆要求等条件选用。电动机功率 N_e 取决于搅拌功率及传动装置的机械效率。即

$$N_e = \frac{N + N_m}{\eta} \tag{6-7}$$

式中　N——搅拌功率，kW；

　　　N_m——轴封的摩擦损失功率，kW；

　　　η——传动装置的机械效率。

1. 搅拌器功率和搅拌器作业功率

搅拌过程进行时需要动力，笼统地称这一动力时称为搅拌功率。具有一定结构形状的设备中装有一定物性的液体，用一定形式的搅拌器以一定转速进行搅拌时，将对液体做功并使之发生流动，这时使搅拌器连续运转所需要的功率称为搅拌器功率。这里所指的搅拌器功率不包括机械传动和轴封部分所消耗的动力。

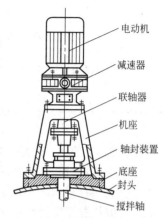

　　　　　电动机

　　　　　减速器

　　　　　联轴器

　　　　　机座

　　　　　轴封装置

　　　　　底座

　　　　　封头

　　　　　搅拌轴

图 6-11　传动装置

被搅拌的介质在流动状态下都要进行一定的物理过程和化学反应过程，即都有一定的目的。不同的搅拌过程、不同的物性、物料量在完成其过程时所需要的动力不同，这是由工艺过程的特性所决定的。把搅拌器使反应器中的液体以最佳的方式完成搅拌过程所需要的功率称为搅拌作业功率。

最理想的状况是搅拌器功率正好等于搅拌作业功率，这就可使搅拌过程以最佳方式完成。搅拌器功率小于搅拌作业功率时，可能使过程无法完成，也可能拖长操作时间而得不到最佳方式。而搅拌器功率过于大于搅拌作业功率时，只能浪费动力而于过程无益。目前无论搅拌器功率也好，搅拌器作业功率也好，都还没有很准确的求法，因此很难评价最佳方式是否达到的问题。

2. 影响搅拌器功率的因素

搅拌器的功率与槽内造成的流动状态有关，所以影响流动状态的因素必须也是影响搅拌器功率的因素。如搅拌器的几何参数与运转参数：桨径，桨宽，桨叶角度，桨转速，桨叶数量，桨叶离槽底安装高度等；搅拌反应器壳的几何参数：反应器壳内径，液体深度，挡板宽度，挡板数量，导流筒尺寸等；搅拌介质的物性参数：液相的密度，液相的黏度，重力加速度等。

因为搅拌器的功率是从搅拌器本身的几何参数运转条件来研究其动力消耗的，这些影响因素归纳起来可称为桨、反应器壳的几何变量，桨的操作变量以及影响功率的物理变量。设法找到这些变量与功率的关系，也就解决了搅拌器功率计算的问题。

3. 搅拌过程功率的决定

（1）液体单位体积的平均搅拌功率的推荐值　液体单位体积的平均搅拌功率的大小常用来反映搅拌的难易程度。同样一种搅拌过程，取液体单位体积的平均搅拌功率一定也是一个常用的比拟放大准则。

对在 $R_e > 10^4$ 以上的湍流区操作的过程，液体单位体积的平均搅拌功率有表 6-6 的推荐值。

表 6-6　平均搅拌功率推荐值

搅拌过程的种类	液体单位体积的平均搅拌功率/(Hp/m³)
液体混合	0.09
固体有机物悬浮	0.264～0.396
固体有机物溶解	0.396～0.528
固体无机物溶解	1.32
乳液聚合(间歇式)	1.32～2.64
悬浮聚合(间歇式)	1.585～1.894
气体分散	3.96

注：1Hp=735.499W。

根据表 6-6 数据，只要操作时液体体积一定，就可求出某种搅拌过程所需要的搅拌功率。

(2) 按搅拌过程求搅拌功率的算图　这种算图求算搅拌功率的方法详见相关的化工设计手册，它从搅拌过程种类以及物料量、物性参数出发来求搅拌功率。算图用法简便：从液体容积值与液体黏度值连线，交于参考线上某点，由该点与液体密度连线，并交于参考线上某点，将该点与某一搅拌过程连线，交于搅拌功率线，即可由此求得该过程的搅拌功率。

二、搅拌轴

在比电动机速度低得多的搅拌器上常用的减速装置是装在设备上的齿轮减速器、涡轮减速器（图 6-12、图 6-13）、V 带以及摆线针齿行星减速器等。其中最常用的是固定和可移动的齿轮减速搅拌器，这是因为它们加工费用低、结构简单、装配检修方便。有时由于设备条件的限制或其他情况必须采用卧式减速器时，也可利用一对锥齿轮来改变方向。

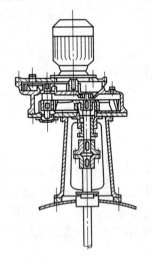

图 6-12　齿轮减速器

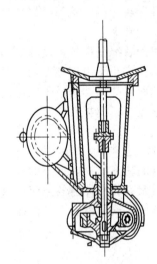

图 6-13　涡轮减速器

减速器价格较贵，制造困难，因此，如果速度比不大，可采用 V 带减速，但不要在有爆炸危险的场合使用。

当搅拌器快速转动并和电动机同步时，可与电动机直接连用，也可制造可移动的搅拌器。对简单的圆筒形或方形敞口设备可将传动装置安装在筒体上，搅拌轴斜插入筒体内。

对高黏度搅拌过程，有时为了提高搅拌效果，往往需要两种不同形式不同转速的搅拌器，使之能够同时达到搅拌、刮壁等要求。这时可采用双轴传动减速器，即利用一台电动机驱动两根同心安装的搅拌轴。根据需要，双轴旋转方向可设计成相同或者相反。

随着工业的发展，反应釜有大型化的趋势，搅拌轴从设备底部伸入的底搅拌结构也逐渐增多（图6-14）。这是因为底搅拌轴短，不需要装设中间轴承和底轴承，而且轴所承受的应力小，运转稳定，对密封也有利。底搅拌的传动装置可安放在地面基础上，便于维护检修，也有利于上封头接管的排列和安装，并且可在封头上加夹套以冷却气相介质。

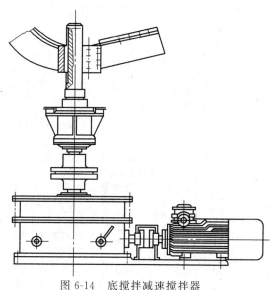

图6-14　底搅拌减速搅拌器

常用的立式减速器的有关数据及应用特点见表6-7。

1. 搅拌轴的临界转速

如果搅拌轴的工作转速等于或接近于轴的固有频率，轴将发生强烈振动，即所谓共振现象。发生共振时的转速称为临界转速。工程上轴的转速应避开临界转速。搅拌轴与搅拌器作为一个整体，有多个临界转速。工作转速低于第一临界转速 n_c 的轴称为刚性轴，要求 $n \leqslant 0.7 n_c$；工作转速大于第一临界转速 n_c 的轴称为柔性轴，要求 $n \geqslant 1.3 n_c$。搅拌轴一般为刚性轴，转速不是太高，轴的转速可以按照表6-8选取。

表 6-7　常用的立式减速器的有关数据及应用特点

特　性	减速器类型			
	摆线针齿行星减速器 BLD(电机类型)	两级齿轮减速器 LC(电机类型)	V 带减速器 P(电机类型)	谐波减速器 XB(电机类型)
减速比范围	15～71	6～11	3～4.5	90～360
输出轴转速范围（配用四级电动机）/(r/min)	20～100	125～250	320～500	4～16
功率范围/kW	0.6～30	0.6～30	0.6～5.5	0.6～13
效率	0.9～0.95	0.93	0.91	>0.83
特性参数	功率、按输出轴轴径而分的机型号、减速比	中心距	V 带型号、根数	柔轮分度圆直径

续表

特 性	减速器类型			
	摆线针齿行星减速器 BLD(电机类型)	两级齿轮减速器 LC(电机类型)	V带减速器 P(电机类型)	谐波减速器 XB(电机类型)
标定符号	BLD 功率-机型号-减速比	LC 中心距-顺序号	PV带型号、根数-顺序号	XB 柔轮分度圆直径-顺序号
主要特点	本机为利用少齿差内啮合行星传动的减速装置,故减速比大,寿命长,故障少,装拆方便,结构紧凑,重量轻,与同功率的涡轮减速器相比,效率高而体积可少一半左右,有取代涡轮减速器的趋向	本机为两级距同中心斜齿轮传动的减速装置,传动比准确,寿命长	本机为单级V带传动的减速装置,结构简单,过载时会出现打滑现象,因此能起安全保护作用,但由于V带滑动,不能保持精确的传动比	本机为利用行星轮为柔轮的少齿差啮合行星传动的减速装置,减速比可很大
应用条件	对过载和冲击载荷有较强承受能力,可短期过载75%;允许正反旋转;可用于有防爆要求的车间;与电动机直联供应	允许正反旋转;应采用夹壳式联轴器或弹性块联轴器与搅拌轴连接;不允许承受外加轴向载荷;适用于连续搅拌的化工设备;可用于有防爆要求的车间;与电动机直联供应	允许正反旋转;一般以夹壳式联轴器与搅拌轴连接;搅拌器重量可由本机承受;不能用于有防爆要求的车间;适用于连续搅拌的化工设备	可不需多级传动而用于转速极低的搅拌传动装置;可用于有防爆要求的车间

表 6-8 搅拌轴转速的选取

搅拌介质	刚性轴		柔性轴
	非桨式搅拌器	桨式搅拌器	高速搅拌器
气体		$\omega/\omega_e \leqslant 0.7$	
液-固、液-液	$\omega/\omega_e \leqslant 0.7$	$\omega/\omega_e \leqslant 0.7$ 及 $\omega/\omega_e \neq 0.45 \sim 0.55$	$\omega/\omega_e = 1.3 \sim 1.6$
液-气	$\omega/\omega_e \leqslant 0.6$	$\omega/\omega_e \leqslant 0.4$	

2. 轴承

轴承的布置问题是保证设备正常运转的关键。轴承的布置一般有下列三种情况。

① 轴承设在支架内 (图 6-15)。

② 轴承设在设备底部,主要承受径向载荷。轴向载荷由减速器或电器的向心推力轴承承担,但所能承受的轴向力是有限的。

③ 轴承设在密封处并与密封紧密相连 (图 6-16),主要控制密封处的摆动量,保证密封正常运转。

一般的搅拌轴支承依靠的是减速箱内的一对轴承,如图 6-17 所示。

由于搅拌轴的一端伸入罐内,运转时易发生振动,当轴的悬臂过长、轴径过小时,常常会出现将搅拌轴扭弯,甚至完全破坏的情况。为了避免这种情况,悬臂支承应当满足下列条件:

$$\frac{L_1}{B} \leqslant 4 \sim 5 \tag{6-8}$$

$$\frac{L_1}{D} \leqslant 40 \sim 45 \tag{6-9}$$

当上述两个条件不能满足时,要考虑设置中间轴承或者底轴承。

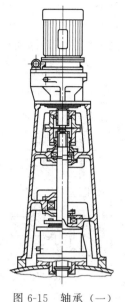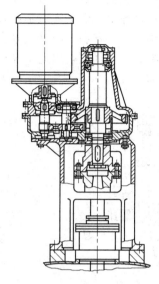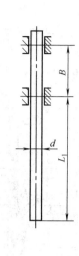

图 6-15　轴承（一）　　　图 6-16　轴承（二）　　　图 6-17　搅拌轴的支承

第五节　轴　　封

设置轴封的目的是保证设备内处于一定正压或真空操作条件，并防止物料的逸出或杂质的渗入。转轴密封的形式很多，最常见的有填料密封、机械密封、迷宫密封、浮动环密封等。虽然搅拌器轴封也属于转轴密封的范畴，但由于搅拌器轴封的任务是保证搅拌反应设备内处于一定的正压或真空以及防止反应物逸出和杂质的渗入，故不是所有转轴密封形式都能用于搅拌设备。

一、填料密封

填料密封的结构大体上如图 6-18 所示，它由衬套、填料箱体、填料环、压盖、压紧螺栓等组成。

关于填料密封的作用原理可以这样描述：被装填在搅拌轴和填料函之间环形间隙中的填料，在压盖压力的作用下，对搅拌轴表面产生径向压紧力。由于填料中含有润滑剂（在制造填料时加进去的），因此在对搅拌轴产生径向压紧力的同时也产生一层极薄的液膜。这层液膜一方面使搅拌轴得到润滑，另一方面起阻止设备内流体漏出或外部流体渗入的作用，这就是填料密封的作用原理。当设备内温度高于 100℃ 或轴转动的线速度大于 1m/s 时，填料密封需设置冷却装置。

虽然制造填料时向填料中加了一些润滑剂，但加入的量是很有限的，由于在运动时还要不断地消耗，因此，单靠填料本身所含的润滑剂是不够的，故还需在填料箱上设置添加润滑液的装置，以满足不断润滑的需要。当填料中缺乏润滑剂时，润滑情况就会马上变坏，轴和填料之间产生局部固体摩擦，造成发热，使填料和轴急剧磨损和密封面间隙扩大，泄漏增加。

实际上，要使填料密封点滴不漏是不可能的，因为要达到点滴不漏，势必要加大填料函压盖的压紧力，使填料压紧于搅拌轴表面，因而加速轴及填料的磨损，使密封更快地失效。从提高填料密封的使用寿命出发，应允许填料密封有适当的泄漏量。由于密封填料在使用中有磨损，故需经常调整填料压盖的压紧力。

二、机械密封

机械密封是一种功耗小、泄漏率低、密封性能可靠、使用寿命长的转轴密封，被广泛地

141

应用于各个技术领域。与填料密封相比，机械密封的泄漏率大约为填料密封的1%。机械密封在运转时，除了装在轴上的浮动环由于磨损需做轴向移动补偿外，安装在浮动环上的辅助密封则随浮动环沿轴表面做微小的轴向移动，故轴或轴套被磨损是微不足道的，因而可免去轴或轴套的维修。由于机械密封有很多优点，因此，在搅拌设备上已被大量采用。

图 6-19 所示为机械密封的结构。

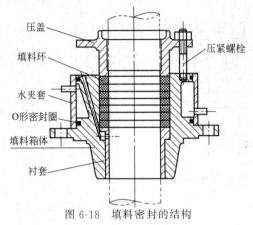

图 6-18　填料密封的结构

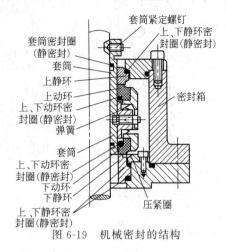

图 6-19　机械密封的结构

机械密封的原理是：当轴旋转时，设置在垂直于转轴的两个密封面（其中一个安装在轴上随轴转动，另一个安装在静止的机壳上），通过弹簧力的作用，始终保持接触，并做相对运动，使泄漏不致发生。机械密封常因轴的尺寸和使用压力增加而使结构趋于复杂。在机械密封中，由于运转时密封环需做相对运动，因而产生磨损和发热，为了使密封得到润滑和冷却，必须使冷却润滑液在密封腔中不断循环。

习　题

1. 搅拌式反应釜由哪几部分组成？各部分的零部件名称是什么？
2. 夹套的高度是如何确定的？在结构上还应当考虑哪些因素？
3. 常用的搅拌器形式有哪些？各有何特点及适用于何种场合？
4. 填料密封与机械密封的密封原理是什么？如何从结构上实现密封的要求？
5. 有一个反应釜（表 6-9），物料容积是 $14m^3$，装料系数是 0.8，物料为液-液悬浮分散，适宜的长径比为 $1\sim1.3$，试确定该釜的内径和高度。

表 6-9　反应釜筒体和封头的设计比例

公称直径 DN/mm	直边高度 h_0/mm	封头容积 V/m^3
2400	40	2.00
	50	2.05
2500	40	2.25
	50	2.30
2600	40	2.51
	50	2.56

6. 设计一台容积为 $1m^3$ 的聚醚聚合釜，采用夹套传热、平桨式搅拌，已知搅拌轴功率为 5kW，转速 $n=60r/min$，釜体材料选用 1Cr18Ni9Ti，夹套用 Q235A，设计压力：釜体 $P=0.6MPa$；夹套内 $P=0.6MPa$。设计温度：釜体内 $t=140℃$；夹套内 $t=150℃$。釜内物料为液-固相，有腐蚀，夹套内为水蒸气。试设计此聚合釜的釜体、夹套和封头并校核搅拌轴强度。

第七章 塔设备及其机械设计基础

第一节 概 述

化工、石油等工业部门常用塔设备来完成气-液和液-液两相间的传质和传热过程。塔设备是石油化工生产中必不可少的大型设备，随着化工生产规模的增大，塔设备也越来越大，它的高度可以达到数十米甚至百米，质量可达数百吨。

在塔设备中能够进行的单元操作过程有：精馏、吸收、解析、萃取、增湿及干燥等。在塔设备中进行的工艺过程各不相同，结构类型有多种形式，塔内装有填料的称为填料塔；装有泡罩塔板的称为泡罩塔；装有筛板的称为筛板塔；装有浮阀的称为浮阀塔等。根据它的用途可以对塔设备进行命名，如用于吸收时，称为吸收塔；用于萃取时称为萃取塔。

在石油、化工生产中，常用的塔设备可以按照它的内部结构不同分为板式塔和填料塔两种。

板式塔是依靠塔盘来进行工艺操作的，属于气、液阶段接触式传质设备。板式塔的优点是处理量大、效率高、重量轻、清理检修方便，可以满足化工工艺上诸如加热、中间冷却或中间提馏等特殊要求。同填料塔相比，板式塔的压降大、结构复杂，目前化工、石油生产中以板式塔的使用居多。

填料塔属于气、液连续接触式传质设备。操作时，液体自塔顶沿填料的表面向下流动，气相自塔底向上流动，两相之间相互逆流接触，进行传质和传热过程。相对于板式塔而言，填料塔结构简单，造价低廉，制造方便，填料采用耐腐蚀材料时，可以处理腐蚀性强的物料。在相同的分离要求下，填料塔的高度要求较低，压降较小，所以尽管它的体积大，重量大，传质效率低，不适合处理脏污、黏度大的物料，但是仍然在塔器中占有一席之地。

塔设备除了需要满足特定的化工工艺条件外，还需要满足下列基本要求。

① 生产能力高。

② 两相充分接触，传质、传热效率要高。

③ 操作弹性大，适应性强，当负荷波动较大时，仍然能够在较高效率下进行稳定的操作。

④ 流体流动阻力小，压降小。

⑤ 结构简单，造价低，制造安装容易。

⑥ 不宜堵塞，操作、调节、检修方便。

板式塔和填料塔，从设备设计的角度看，基本上由塔体、内件、支座和附件构成。塔体包括筒节、封头和连接法兰等；内件指塔板或填料及其支承装置；支座一般为裙式支座；附件包括人孔、进出料接管、各仪表接管、液体和气体的分配装置、塔外的扶梯、平台和保温层等。

第二节　板　式　塔

板式塔的总体结构如图 7-1 所示，包括如下部分内容：塔体与裙座、塔盘结构、除沫装置、设备接管、塔附件（扶梯、平台、吊柱、保温圈）。

一、塔盘结构

一般说来，各层塔盘的结构是相同的，只有最高一层、最低一层和进料层的结构和塔盘间距有所不同。最高一层塔盘和塔顶距离常高于塔盘间距，有时甚至高过一倍，以便能良好地除沫。在某些情况下，在这一段上还装有除沫器。最低一层塔盘到塔底的距离也比塔盘间距大，因为塔底空间起着储槽的作用，保证液体能有足够储存，使塔底液体不致流空。进料塔盘与上一层塔盘的间距也比一般的高。对于急剧气化的料液在进料塔盘上须装上挡板、衬板或除沫器，在这种情况下，进料塔盘间距还得加高一些。此外，开有人孔的塔板间距较大，一般为 70mm。

塔盘是板式塔内气、液接触的主要元件。塔盘在结构方面要有一定的刚度，以维持水平，使塔盘上的液层深度相对均匀；塔盘与塔壁之间应有一定的密封性，以避免气、液短路；塔盘应便于制造、安装、维修，并且成本要低。

1. 整块式塔盘

图 7-2 所示是具有整块式塔盘的板式塔结构，此种塔的塔体由若干塔节组成，塔节与塔节之间则用法兰连接，每个塔节中安装若干块层层叠置起来的塔盘。塔盘与塔盘之间用管子支承，由拉杆和定距管固定位置，并保持所需要的间距，图 7-3 所示为定距管式支承塔盘结构。

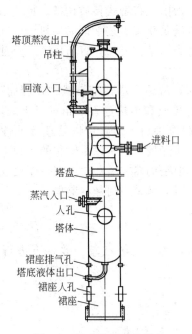

图 7-1　板式塔的总体结构

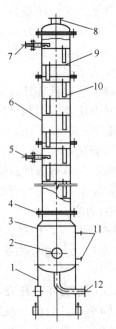

图 7-2　具有整块式塔盘的板式塔结构
1—裙座；2,3—塔釜；4—法兰；5—加料管；
6—塔节；7—回流管；8—蒸汽出口；
9—塔板；10—降液管；
11—液面计接管；12—液体出口管

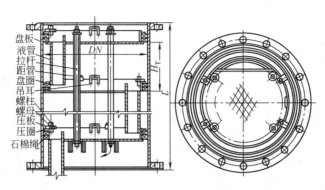

图 7-3　定矩管式支承塔盘结构

在这类结构中，每个塔节中装有若干块塔盘，塔节长度取决于塔径。当塔内径 D_i 在 $300 \sim 500$mm 时，只能将手臂伸入塔节之中安装塔盘，塔节长度以 $800 \sim 1000$mm 为宜；当塔径在 $500 \sim 700$mm 时，可将身体伸入塔内安装塔盘，塔节长度可以取为 $1200 \sim 1500$mm；当塔径在 $800 \sim 900$mm 时，人可以进入塔内安装，塔节长度不超过 $2000 \sim 2500$mm。每个塔节安装的塔盘一般不超过 5 或 6 块，碳钢塔盘板的厚度为 $3 \sim 4$mm，不锈钢塔盘板的厚度为 $2 \sim 3$mm。

由于塔盘和塔壁有间隙，故对每一层塔盘须填料密封。塔盘的密封结构由密封组件构成。密封填料一般采用 $10 \sim 12$mm 的石棉绳，放置 2 或 3 层。填料上面装有压圈，由焊在塔盘圈上的螺栓、螺母、压板来压紧压圈和填料，实现密封。压圈用圆钢和扁钢制成，压板共有 $3 \sim 6$ 个，螺栓和螺母的个数与压板数目相同。

降液管的结构有弓形和圆形两类。由于圆形降液管的横截面积较小，因此圆形降液管仅用于液相负荷较小时。结构有间作溢流堰和另作溢流堰两种。图 7-4 为另设溢流堰圆形降液管的结构。图 7-5 为圆形降液管伸出塔盘表面并兼作溢流堰的结构。弓形降液管最大限度地利用了塔的横截面积作为降液流通截面，降液能力大，气液分离效果好，如图 7-6 所示。在整块式塔盘中，弓形降液管是用焊接方式固定在塔盘上的。降液管出口处的液封由下层塔盘的受液盘来保证。但在最下层塔盘的降液管的末端应另设液封槽，如图 7-7 所示，此种结构适用于弓形降液管。对于受液盘、液封槽，不论其面积大小，至少应开设一个直径 10mm 的泪孔排液。

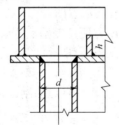

图 7-4　另设溢流堰圆形降液管

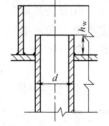

图 7-5　带有溢流堰的圆形降液管

常用的塔盘支承结构为拉杆-定距管结构，在定距管支承结构中，定距管和拉杆把塔盘紧固在塔体上，定距管除了支承塔盘外，还起保持塔盘间距的作用；拉杆孔径有 $\phi16$ 和 $\phi18$ 两种。拉杆孔的位置分布以支承力均匀、不与降液管接触为准。定距管的长度等于塔盘板的板间距。这种支承结构比较简单，在塔节长度不大时，被广泛地采用。图 7-8 (a) 为定距管支承结构的上部，图 7-8 (b) 为该支承结构的下部。定距管数一般为 3 或 4 根。

2. 分块式塔盘

在直径较大的板式塔中，如果仍然用整块式塔盘，则由于刚度的要求，需要增加塔盘板

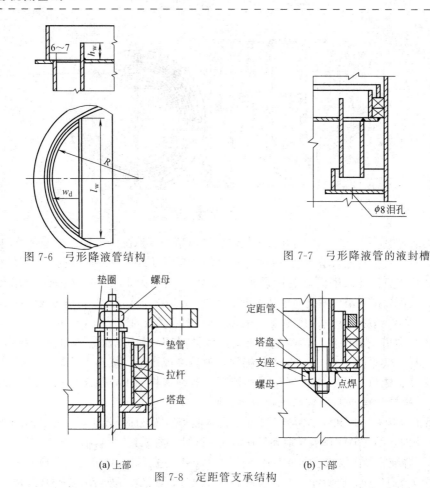

图 7-6 弓形降液管结构

图 7-7 弓形降液管的液封槽

(a) 上部

(b) 下部

图 7-8 定距管支承结构

的厚度，这在制造、安装与检修等方面都很不方便。而且，塔径增大时，人可以进入塔内安装和检修，塔体不需要进一步分出塔节。因此，当塔径在 800～900mm 以上时，都采用分块式塔盘。此时塔身为一焊制整体圆筒。塔盘分成数块，通过人孔送进塔内，装到焊在塔内壁的塔盘固定件（一般为支持圈）上，图 7-9 为分块式塔盘示意图。

塔盘分块，应该使结构简单，装拆方便，有足够刚度，便于制造、安装和检修。一般采用自身梁式塔盘板［图 7-9（a）］，有时也采用槽式塔盘板［图 7-9（b）］。这两种结构的特点如下。

① 结构简单，装拆方便。由于将塔盘板冲压折边，使其具有足够刚度，不但可简化塔

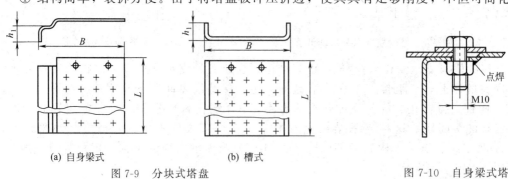

(a) 自身梁式

(b) 槽式

图 7-9 分块式塔盘

图 7-10 自身梁式塔盘板的上可拆连接

盘结构，而且可少耗钢材。

② 制造方便，模具简单，能以通用模具压成不同长度的塔盘板。

分块塔盘板的长度 L 随塔径大小而异，最长可达 2200mm。对于宽度 B，已经标准化，每种塔盘板各有两种宽度系列可供选用，由塔体人孔尺寸、塔盘板的结构强度及升气孔的排列情况等因素决定。例如，自身梁式一般有 340mm 及 415mm 两种。筋板高度 h_1，自身梁式为 $60\sim80$mm，槽式约为 30mm。对于塔盘板厚度的选取，碳钢为 $3\sim4$mm，不锈钢为 $2\sim3$mm。

(1) 螺栓连接件 分块式塔盘的连接类型一种是螺栓连接件，由不锈钢螺栓、螺母和椭圆垫片组成。对于螺栓连接件，根据人孔位置及检修要求，分块式塔盘之间的连接又可以分为上可拆连接和上、下均可拆连接两种。上可拆的结构如图 7-10 所示，上、下均可拆的结构如图 7-11 所示。

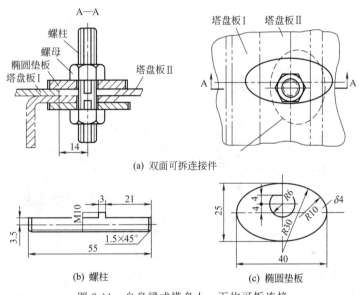

(a) 双面可拆连接件

(b) 螺柱

(c) 椭圆垫板

图 7-11 自身梁式塔盘上、下均可拆连接

塔盘板安放于焊在塔壁上的支持圈（或支持板）上。塔盘板与支持圈（或支持板）的连接一般用卡子。其典型结构如图 7-12 所示。

以上所述的塔盘紧固方式虽然普遍采用，但所用紧固构件加工量大，装拆麻烦，而且螺栓需用抗锈蚀材料。

(2) 楔形紧固件 另一类紧固连接结构是楔形紧固件，由楔子-龙门铁（楔子-卡板）构成，其特点是结构简单，装拆快，不用特殊材料，成本低等。典型结构如图 7-13 所示，图中是龙门板不用焊接的结构，这种结构是上可拆的。另一种结构是将龙门板直接焊在塔盘板上。

二、塔盘的结构及支承

塔盘结构又可以分为单溢流和双溢流两种。塔径小于 $2000\sim2400$mm 时，采用单溢流塔盘结构，如图 7-14 所示；塔径大于 $2000\sim2400$mm，采用双溢流塔盘结构，如图 7-15 所示。不同溢流类型的塔盘结构的支承形式是不同的，单溢流塔盘由焊在塔壁上的支承圈支承，双溢流塔盘由支承梁支承。

对于直径不大的塔（例如 2000mm 以下），塔盘的支承一般用焊在塔壁上的支持圈。支

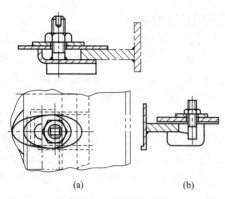

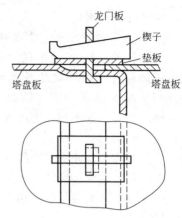

图 7-12　塔盘板与支持圈的连接（上可拆）　　　图 7-13　楔形紧固件盘连接

持圈一般用扁钢弯曲制成或将钢板切为圆弧焊成，有时也有用角钢的。此时，塔盘板的跨度小，本身刚度足够，可以只用支承圈支承。

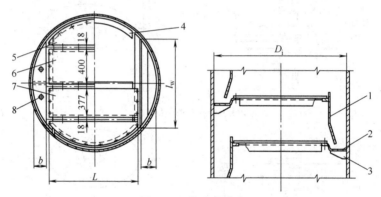

图 7-14　单溢流塔盘

1—降液板；2—受液盘；3—筋板；4—支承板；5—弓形板；6—通道板；7—矩形板；8—泪孔

对于直径较大的塔（例如塔径在 2000～3000mm 以上），如果仍然只用支持圈来支承塔盘，则由于塔盘板的跨度过大以致刚度不够，使塔盘的挠度超过规定的范围。因此，就必须缩短分块塔盘的跨度，这就需要用支承梁结构，即将长度较小的分块塔盘的一端支承在支持圈（或支持板）上，而另一端支在支承梁上，如图 7-15 所示。

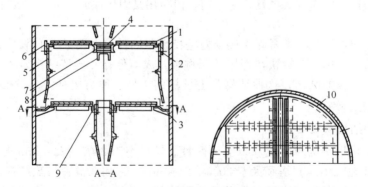

图 7-15　双溢流分块式塔盘支承结构

1—塔盘板；2—支持板；3—筋板；4—中心降液板（组合件）；5—两侧降液板（组合件）；
6—可调节的溢流堰板；7—主梁；8—支座；9—压板；10—支持圈

第三节　填料塔结构

一、总体结构

填料塔在传质形式上与板式塔不同，它是一种连续式气液传质设备，广泛应用于蒸馏、吸收和解析操作中。填料塔结构简单，造价低廉，制造方便。这种塔由塔体、喷淋装置、填料、再分布器、栅板以及气、液的进出口等部件组成。与板式塔相比，填料塔的液体喷淋装置、液体再分配装置和填料支承装置有所不同。总体结构如图 7-16 所示。

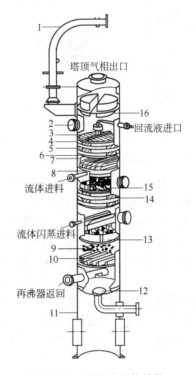

图 7-16　填料塔总体结构

1—吊柱；2—人孔；3—排管式液体分布器；4—床层定位器；5,14—规整填料；6—填料支承栅板；
7—液体收集器；8—集液管；9—散装填料；10—填料支承装置；11—支座；
12—除沫器；13—槽式流体再分布器；15—盘式流体分布器；16—防涡流器

二、填料

填料是填料塔的核心部分，填料塔操作性能的好坏与所选的填料有很大关系，选择填料应当遵循以下原则：单位体积填料的表面积大、气液相接触的自由体积大；填料空隙率要大，气相阻力小；重量轻，机械强度高；耐介质腐蚀，经久耐用，价格低廉。

填料的类型、尺寸和堆积方式取决于所处理的介质的性质、气液流量的大小和允许的压力降等。填料的种类大致可以分为实体填料和网体填料两类。实体填料由陶瓷、金属、塑料等制成，如环形填料、鞍形填料和波纹填料等。网体填料主要是指由金属网制成的各种填料，如鞍形丝网、θ形丝网等。图 7-17 是常用的几种填料类型。

环形填料有拉西环、十字架环、实体 θ 环和鲍尔环等。拉西环是最早出现的实体填料，拉西环外形简单，制造方便，造价便宜，操作工艺成熟。拉西环的缺点是表面利用率低，不利于气液流动与接触，沟流与壁流现象严重，传质效率低。

拉西环　　鲍尔环　　弧鞍　　矩鞍　　波纹填料

十字架环　　θ形丝网　　金属网矩鞍环　　金属网θ环

图 7-17　常用的填料类型

在拉西环的侧壁开一系列的小窗就成了鲍尔环。小窗叶片向环中心弯曲，液体分布较为均匀，沟流和壁流现象有所好转。鲍尔环的表面积也比拉西环大，而且环内面积可以得到充分的利用，所以操作效率高、操作弹性大、物料处理量大。

鞍形填料又分为弧鞍形和矩鞍形两种，鞍形填料的弧面使得液体向两边分散，液体分布状态得到较大改善，弧面无积液，表面有效利用率高，此类填料常用于吸收操作，处理腐蚀性介质。弧鞍填料由于形体对称，装填时容易形成重叠，整体表面积不能得到充分的利用，同时会降低有效空隙率指数。

矩鞍形填料克服了弧鞍填料重叠堆积的缺点，同时保留了原有的弧形结构，改进了扇形面的形状，使得填料之间基本上是点接触，不相重叠，充分利用了填料的整体表面积。矩鞍填料的综合性能优于拉西环次于鲍尔环，是目前常用的乱堆填料。鞍形填料属于开式结构，强度较差。

网体填料的丝网细密，结构紧凑，组装规整，具有空隙率高、比表面积大、表面利用率高等特点，操作弹性大，气液分布性能好，分离效率高，适用于真空精馏装置。这种填料的缺点是造价高、易堵塞，不易用于产生结垢和沉淀的物料的分离。

三、填料支承结构

填料按照整砌和乱堆方式置于填料支承之上。填料支承的作用是承受填料及填料层内液体的重量，因此，填料的支承结构不但要有足够的强度和刚度，而且须有足够的自由截面，使在支承处不致首先发生液泛。

在填料塔中，最常用的填料支承是栅板，如图 7-18 所示。它由竖直的扁钢条与扁钢圈焊接而成，结构简单，制造方便，广泛应用于中小型填料塔。扁钢条之间的距离一般为填料外径的 0.6～0.8 倍。在直径较大的塔中可用较大的间距，并应在栅板上预先铺上一层孔眼小于填料直径的粗金属网防止填料漏下，如图 7-18（a）所示。图 7-18（b）为普通栅板结构，栅板间距较小，不需要另铺金属网。对于孔隙率很高的填料（例如钢制鲍尔环）来说，栅板支承常常带来很大困难。因为填料均孔隙率有时大于栅板的自由截面，则可采用升气管式支承板结构，如图 7-18（c）所示。这种结构中，气体由升气管上升，通过顶部的孔和侧面的齿缝进入填料层，液体由支承装置底板上的许多小孔及齿缝底部流下，而且，当有足够的齿缝时，不易形成液泛。

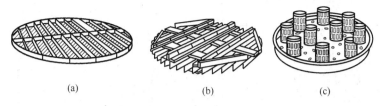

图 7-18 填料支承板

在设计栅板的支承结构时，需要注意下述各点。

① 栅板必须有足够的强度和耐腐蚀性。

② 栅板必须有足够的自由截面，一般应和填料的自由截面大致相等。

③ 栅板可以制成整块的或分块的。

对于小直径的塔（例如 500mm 以下），采用结构简单的整块式；对于大直径塔，可将栅板分成多块，如图 7-19 所示的两块式栅板。在设计分块栅板时，要注意使每块栅板能够从人孔处放进与取出

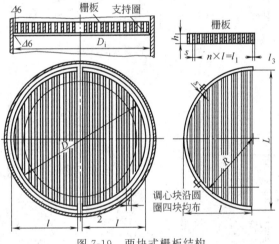

图 7-19 两块式栅板结构

四、喷淋装置

喷淋装置的作用是使液体的初始分布尽可能地均匀。不同方式堆积的填料层分布液体的性能也不同。液体喷淋装置设计得不合理，将导致液体分布不良，减少填料的润湿面积，增加沟流和壁流现象，直接影响填料塔的处理能力和分离效率。液体喷淋装置的结构设计要求是：能使整个塔截面的填料表面很好润湿、均匀分散液体、通过不易堵塞、结构简单、制造维修方便等。

为了使液体分布均匀，应尽量增加单位面积的分布点，还要保证每股液流量均匀，否则可能被上升的气流夹带。喷淋装置的类型很多，按其操作原理大致可分为喷洒式、溢流式和冲击式等。冲击式易造成大量的液体飞溅，从而引起较大的雾沫夹带，在填料塔中应用较少，而喷洒式、溢流式应用较多。

1. 喷洒式

喷洒式喷淋装置又可以分为管式及连蓬头式，如图 7-20～图 7-22 所示。

对于小直径的填料塔（例如 300mm 以下）可以采用管式喷洒器，通过在填料上面的进液管（可以是直管、弯管或口管）喷洒，该结构的优点是简单，缺点是喷淋面积小而且不

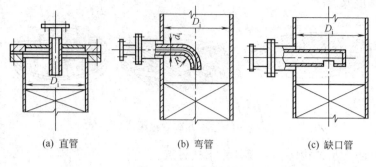

(a) 直管   (b) 弯管   (c) 缺口管

图 7-20　管式喷洒器

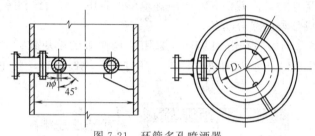

图 7-21　环管多孔喷洒器

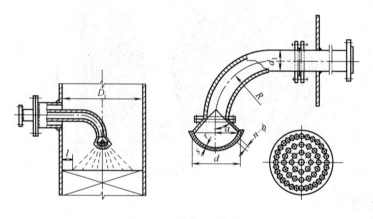

图 7-22　莲蓬头喷洒器

均匀。

    对直径稍大的填料塔（例如 300～1200mm）可以采用环管多孔喷洒器，如图 7-21 所示。环状管的下面开有小孔，小孔直径为 4～8mm。共有 3～5 排，小孔面积总和约与管横截面积相等，环管中心圆直径 D_i 一般为塔径的 60%～80%。环管多孔喷洒器的优点是结构简单，制造和安装方便；缺点是喷洒面积小，不够均匀，而且液体要求清洁，否则小孔易堵塞。

    莲蓬头是另一种应用得较为普遍的喷洒器，其结构简单，喷洒较均匀，如图 7-22 所示。莲蓬头可以做成半球形、碟形或杯形，喷洒液体的孔按照同心圆排列，莲蓬头悬于填料上方中央处，离开填料表面的距离为塔径的 0.5～1 倍，莲蓬头直径为塔径的 0.2～0.3 倍，小孔直径为 3～15mm，液体经小孔分股喷出。小孔的输液能力可按式（7-1）计算：

$$Q = \varphi f w \tag{7-1}$$

式中　φ——流速系数，0.82～0.85；

f——小孔总面积，m^2；

w——小孔中液体流速，m/s。

2. 溢流式

上述各类带小孔的喷洒器总是需要一定的液体压力才能喷洒，而且孔眼容易堵塞，当塔径较大时，液体分布均匀性较差。盘式分布器是塔径较大时常用的一种溢流式喷淋装置，液体经过进液管加到喷淋盘内，然后从喷淋盘内的降液管溢流，淋洒到填料上。中央进料的盘式分布器如图7-23所示。喷淋盘一般紧固在焊于塔壁的支持圈上，与塔盘板的紧固相类似。分布板上钻有直径约3mm的小泪孔，以便停车时将液体排净。考虑到安装时的水平偏差会导致液体淋洒不均，在溢流管短管上可开斜切口或齿口，避免盘上液面倾斜而造成局部短管不进液体。

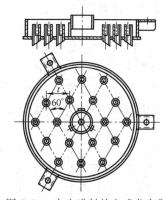

图 7-23　中央进料的盘式分布器

对于直径超过1m或者更大的塔，喷淋盘与塔壁之间的空隙不够大而气体又需要通过分布板时，可以采用带有升气管的盘式分布器。此时，在分布板上装大小不等的短管，大管为升气管，小管为降液管，如图7-24所示。

盘式分布器结构简单，流体阻力小，液体分布均匀。但当塔径大于3m左右时，板液面高差较大，不宜使用此种形式而应选用槽型分布，如图7-25所示。这种分布器适应性能较好，特别适宜大流量操作。

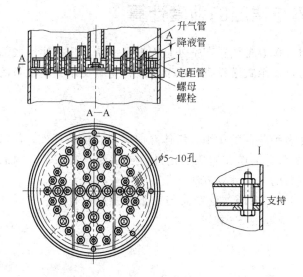

图 7-24　有升气管的盘式分布器

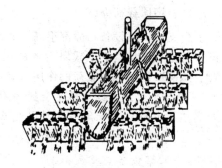

图 7-25　分布槽

五、液体再分布装置

当液体流经填料层时，液体有流向器壁造成"壁流"的倾向。乱堆填料的阻力较大，填料层较高时更容易产生流向塔壁的"弥散现象"，使液体分布不均，降低填料塔的效率，严重时可使塔中心的填料不能润湿而成"干锥"。因此在结构上宜采取液体再分配装置，使液体流经一段距离后再行分布，在整个高度内的填料都得到均匀喷淋。在设计液体再分配装置时，应遵循如下原则。

① 适宜的再分布器自由截面积（约等于填料的自由截面积）。

② 结构要求简单，牢固可靠，能承受气、液流体的冲击。

③ 便于装拆。

在液体再分配器中，分配锥是最简单的，如图 7-26（a）所示，沿壁流下的液体用分配锥再将它导至中央。这种结构的缺点是塔的流通截面积缩小，制造上较复杂。锥体内气体因流动受到干扰而分布不均，通常适用于小直径的塔（例如塔径在 1m 以下）。截锥小头直径一般为 $(0.7\sim0.8)D$，再分配器的间距为 H，一般 $H\leqslant D$，其中 D 为塔径，对于较大的塔（例如塔径大于 1m），可取 $H\leqslant(2\sim3)D$。图 7-26（b）所示分配锥收缩截面减小，增设了气体通道管，改善了气体流向，提高了通道截面。

图 7-27 所示为槽形再分布器，它的气体流通截面积几乎没有缩小，沿塔壁流下的液体积存在槽内，通过流体导流管引导到塔的中央，分布效果较好。

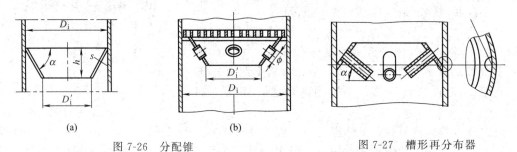

(a)　　　　　　　　　　(b)

图 7-26　分配锥　　　　　　　　　图 7-27　槽形再分布器

第四节　塔体与裙座的强度计算

塔设备有的放置在室内或框架内，但大多数是放置在室外且无框架支承，依靠裙座底部的地脚螺栓固定在混凝土基础上，称之为自支承式塔设备。本节主要讨论自支承式塔设备的塔体与裙座的机械设计基础。

一、塔体载荷分析

自支承式塔设备一般都很高，且承受多种载荷的作用。塔体除应满足强度条件外，还需满足稳定条件。自支承式塔设备的塔体除承受工作介质压力之外，还承受自重载荷、风载荷、地震载荷、偏心载荷的作用。各种载荷的大小计算方法如下。

① 按计算压力计算塔体及封头厚度。按"内压薄壁圆筒与封头的强度设计"及"外压圆筒与封头的设计"，计算塔体及封头的有效厚度 S_e 和 S_{eH}。

② 塔体承受的各种载荷的计算。

（一）塔设备自重载荷

（1）塔设备的操作质量

$$m_0 = m_{01} + m_{02} + m_{03} + m_{04} + m_{05} + m_a + m_e \tag{7-2}$$

（2）塔设备最大质量，即水压试验时的质量

$$m_0 = m_{01} + m_{02} + m_{03} + m_{04} + m_w + m_a + m_e \tag{7-3}$$

（3）塔设备最小质量，即吊装时的质量（停工检修时）

$$m_0 = m_{01} + 0.2m_{02} + m_{03} + m_{04} + m_a + m_e \tag{7-4}$$

式中 m_{01}——塔设备壳体（包括裙座）质量，按求出的壁厚 S_n、S_{ns} 及 S_{nH} 计算（S_n、S_{ns} 及 S_{nH} 分别为塔体、裙座和封头的名义壁厚，mm），kg；

$\quad\quad m_{02}$——塔设备内件质量，kg；

$\quad\quad m_{03}$——塔设备保温材料质量，kg；

$\quad\quad m_{04}$——平台、扶梯质量，kg；

$\quad\quad m_{05}$——操作时塔内物料质量，kg；

$\quad\quad m_a$——人孔、法兰、接管等附属件质量，kg；

$\quad\quad m_w$——液压试验时，塔器内充液质量，kg；

$\quad\quad m_e$——偏心质量，kg。

在计算 m_{02}、m_{04} 及 m_{05} 时，若无实际资料，可参考表 7-1 进行估算。式（7-4）中的 $0.2m_{02}$ 考虑焊在壳体上的部分内构件质量，如塔盘支持圈、降液管等。当空塔起吊时，若未装保温层、平台、扶梯，塔设备最小质量应扣除 m_{03} 和 m_{04}。

表 7-1 塔设备有关部件的质量

名称	笼式扶梯	开式扶梯	钢制平台	圆泡罩塔盘	条形泡罩塔盘
单位质量	40kg/m	15~24kg/m	150kg/m²	150kg/m²	150kg/m²
名称	舌形塔盘	筛板塔盘	浮阀塔盘	塔盘填充液	
单位质量	75kg/m²	65kg/m²	75kg/m²	70kg/m²	

（二）地震载荷

地震是地壳构造发生变化时引起的震动，震动的地震波从震源传到地表引起地面的剧烈运动，使地面设备发生破坏。

当发生地震时，塔设备作为悬臂梁，在地震载荷作用下产生弯曲变形。所以，根据国家标准，安装在 7 度及 7 度以上地震烈度地区的塔设备必须考虑它的抗震能力，计算出它的地震载荷，对构筑物本身进行抗震验算。

设备对于地震的反应既有水平移动，又有竖向振动和扭转，因此，作用在设备上的既有水平地震力，又有垂直地震力。

1. 水平地震力

每一直径和壁厚相等的一段长度间的质量，可处理为作用在该段高 1/2 处的集中载荷。如图 7-28 所示。

因此，在高度 h_k 处的集中载荷 m_k 所引起的基本震型地震力为：

$$F_k = C_z \alpha_1 \eta_k m_k g \quad (N) \tag{7-5}$$

式中 C_z——结构综合影响系数，对圆筒形直立设备取 $C_z = 0.5$；

$\quad\quad \alpha_1$——对应于塔器基本自振周期 T 的地震影响系数 α 值；

$\quad\quad \eta_k$——基本震型参与系数。

地震影响系数 α 按图 7-29 确定，图中曲线部分按公式（7-6）计算，但不得小于 $0.2\alpha_{max}$。

$$\alpha = \left(\frac{T_g}{T}\right)^{0.9} \alpha_{max} \tag{7-6}$$

式中 T_g——各类场地土的特征周期，见表 7-2；

$\quad\quad \alpha_{max}$——地震影响系数 α 的最大值，按表 7-3 选取；

T——塔设备自振周期（利用图 7-29 查取 α_1 值时，应使 $T=T_1$），s；

T_1——塔设备基本自振周期，按式（7-7）、式（7-8）计算，s。

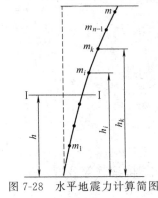

图 7-28　水平地震力计算简图

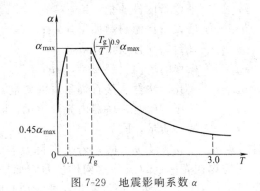

图 7-29　地震影响系数 α

等直径、等壁厚塔器的基本自振周期 T_1 为：

$$T_1 = 90.33H \sqrt{\frac{m_0 H}{E S_e D_i^3}} \times 10^{-3} \tag{7-7}$$

不等直径或不等壁厚塔器的基本自振周期 T_1 为：

$$T_1 = 114.8 \sqrt{\sum_{i=1}^{n} m_i \left(\frac{h_i}{H}\right)^3 \left(\sum_{i=1}^{n} \frac{H_i^3}{E_i I_i} - \sum_{i=2}^{n} \frac{H_i^3}{E_{i-1} I_{i-1}}\right)} \times 10^{-3} \tag{7-8}$$

表 7-2　场地土的特征周期 T_g

场地土	近震	远震
I	0.2	0.25
II	0.3	0.40
III	0.4	0.55
IV	0.65	0.85

表 7-3　地震影响系数 α 的最大值

设计地震烈度/度	7	8	9
α_{max}	0.23	0.45	0.90

注：场地土分类及近震、远震见 JB 4710 附录 B。

2. 垂直地震力

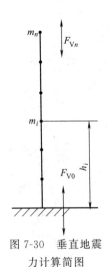

图 7-30　垂直地震
力计算简图

地震烈度为 8 度或 9 度区的塔器应考虑上下两个方向垂直地震力作用，如图 7-30 所示。

塔器底截面处的垂直地震力按照式（7-9）进行计算：

$$F_V^{0-0} = \alpha_{V max} m_{eq} g \tag{7-9}$$

式中　$\alpha_{V max}$——垂直地震影响系数最大值，取 $\alpha_{V max} = 0.65\alpha_{max}$；

m_{eq}——塔器的当量质量，取 $m_{eq} = 0.75 m_0$，kg。

任意质量 i 点所产生的垂直地震力按式（7-10）计算：

$$F_V^{I-I} = \frac{m_i h_i}{\sum\limits_{k=1}^{n} m_k h_k} F_V^{0-0} \quad (i=1, 2, \cdots, n) \tag{7-10}$$

3. 地震弯矩

塔器任意计算截面 I—I 的基本振型地震弯矩按式（7-11）

计算：

$$M_E^{I-I} = \sum_{k=1}^{n} F_k(h_k - h) \qquad (7\text{-}11)$$

式中　h——计算截面距地面的高度，m（图 7-28）。

等直径、等厚度塔器的任意截面 I—I 的地震弯矩和底部截面 0—0 的基本振型地震弯矩如下：

$$M_E^{I-I} = \frac{8C_z\alpha_1 m_0 g}{175 H^{2.5}}(10H^{3.5} - 14H^{2.5}h + 4h^{3.5}) \qquad (7\text{-}12)$$

$$M_E^{0-0} = \frac{16}{35}C_z\alpha_1 m_0 g H \qquad (7\text{-}13)$$

式中　g——重力加速度，$g = 9.81\text{m/s}^2$。

当 $H/D_i > 15$，或高度大于等于 20m 时，视设备为柔性结构，须考虑高振型的影响，在进行稳定或其他验算时，所取的地震弯矩值应为上列计算值的 1.25 倍。

（三）风载荷计算

1. 水平风力

自支承式塔设备受风压作用时，塔体会因风压而发生弯曲变形。吹到塔设备迎风面上的风压值，随设备高度的增加而增加。为了计算简便，将风压值按设备高度分为几段，假设每段风压值各自均布于塔设备的迎风面上，如图 7-31 所示。

塔设备的计算截面应该选在其较薄弱的部位，如截面 0—0、1—1、2—2 等。其中 0—0 截面为塔设备的基底截面；1—1 截面为裙座上人孔或较大管线引出孔处的截面；2—2 截面为塔体与裙座连接焊缝处的截面，如图 7-31 所示。两相邻计算截面区间为一计算段，任一计算段的风载荷就是集中作用在该段中点上的风压合力。

任一计算段风载荷的大小，不仅与塔器所在地区的基本风压值 q_0（距地面 10mm 高处的风压值）有关（表 7-4），同时也和塔器的高度、直径、形状以及自振周期有关。

两相邻计算截面间的水平风力为：

$$P_i = K_1 K_{2i} q_0 f_i l_i D_{ei} \times 10^{-6} \qquad (7\text{-}14)$$

$$K_{2i} = 1 + \zeta v_i \phi_{zi}/f_i \qquad (7\text{-}15)$$

式中　K_1——体型系数，取 $K_1 = 0.7$；

　　　K_{2i}——塔器各计算段的风振系数，当塔高 $H \leqslant$ 20m 时，按式（7-15）计算；

　　　q_0——10m 高处的基本风压值，N/m^2，见表 7-4；

　　　f_i——风压高度变化系数，按表 7-5 查取；

　　　ζ——脉动增大系数，按表 7-6 选取；

　　　v_i——第 i 段脉动影响系数，按表 7-7 查取；

　　　ϕ_{zi}——第 i 段振型系数，根据 h_i/H 与 u 查表 7-8；

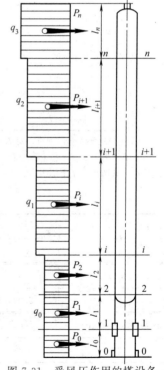

图 7-31　受风压作用的塔设备

l_i——同一直径的两相邻计算截面间距离，mm；

D_{ei}——塔器各计算段的有效直径，mm。

表 7-4　10m 高处我国各地基本风压值 q_0　　　　单位：N/m²

地区	北京	长春	吉林	上海	南京	徐州	杭州	温州	福州
q_0	350	500	400	450	250	350	300	550	600
地区	广州	湛江	石家庄	沈阳	大连	抚顺	济南	郑州	洛阳
q_0	500	850	300	450	500	450	400	350	300
地区	蚌埠	南昌	武汉	包头	太原	大同	兰州	银川	长沙
q_0	300	400	250	450	300	450	300	500	350
地区	株洲	南宁	成都	重庆	贵阳	西安	昆明	西宁	拉萨
q_0	350	400	250	250	250	350	200	350	350

表 7-5　风压高度变化系数 f_i

距地面高度/m	A[①]	B	C
5	1.17	0.80	0.54
10	1.38	1.00	0.71
15	1.52	1.14	0.84
20	1.63	1.25	0.94
30	1.80	1.42	1.11
40	1.92	1.56	1.24
50	2.03	1.67	1.36
60	2.12	1.77	1.46
70	2.20	1.86	1.55
80	2.27	1.95	1.64
90	2.34	2.02	1.72
100	2.40	2.09	1.79

① 若采用当地气象部门资料，对 A 类地区高度变化系数 f_i 应取 B 类地区系数；B 类和 C 类地区不变。

注：A 类地面粗糙度系指近海地面、海岛、海岸、湖岸及沙漠地区；B 类系指田野、乡村、丛林、丘陵以及房屋比较稀疏的中小城镇和大城市郊区；C 类系指有密集建筑群的大城市市区。

表 7-6　脉动增大系数 ζ

$q_1 T_1^2 / (N \cdot s^2/m^2)$	10	20	40	60	80	100
ζ	1.47	1.57	1.69	1.77	1.83	1.88
$q_1 T_1^2 / (N \cdot s^2/m^2)$	200	400	600	800	1000	2000
ζ	2.04	2.24	2.36	2.46	2.53	2.80
$q_1 T_1^2 / (N \cdot s^2/m^2)$	4000	6000	8000	10000	20000	30000
ζ	3.09	3.28	3.42	3.54	3.91	4.14

注：计算 $q_1 T_1^2$ 时，对 B 类 $q_1=q_0$，对 A 类 $q_1=1.38q_0$，对 C 类 $q_1=0.71q_0$。

表 7-7　脉动影响系数 v_i

粗糙度类别	高度/m					
	10	20	40	60	80	100
A	0.78	0.83	0.87	0.89	0.89	0.89
B	0.72	0.79	0.85	0.88	0.89	0.90
C	0.66	0.74	0.82	0.86	0.88	0.89

表 7-8　振型系数 ϕ_{zi}

h_i/H	u		
	1	0.8	0.6
0.1	0.02	0.02	0.01
0.2	0.07	0.06	0.05
0.3	0.15	0.12	0.11
0.4	0.24	0.21	0.19
0.5	0.35	0.32	0.29
0.6	0.48	0.44	0.41
0.7	0.60	0.57	0.55
0.8	0.73	0.71	0.69
0.9	0.87	0.86	0.85
1.0	1.00	1.00	1.00

注：表中 u 为塔顶、塔底有效直径之比。

2. 风弯矩

塔设备作为悬臂梁，在风载荷作用下产生弯曲变形。任意计算截面的 I—I 处的风弯矩按式（7-16）计算：

$$M_{\mathrm{W}}^{\mathrm{I}-\mathrm{I}} = P_i \frac{l_i}{2} + P_{i+1}\left(l_i + \frac{l_{i+1}}{2}\right) + P_{i+2}\left(l_i + l_{i+1} + \frac{l_{i+2}}{2}\right) + \cdots \tag{7-16}$$

（四）偏心载荷

有些塔设备在顶部悬挂有分离器、热交换器、冷凝器等附属设备，这些附属设备对塔体产生偏心载荷。偏心载荷所引起的弯矩为：

$$M_{\mathrm{e}} = m_{\mathrm{e}} g e \tag{7-17}$$

式中　m_{e}——偏心质量，kg；

　　　e——偏心质量的重心至塔设备中心线的距离，mm。

二、塔体稳定校核和强度校核

进行塔体的机械设计时，首先按照操作压力计算塔体的壁厚，然后按照不同的情况把各种载荷下的轴向应力叠加，最后进行稳定性和强度校核。

（一）塔体稳定校核

首先假设一个筒体有效厚度 S_{ei}，或参照内、外压筒体计算取一有效厚度，按下述要求计算并使之满足稳定条件。

计算压力在塔体中引起的轴向应力：

$$\sigma_1 = \frac{P_{\mathrm{c}} D_i}{4 S_{\mathrm{ei}}} \tag{7-18}$$

操作或非操作时重量载荷及垂直地震力在塔体中引起的轴向应力：

$$\sigma_2^{i-i} = \frac{(m^{i-i} g \pm F_{\mathrm{V}}^{i-i})}{\pi D_i S_{\mathrm{ei}}} \tag{7-19}$$

式中　m^{i-i}——任意计算截面 i—i 以上塔体承受的操作或非操作时的质量，kg。

其中 F_{V}^{i-i} 仅在最大弯矩为地震弯矩参与组合时计入。

弯矩在塔体中引起的轴向应力：

$$\sigma_3^{i-i} = \frac{4 M_{\max}^{i-i}}{\pi D_i^2 S_{\mathrm{ei}}} \tag{7-20}$$

式中　M_{max}^{i-i}——计算截面处的最大弯矩，取风弯矩或地震弯矩加 25% 风弯矩二者中的较大值与偏心弯矩之和。

应根据塔设备在操作时或非操作时各种危险情况对 σ_1、σ_2、σ_3 进行组合，求出最大组合轴向压应力 σ_{max}^{i-i}，并使之等于或小于轴向许用压应力 $[\sigma]_{cr}$ 值。

轴向许用压应力按下式求取：

$$[\sigma]_{cr} = \begin{cases} KB \\ K[\sigma]^t \end{cases} \quad \text{取二者最小值} \tag{7-21}$$

式中　B——按照化工设计手册关于外压圆筒几何参数计算图图算法求取；

$[\sigma]^t$——材料在设计温度下的许用应力，MPa；

K——载荷组合系数，取 $K=1.2$。

显然，内压操作的塔设备，最大组合轴向压应力出现在非操作时背风侧情况下，即

$$\sigma_{max} = \sigma_2^{i-i} + \sigma_3^{i-i} \tag{7-22}$$

σ_{max} 在危险截面 2—2 上的分布情况可以利用应力叠加法求出，见图 7-32 (a)。

外压操作的塔设备最大组合轴向应力出现在正常操作情况下，即

$$\sigma_{max} = \sigma_1 + \sigma_2^{i-i} + \sigma_3^{i-i} \tag{7-23}$$

σ_{max} 在危险截面 2—2 上的分布情况见图 7-32 (b)。

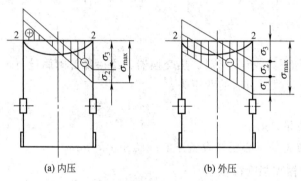

(a) 内压 　　　　　　(b) 外压

图 7-32　最大组合轴向压应力

（二）塔体强度校核

1. 塔体拉应力校核

首先假设一个有效厚度或参照稳定验算结果取一有效厚度 S_{ei} 进行计算。

应对操作或非操作时各种情况 σ_1、σ_2、σ_3 进行组合，求出最大组合轴向拉应力 σ_{max}^{i-i}，并使之等于或小于许用应力与焊接接头系数和载荷组合系数的乘积 $K\phi[\sigma]^t$。K 为载荷组合系数，取 $K=1.2$。如厚度不能满足上述条件，须重新假设厚度，重复上述计算，直至满足为止。

对于内压操作的塔设备，最大组合轴向拉应力出现在正常操作的迎风侧，即

$$\sigma_{max} = \sigma_1 - \sigma_2^{i-i} + \sigma_3^{i-i} \tag{7-24}$$

此 σ_{max} 在危险截面 2—2 上的分布情况见图 7-33。

外压操作的塔设备，最大组合轴向拉应力出现在非操作的迎风侧，即

$$\sigma_{max} = \sigma_3^{i-i} - \sigma_2^{i-i} \tag{7-25}$$

此 σ_{max} 在危险截面 2—2 上的分布情况见图 7-34。

根据按设计压力计算的塔体厚度 S_e，按稳定条件验算确定的厚度 S_{ei}，以及按抗拉强度验算条件确定的厚度 S_{ei} 的大小，取其中较大值，再加上厚度附加量，并考虑制造、运输、

安装时刚度的要求，最终确定塔体厚度。

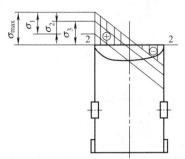

图 7-33　最大组合轴向拉应力（内压）

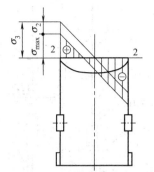

图 7-34　最大组合轴向拉应力（外压）

2. 塔设备水压试验时的应力验算

同其他压力容器一样，塔设备也要在安装后进行水压试验检查。

对选定的各危险截面按式（7-26）～式（7-30）进行各项应力计算。

由水压试验压力引起的环向应力：

$$\sigma = \frac{(P_T + 液柱静压力)(D_i + S_{ei})}{2S_{ei}} \tag{7-26}$$

由试验压力引起的轴向应力：

$$\sigma_1 = \frac{P_T D_i}{4 S_{ei}} \tag{7-27}$$

液压试验时由重力引起的轴向应力：

$$\sigma_2 = \frac{m_T^{i-i} g}{\pi D_i^2 S_{ei}} \tag{7-28}$$

由弯矩引起的轴向应力：

$$\sigma_3 = \frac{0.3 M_W^{i-i} + M_e}{\frac{\pi}{4} D_i^2 S_{ei}} \tag{7-29}$$

液压试验时圆筒材料的许用轴向压应力按下式确定：

$$[\sigma]_{cr} = \begin{cases} 0.9 K \sigma_s \\ KB \end{cases} \quad 取其中的较小值 \tag{7-30}$$

式中，B 值按照化工设计手册关于外压圆筒几何参数计算图求取；σ_s 为材料在试验温度下的屈服点，MPa。

计算所得的各项应力应满足式（7-31）～式（7-33）的要求。

$$\sigma \leqslant 0.9 \sigma_s \vartheta \tag{7-31}$$

$$\sigma_1 - \sigma_2 + \sigma_3 \leqslant 0.9 K \sigma_s \vartheta \tag{7-32}$$

$$\sigma_2 + \sigma_3 \leqslant [\sigma]_{cr} \tag{7-33}$$

式中　K——载荷组合系数，取 $K = 1.2$。

三、裙座及其强度校核

塔设备的支座，根据工艺要求和载荷特点，常采用圆筒形和圆锥形裙式支座（简称裙座）。裙座主要由基础环、螺栓座和裙座圈组成。裙座圈上开有人孔、工艺管线引出孔和排气孔。图 7-35 所示为圆筒形裙座结构简图。

（1）座体　它的上端与塔体底封头焊接在一起，下端焊在基础环上。座体承受塔体的全

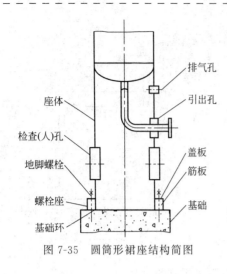

图 7-35　圆筒形裙座结构简图

部载荷，并把载荷传到基础环上去。

（2）基础环　基础环是块环形垫板，它把由座体传下来的载荷再均匀地传到基础上去。

（3）螺栓座　由盖板和筋板组成，供安装地脚螺栓用，以便地脚螺栓把塔设备固定在基础上。

（4）管孔　在裙座上有检修用的人孔、引出孔、排气孔等。

1. 裙座的设计

裙座壁厚的设计与塔壁设计的方法相同，同样需要初估一个裙座壁厚值，然后按照轴向组合应力的校核来确定裙座的实际厚度。同样，根据轴向组合应力可以进行基础环、裙座圈和地脚螺栓的相关设计，具体设计方参见相关的设计规定。

2. 裙座与塔体的连接

（1）裙座与塔体对接焊缝结构　裙座与塔体对接焊缝的结构如图 7-36 所示，对接焊缝结构，要求裙座外直径与塔体下封头的外直径相等，裙座壳与塔体下封头的连接焊缝须采用全焊透连续焊。对接焊缝受压，可以承受较大的轴向载荷，用于大塔。但由于焊缝在塔体底封头的椭球面上，所以封头受力情况较差。

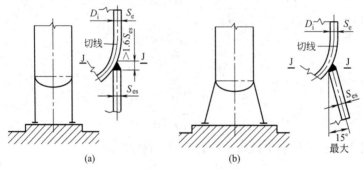

图 7-36　裙座与塔体对接焊缝的结构

（2）裙座与塔体搭接焊缝结构　搭接焊缝结构如图 7-37 所示，要求裙座内径稍大于塔体外径，以便裙座搭焊在底封头的直边段。搭接焊缝承载后承受剪力，因而受力情况不佳；但对封头来说受力情况较好。

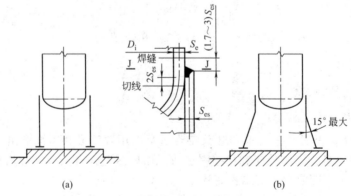

图 7-37　裙座与塔体搭接焊缝结构

习 题

一、名词解释题

1. 自支承式塔设备　2. 自重载荷　3. 风载荷　4. 基本风压　5. 风弯矩　6. 自振周期　7. 地震载荷　8. 水平地震力、垂直地震力　9. 地震弯矩　10. 偏心载荷

二、填空题

A 组

1. 自支承式塔设备设计时，除了考虑操作压力以外，还必须考虑（　　）、（　　）、（　　）等载荷。

2. 内压操作的塔设备，最大组合轴向压应力出现在（　　）时的（　　）风面，其最大组合轴向压应力为（　　）。

3. 外压操作的塔设备，最大组合轴向拉应力出现在（　　）时的（　　）风面，其最大组合轴向拉应力为（　　）。

4. 当地震烈度≥（　　）度时，设计塔设备必须考虑地震载荷。

5. 内压操作的塔设备，最大组合轴向压应力的稳定条件是：$\sigma_{max}=$（　　）$\leqslant \begin{cases} （　　） \\ （　　） \end{cases}$ 中较小值。

6. 外压操作塔设备，最大组合轴向拉应力的强度条件是：$\sigma_{max}=$（　　）$\leqslant$（　　）。

7. 裙座与塔体的连接焊缝，如采用对接焊缝，则（　　）验算焊缝强度；如采用搭接焊缝，则焊缝同时承受（　　）和（　　）作用，所以操作或水压试验时，焊缝承受复合剪切应力作用，其验算的强度条件为（　　）。

B 组

1. 塔设备质量载荷包括：
(1)（　　　　　　　　）m_{01}；(2)（　　　　　　　　　）m_{02}；
(3)（　　　　　　　　）m_{03}；(4)（　　　　　　　　　）m_{04}；
(5)（　　　　　　　　）m_{05}；(6)（　　　　　　　　　）m_a；
(7)（　　　　　　　　）m_w。

2. 内压操作的塔设备，最大组合轴向拉应力出现在（　　）时的（　　）风面，其最大组合轴向拉应力＝（　　）。

3. 外压操作的塔设备，最大组合轴向压应力出现在（　　）时的（　　）风面，其最大组合轴向压应力＝（　　）。

4. 塔体各种载荷引起的轴向应力包括：
(1) 设计压力引起的轴向应力（内压取外压）：$\sigma_1=\pm$（　　）MPa。
(2) 操作质量引起的轴向应力 $\sigma_1^{i-i}=$（　　）MPa。
(3) 最大弯矩引起的轴向应力 $\sigma_2^{i-i}=\pm$（　　）MPa。
其中最大弯矩 M_{max}^{i-i} 取计算截面上的（　　）或（　　）＋（　　）%（　　）中的较大值。

5. 内压操作的塔设备，最大组合轴向压应力的强度条件是：（　　）。

6. 外压操作的塔设备，最大组合轴向压应力的强度与稳定条件是：
$$\sigma_{max}=（　　）\leqslant \begin{cases} （　　） \\ （　　） \end{cases} \text{中较小值。}$$

7. 塔设备水压试验时，应满足：

轴向压应力强度条件：

$$\sigma = (\qquad) \leqslant (\qquad) ;$$

轴向拉应力强度与稳定条件：

$$\sigma'_{\mathrm{T}} = (\qquad) \leqslant \left\{ \begin{array}{l} (\qquad) \\ (\qquad) \end{array} \right. \text{中较小值。}$$

三、画出下列情况下危险截面组合应力分布图

1. 内压操作塔设备的最大组合轴向压应力（图 7-38）。

$$\sigma_{\max} = \sigma_2^{2-2} + \sigma_3^{2-2}$$

2. 内压操作塔设备的最大组合轴向拉应力（图 7-39）。

$$\sigma_{\max} = \sigma_1 - \sigma_2^{2-2} + \sigma_3^{2-2}$$

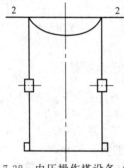 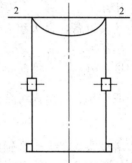

图 7-38　内压操作塔设备（一）　　　　图 7-39　内压操作塔设备（二）

3. 外压操作塔设备的最大组合轴向压应力（图 7-40）。

$$\sigma_{\max} = \sigma_1 + \sigma_2^{2-2} + \sigma_3^{2-2}$$

4. 外压操作塔设备的最大组合轴向拉应力（图 7-41）。

$$\sigma_{\max} = \sigma_3^{2-2} - \sigma_2^{2-2}$$

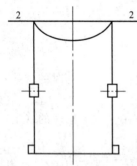 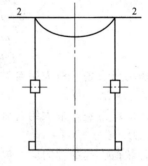

图 7-40　外压操作塔设备（一）　　　　图 7-41　外压操作塔设备（二）

5. 裙式支座基底截面，操作时最大组合轴向压应力（图 7-42）。

$$\sigma_{\max} = \sigma_2^{0-0} + \sigma_3^{0-0}$$

6. 裙式支座基底截面，水压试验时最大组合轴向压应力（图 7-43）。

$$\sigma_{\max} = \sigma_2^{0-0} + \sigma_3^{0-0}$$

7. 裙式支座人孔或较大管线引出孔处，操作时最大组合轴向压应力（图 7-44）。

$$\sigma_{\max} = \sigma_2^{1-1} + \sigma_3^{1-1}$$

8. 裙式支座人孔取较大管线引出孔处，水压试验时最大组合轴向压应力（图 7-45）。

$$\sigma_{\max} = \sigma_2^{1-1} + \sigma_3^{1-1}$$

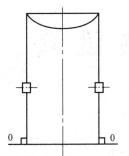

图 7-42　裙式支座基底截面（一）

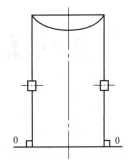

图 7-43　裙式支座基底截面（二）

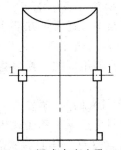

图 7-44　裙式支座人孔（一）

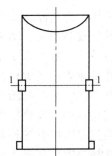

图 7-45　裙式支座人孔（二）

四、填图

1. 图 7-46 所示为一塔板的局部结构图，试对各个编号注上结构名称及其作用。
2. 试将图 7-47 所示塔设备中所标编号的名称按顺序写出来。

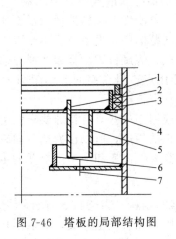

图 7-46　塔板的局部结构图

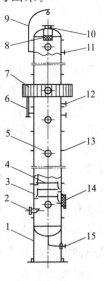

图 7-47　塔设备

第八章　换热设备

第一节　概　述

使热量从热流体传递到冷流体的设备称为换热设备。换热设备广泛应用于炼油、化工、轻工、制药、机械、食品加工、动力以及原子能工业部门当中。通常，在某些化工厂的设备投资中，换热器占总投资的30%；在现代炼油厂中，换热器约占全部工艺设备投资的40%以上；在海水淡化工业生产当中，几乎全部设备都是由换热器组成的。换热器的先进性、合理性和运转可靠性直接影响产品的质量、数量和成本。

根据不同的使用目的，换热器可以分为四类：加热器、冷却器、蒸发器、冷凝器。由于使用条件不同，换热器可以有各种各样的形式和结构，按照传热原理和实现热交换的形式不同可以分为间壁式换热器、混合式换热器、蓄热式换热器（冷热流体直接接触）、有液态载热体的间接式换热器四种。实际生产中，换热器可以是一个单独的设备，也可以是某一个工艺设备的组成部分。

衡量一台换热器好坏的标准是传热效率高，流体阻力小，强度足够，结构合理，安全可靠，节省材料，成本低，制造、安装、检修方便。

目前化工、轻工、炼油、食品等行业广泛使用的是间壁式换热器。按照结构形式，间壁式换热器可以分为以管子为传热面的换热器、以面板为传热面的换热器和特殊类型的换热器。

以管子为传热面的换热器包括沉浸式蛇管换热器、喷淋式蛇管换热器、套管式换热器、列管式换热器等类型。列管式换热器的传热效率、紧凑性、金属消耗量都不如新型高效换热器，但其结构简单、可靠程度高、适应性强、材料范围广，设备材质不受限制。板式换热器是近年来发展起来的新型高效换热器，它包括板式、螺旋板式、板翅式换热器等。它具有传热效率高、金属消耗量少、体积小、结构紧凑等优点。但它们的流体阻力大，强度和刚度差，制造、维修困难，所以其应用受到一定限制。

特殊类型换热器有夹套式、回转式等，主要应用于一些具有特殊要求的生产场合。

管壳式换热器具有其他类型换热器所不可比拟的优点，所以在换热器向高参数、大型化发展的今天，其仍是石油、化工生产中，尤其是高温、高压和大型换热器的主要结构形式。

一、管壳式换热器的结构及主要零部件

图 8-1 为一双管程固定管板式列管式换热器的结构。由管束、管板、折流板、分程隔板、壳体和封头等部件构成。管束由许多根管子固定在管板上形成，提供换热间壁，管板和壳体可以焊接在一起。在管束外有许多折流板，通过改变流体的流动路线而增加管外传热膜系数。管板与封头所包围的流动空间称为管箱，其作用是流体流经管箱时可以得到缓冲、扩散后流入管束内。多管程的换热器在管箱内装有分程隔板。冷热流体的进出口管分别装在壳体和管箱上。此外，换热器上还有人孔、手孔等检查孔，接口管、排液管、排气孔、法兰支

座等通用零件。

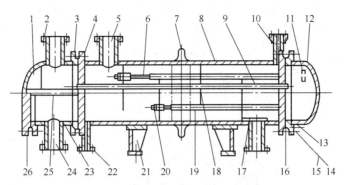

图 8-1　双管程固定管板式列管式换热器的结构

1—管箱（A、B、C、D 型）；2—接管法兰；3—设备法兰；4—管板；5—壳程接管；6—拉杆；
7—膨胀节；8—壳体；9—换热管；10—排气管；11—吊耳；12—封头；13—顶丝；14—双头螺柱；
15—螺母；16—垫片；17—防冲板；18—折流板或支承板；19—定距管；20—拉杆螺母；21—支座；
22—排液管；23—管箱壳体；24—管程接管；25—分程隔板；26—管箱盖

二、管壳式换热器的结构类型

管壳式换热器按照结构形式可以分为固定管板式、浮头式、填料函式、U 形管式和釜式换热器五种。

1. 固定管板式换热器

图 8-2 和图 8-3 所示的这类换热器，结构简单、紧凑，能承受较高压力，每根管子都能单独更换和清洗管内，两管板由管子相互支撑，在各种列管式换热器中其管板最薄，故而造价较低。其缺点是管外清洗困难，管壳间有温差应力存在，当两种介质温差较大时，必须设置膨胀节，以降低热应力。此时，壳程压力就受到膨胀节强度限制而不能太高，如图 8-3 所示。

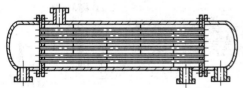

图 8-2　固定管板式换热器　　　　　图 8-3　带补偿器的固定管板式换热器

固定管板式换热器适用于壳程介质清洁、不易结垢、管程需清洗以及温差不大或温差虽大但是壳程压力不高的场合。

2. 浮头式换热器

图 8-4 所示的这类换热器，一端管板是固定的，另一端管板可在壳体内移动，因而管、壳间不产生温差应力。管束可以抽出，便于清洗。但这类换热器结构较复杂，环隙空间大，管子在管板上排列不紧凑，金属耗量较大，浮头处如发生内漏不便检查。

浮头式换热器适用于管、壳温差较大，介质易结垢的场合。炼油厂使用的换热器多数是这种类型。

3. 填料函式换热器

图 8-5 所示的这类换热器只有一块管板与壳体刚性连接，另一块与壳体之间采用填料密封，以防泄漏。这种结构保留了管束可以抽出、热应力可以消除的优点，同时省去了浮头换热

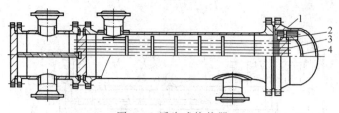

图 8-4 浮头式换热器

1—钩圈；2—密封垫片；3—浮动管板；4—浮头

器的浮头盖及相应的连接结构，避免了内泄不易发现的弊端。该类型换热器结构较简单，造价比浮头式换热器低，检修、清洗容易。但是，壳程内介质有外漏的可能，壳程中不易处理易挥发、易燃、易爆、有毒的介质。操作压力越高，密封越困难，多用于低压和小直径的场合。

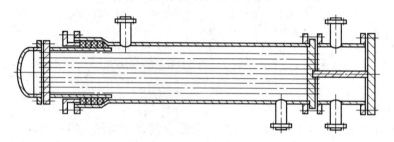

图 8-5 填料函式换热器

图 8-6 是填料函分流式换热器，又称活动管板换热器。管板是填料函的组成部分，在两组填料函中间设套环，管程或壳程泄漏的流体可以从套环引出。这种换热器适用于温度与压力更低的场合。

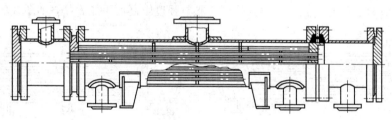

图 8-6 填料函分流式换热器

4. U 形管式换热器

图 8-7 所示的这类换热器为 U 形管式换热器。此类换热器将换热管弯成 U 形，两端固定在同一管板上，管程至少为两程，管束可以抽出清洗，管子自由膨胀，不会因介质温差而产生温差应力，因为它可以减少管板数目，造价比浮头式的低，结构简单。其缺点是管内不便清洗，管板上布管少，结构不紧凑，管束中心部分存在间隙，管外介质易短路，影响传热效果。为了避免弯管外侧管壁较薄，管壁要适当加厚，因各排管子曲率不一，管子长度不同，物料分布不如直管均匀，管束中部管子不能检查更换，堵管后管子报废率较直管大。由于是数目减半的管板承受全部支承作用，所以相同壳体内径的管板厚度大于其他形式，换热器直径较大时，U 形部分支承有困难，管束抗震性差。

U 形管式换热器结构比较简单、价格便宜，承压能力强，适用于管、壳壁温差较大，尤其是管内介质清洁不易结垢而壳程介质易结垢，需要经常清洗的高温、高压、腐蚀性较强不适宜采用浮头式和固定管板式的场合。

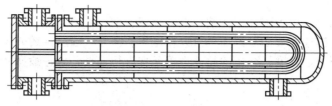

图 8-7 U 形管式换热器

5. 釜式换热器

釜式换热器结构如图 8-8 所示。这种换热器管束可以分为浮头式、U 形管式和固定管板式结构，具有浮头式、U 形管式和固定管板式的特征。它与其他换热器的不同之处在于壳体上设置了一个蒸发空间，空间大小由产气量和所要求的蒸气品质决定。釜式换热器清洗维修方便，适用于处理不清洁、易结垢的介质，并能承受高温高压的场合。

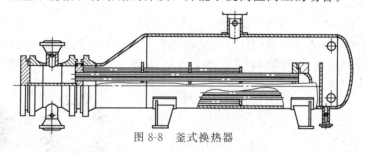

图 8-8 釜式换热器

第二节 管板式换热器换热管的选用及其与管板的连接

固定管板式换热器由于具有结构简单、坚固、造价低，在大多数场合可以满足使用要求的优点，因而成为化工工业中应用最为普遍的换热器类型。本节只以固定管板式换热器为例，介绍管壳式换热器特殊部件及其连接结构的选用和基本设计原则。

一、换热管的选用

1. 换热管直径

换热器的管子构成换热器的传热面，换热管的外表面积决定换热器传热面积的大小。换热管直径的确定要考虑管内介质的物性和管内流体流速，为了提高传热效率，通常要求管内流体呈湍流流动（流体流速为 0.3～2m/s，气体流速为 8～25m/s）。采用小尺寸的管子时，换热器单位体积换热面积大一些，设备较紧凑，单位传热面积的金属消耗量少，传热系数也稍高，但是小直径管子制造麻烦，容易结垢，不易清洗，流体阻力大。故此，小直径的管子用于较清洁的流体。如果管内介质黏性大或污浊，为了清洗，减小流动阻力和降低输送介质的动力消耗，可以适当增大传热管管径。

我国管壳式换热器常用无缝钢管规格（外径×厚度）见表 8-1，常用的换热管直径有 $\phi19$ 和 $\phi25$ 两种。换热器的换热管长度与公称直径之比，一般为 4～25，常用的为 6～10。立式换热器，其比值多为 4～6。

表 8-1 无缝钢管规格 单位：mm

碳钢、低合金钢	14×2	19×2	25×2.5	32×3	38×3
不锈钢	19×2	25×2	25×2.5	32×2.5	38×2.5

2. 换热管材料

常用换热管材料有碳素钢、不锈钢、低合金钢、铜、铜镍合金、铝合金、钛等，一些非金属材料如石墨、陶瓷、聚四氟乙烯也可以在低压、高温、强腐蚀的介质中使用。具体材料选用应根据设计压力、温度、介质的腐蚀性等条件进行选择，就一般介质而言，普通碳钢应用最为广泛。

3. 换热管长度

换热管长度主要根据工艺计算和整个换热器几何尺寸的布局决定，管子越长，换热器单位材料消耗越低，管子太长，会对流体产生较大阻力，维修、清洗、运输、安装都不方便，管子本身受力也不好。换热器长度规定为 1500mm、2000mm、500mm、3000mm、4500mm、5000mm、6000mm、7500mm、9000mm、12000mm。常用的长度可取为 1500mm、2000mm、3000mm、6000mm。换热器的长径比，卧式换热器取 $L/D_i = 6 \sim 10$，立式换热器取 $L/D_i = 4 \sim 6$。

4. 换热管构造

换热器中管子一般都用光管，因为它的结构简单，制造容易，但它的强化传热性能不足。特别是当流体表面传热系数很低时，采用光管作换热管，换热器的传热系数将会很低。为了强化传热，出现了多种结构形式的管子，如异形管（图 8-9）、翅片管（图 8-10、图 8-11）、螺纹管（图 8-12）等。

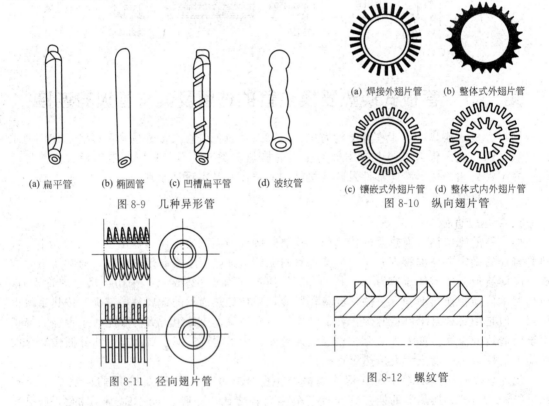

(a) 扁平管　　(b) 椭圆管　　(c) 凹槽扁平管　　(d) 波纹管

图 8-9　几种异形管

(a) 焊接外翅片管　　(b) 整体式外翅片管
(c) 镶嵌式外翅片管　　(d) 整体式内外翅片管

图 8-10　纵向翅片管

图 8-11　径向翅片管

图 8-12　螺纹管

二、管子与管板的连接

换热管与管板间的连接是管壳式换热器设计和制造中最为关键的技术之一，也是换热器最容易出现事故的部位。管板与管子的连接处在苛刻的条件下工作，连接质量要求很高。操作中要求密封性能要好，具有足够的结合力，否则将会直接影响换热器的使用寿命和生产的正常进行。常见的连接方法有胀接、焊接和胀焊并用等。

1. 胀接

胀接是将换热管穿入管板板孔内，利用胀管器高速旋转时产生的旋压力旋压深入管板孔中的管子端部，使管端直径增大并发生塑性变形，管板孔同时发生弹性变形。当取去胀管器后，管板孔弹性收缩，管板与管子间就产生一定的挤紧压力，紧密地贴在一起，达到密封紧固连接的目的。图 8-13 表示胀管前和胀管后管径增大和受力情况。

常用的胀接有非均匀胀接（机械滚珠胀接）和均匀胀接（液压胀接、液袋胀接、橡胶胀接和爆炸胀接等）两类。

随着温度的升高，管子和管板材料会产生高温蠕变，接头间的残余应力会逐渐消失，使管端失去密封和紧固能力，造成连接失效，所以胀接结构一般用在换热管为碳素钢、管板为碳素钢或低合金钢、设计压力不超过 4.0MPa、设计温度在 300℃ 以下、操作中无剧烈的振动、无过大的温度变化及无明显的应力腐蚀的场合。

采用胀接时，管板硬度应比管端硬度高，这时可避免在胀接时管板产生塑性变形，影响胀接的紧、性而保证胀接质量。为了达到这个要求可将管端进行退火处理，降低硬度后再进行胀接。有应力腐蚀时，不应采取管端局部退火的方式来降低换热管的硬度。另外，管板及换热管材料的线胀系数与操作温度和室温的温差 Δt，必须符合表 8-2 的规定。

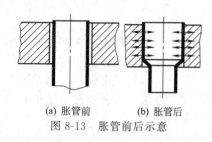

(a) 胀管前　(b) 胀管后

图 8-13　胀管前后示意

表 8-2　线胀系数和温差

$\Delta \alpha / \alpha$	$\Delta t / ℃$
$10\% \leqslant \Delta \alpha / \alpha \leqslant 30\%$	$\leqslant 155$
$30\% < \Delta \alpha / \alpha \leqslant 50\%$	$\leqslant 128$
$\Delta \alpha / \alpha > 50\%$	$\leqslant 72$

注：$\alpha = 1/[2(\alpha_1 + \alpha_2)]$，$\alpha_1$、$\alpha_2$ 分别为管板与换热管材料的线胀系数，$℃^{-1}$。$\Delta \alpha = |\alpha_1 - \alpha_2|$，$℃^{-1}$。$\Delta t$ 等于操作温度减去室温（20℃）。

管板上的孔有孔壁开槽的和孔壁不开槽（光孔）的两种。为了提高管子与管板的连接质量，也可在管板孔内开一个或两个环形槽，以提高连接强度和紧密性，这是因为当胀管后管子产生塑性变形，管壁被嵌入小槽中。

管板开槽胀接的胀接长度取两倍换热管外径、50mm、管板名义厚度减去 3mm 三者中的最小值，见图 8-14。

2. 焊接

焊接连接不需要特殊的工具，具有比胀接连接更大的优越性：在高温高压的条件下，焊接连接能保持连接的紧密性，结构强度高，抗拉脱力强。在高温高压下也能保证连接处的密封性能和抗拉脱力能力；管板加工要求低，可节省孔的加工工时，生产效率高；焊接工艺比胀接工艺简单，生产过程简化；管子与管板选材要求不高，管端不需退火，在压力不太高时可以使用较薄的管板。

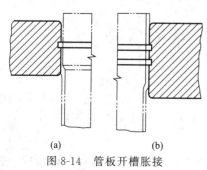

(a)　　　(b)

图 8-14　管板开槽胀接

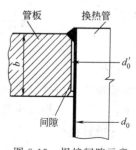

图 8-15　焊接间隙示意

焊接连接的缺点是：由于在焊接接头处产生的热应力可能造成应力腐蚀和破裂；管子与管板间存在间隙，如图 8-15 所示，这些间隙的流体不流动，形成死区，很容易产生"间隙腐蚀"。

焊接接头的结构很重要，它应根据管子直径与厚度、管板厚度和材料、操作条件等因素来决定，如图 8-16 所示的几种形式。图 8-16（a）的管板上不开坡口，连接强度差，适用于压力不高和管壁较薄处。图 8-16（b）由于管板孔端开 60°坡口，焊接结构好，使用最多。图 8-16（c）中的管子头部不突出管板，但焊接质量不易保证，对于立式换热器可避免停车后管板上积水。图 8-16（d）在孔的四周又开了沟槽，因而有效地减小了焊接应力，适用在薄管壁和管板在焊接后不允许产生较大变形的情况。

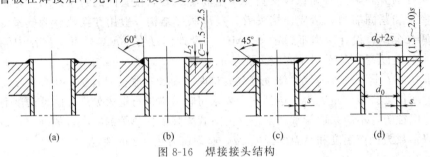

图 8-16　焊接接头结构

3. 胀焊并用

虽然在高温下采用焊接连接较胀接连接可靠，但管子与管板之间往往因存在间隙而产生间隙腐蚀，而且焊接应力也引起应力腐蚀。尤其在高温和高压情况下，连接接头在反复的热冲击、热变形、热腐蚀及介质压力的作用下，工作环境极其苛刻，容易发生破坏，无论采用胀接还是焊接均难以满足要求。目前较广泛采用的是胀焊并用的方法。这种连接方法能提高连接处的抗疲劳性能，消除应力腐蚀和间隙腐蚀，提高使用寿命。

胀焊并用连接工艺主要有强度焊加密封焊、强度焊加贴胀、强度焊加强度胀等几种形式。

密封焊不保证强度，只保证换热管与管板连接密封性能，是单纯防止泄漏而施行的焊接。强度焊既保证焊缝的严密性，又保证有足够的抗拉强度。贴胀是一种为了消除管子与管板孔之间的空隙，并不承担拉脱力的胀接。强度胀是可以满足较高强度的胀接。如果强度胀与密封焊结合，则胀接承担拉脱力，焊接保证密封性。如果强度焊与贴胀相结合，则焊接承受拉脱力，胀接承担消除管子与管板间的间隙的作用。根据加工次序可以分为先胀后焊和先焊后胀两种形式。

究竟在胀焊结合的连接中采用先胀接还是先焊接没有统一的标准。主张先焊后胀者认为在高温高压换热器中大多采用厚壁管，由于胀接时一般使用润滑油，当润滑油进入接头缝隙中就会在焊接时生成气体使焊缝产生气孔，严重恶化焊缝质量。主张先胀后焊的则认为胀接使管壁紧贴于管板孔壁，产生塑性变形不易焊接，这对于焊接性能差的材料尤为明显。

胀焊结合主要用于密封性能要求较高、承受震动和疲劳载荷、有缝隙腐蚀、需要采用复合管板的场合。

第三节　管板与管板连接结构

一、管板

管板是管壳式换热器重要的零部件之一，它的作用是排布换热器，将管程和壳程的流体分隔开来，避免冷、热流体混合，同时承受管程和壳程压力、温度产生的应力作用。

二、管板材料

管板材料的选择除了与力学性能相关外，还应当考虑管程和壳程流体的腐蚀性、管板与换热管之间电位差对腐蚀的影响。当流体腐蚀性较强时，管板应当采用不锈钢、铜、铝、钛等耐腐蚀材料。对于较厚的管板，为了节约耐腐蚀材料，工程上常采用不锈钢与普通钢、钛与普通钢、铜与普通钢或堆焊衬里。当流体无腐蚀或有轻微腐蚀性时，管板一般采用压力容器用碳素钢、低合金钢或锻件制造。

三、管板结构

承受高温、高压的换热器对管板厚度的要求往往是矛盾的：增大管板厚度，可以提高承压能力，当管板两侧流体温差很大时，管板内部沿厚度方向热应力增大；减薄管板厚度，可以降低热应力，但是削弱了管板的承压能力。在换热器开、停车时，由于厚的管板温度变化较换热管温度变化慢，在换热管和管板连接处会产生较大的热应力。此时，快速停车或介质温度突然变化时，热应力往往会导致管板和换热管之间的连接处发生破裂。因此，在满足强度要求的前提下，应当尽量减少管板厚度。

四、换热管在管板上的排列形式

换热管的排列要求在整个换热器的截面上均匀分布，要考虑到几何分布、流体性质、结构设计、制造等方面的因素。最常用的排列方式有正三角形和转角正三角形排列、正方形和转角正方形排列四种。当管程为多程时，则需采用组合排列方式。

1. 正三角形和转角正三角形排列

如图 8-17 所示，这种换热管排列方式在同样管板面积上排列数目最多，适用于壳程污垢少、不需要进行机械清洗的场合。

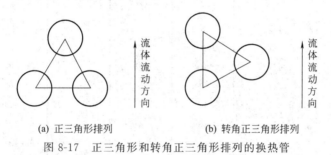

(a) 正三角形排列　　　　　(b) 转角正三角形排列

图 8-17　正三角形和转角正三角形排列的换热管

2. 正方形和转角正方形排列

正方形排列在相同管板面积上排列的管子数最少，比正三角形排列少 $10\%\sim14\%$。如图 8-18 所示，这种排列能够使得管间小桥形成一条直线通道。一般可以用于壳程流体黏度较大、易结垢、需要定期清洗、管束抽出清洗管间的场合。

3. 组合排列法

根据结构的要求，可以将上述两种换热管排列以一定的方式组合起来，形成一种新的换热管组合排列的管板结构，这种情况多在多程换热器中使用。例如图 8-19 所示的多程换热器中，每一程中都采用三角形排列法，而在各程之间，为了便于安装隔板，则采用正方形排列法。

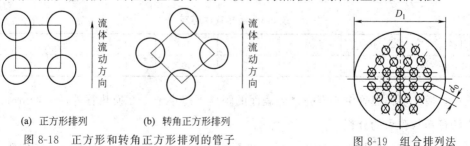

(a) 正方形排列　　　　(b) 转角正方形排列

图 8-18　正方形和转角正方形排列的管子

图 8-19　组合排列法

当管子总数超过 127 根（相当于层数大于 6）时，正三角形排列的最外层管子和壳体之间的弓形部分应配置附加换热管，从而增大传热面积，消除管外空间这部分不利于传热的地方。附加换热管的配置法可参考表 8-3，在制氧设备中，常采用同心圆排列法，结构比较紧凑。

表 8-3　按等边三角形排列时管子的根数

六角形的层数	对角线上的管数	不计弓形部分时管子的根数	弓形部分管数				换热器内管子的总根数
			在弓形的第一排	在弓形的第二排	在弓形的第三排	在弓形部分内总管数	
1	3	7	—	—	—	—	7
2	5	19	—	—	—	—	19
3	7	37	—	—	—	—	37
4	9	61	—	—	—	—	61
5	11	91	—	—	—	—	91
6	13	127	—	—	—	—	127
7	15	169	3	—	—	18	187
8	17	217	4	—	—	24	241
9	19	271	5	—	—	30	301
10	21	331	6	—	—	36	367
11	23	397	7	—	—	42	439
12	25	469	8	—	—	48	517
13	27	547	9	2	—	66	613
14	29	631	10	5	—	90	721
15	31	721	11	6	—	102	823
16	33	817	12	7	—	114	931
17	35	919	13	8	—	126	1045
18	37	1027	14	9	—	138	1165
19	39	1141	15	12	—	162	1303

五、管间距

管板上两换热管中心的距离称为管间距。管间距的确定，需要考虑管板强度、结构紧凑性、传热效率和清洗管子外表面时所需要的空隙大小的影响。同时，它还与换热器在管板上的固定方法有关：当换热管采用焊接方法固定时，相邻两根管的焊缝太近，相互会受到热的影响，使得焊接质量不易保证；当采用胀接法固定时，过小的管间距会造成管板在胀接时由于挤压作用而发生变形，失去管子与管板之间的连接力。实际应用上，换热管中心距不宜小于 1.25 倍的换热管外径，管间距应当符合表 8-4 的规定。

表 8-4　换热管中心距　　　　　　　　　　　　　单位：mm

换热管外径	14	19	25	32	38	45	57
换热管中心距	19	25	32	40	48	57	72

其中，最外层换热管中心至壳体内表面的距离不应小于 1/2 换热管外径+10mm。

六、管箱与管束的分程

当换热器所需的换热面积较大，管子做得太长时，需要增加壳体直径，排列较多的管子。此时，为了增加管程流速，提高传热效率，须将管束分程，使流体依次流过各程管子。固定管板式换热器利用管箱来实现管束分程。管箱位于换热器的两端，通过管箱将介质均匀地分布到各换热管中，或者将管束内的流体汇集后输送出来。图 8-20 所示为管箱的几种结构形式。

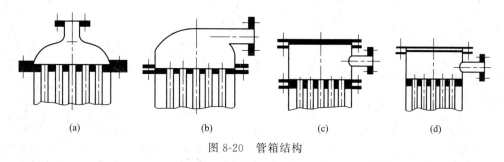

图 8-20 管箱结构

　　管箱结构应便于装拆，因为清洗、检修管子时需要拆下管箱。图 8-20（a）所示结构，在清洗、检修时必须拆下外部管道。若改为图 8-20（b）所示结构，由于有侧向的接管，则不必拆外管道就可将管箱卸下。图 8-20（c）所示结构是将管箱上盖做成可拆的，清洗或检修时只需拆卸盖子即可，不必拆管道，但需要增加一对法兰连接。图 8-20（d）所示结构省去了管板与壳体的法兰连接，使结构简化，但更换管子不方便。

　　在管内流动的流体从管子的一端流到另一端称为一个管程。在换热器一端或两端的管箱内分别安置一定数量的隔板，可以将换热器分为多管程，常用的分程隔板与管板如密封图 8-21、图 8-22 所示。

　　分层隔板有单层和双层两种。单层隔板与管板的密封结构如图 8-21 所示。隔板的密封面宽度应为隔板厚度加 2mm。隔板材料应与封头材料相同。双层隔板与管板的密封结构见图 8-22，双层隔板具有隔热空间，可防止热流短路。

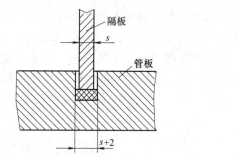

图 8-21 单层隔板与管板的密封结构

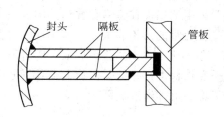

图 8-22 双层隔板与管板的密封结构

　　为了把换热器做成多管程，可在流道室（管箱）中安装与管子中心线相平行的分程隔板，管程数一般有 1、2、4、6、8、10、12 七种，对于各种程数的分程方法，可采用表 8-5 中的不同组合形式，但必须满足：各程换热管数应大致相等；相邻程间平均壁温差不应超过 28℃；各程间的密封长度应最短；分程隔板的形状应简单；各程流速基本相同。

七、管程接管与挡板和导流筒

　　壳程流体进出口的设计，直接影响换热器的传热效率和换热管的寿命。当加热蒸汽或高速流体流入壳程时，对换热管会造成很大的冲刷，所以常将壳程接管在入口处加以扩大，即将接管做成喇叭形，这样起缓冲作用，见图 8-23，或者在换热器进口处设置挡板，其结构见图 8-24～图 8-26。图 8-24（a）结构为筒形，常称为导流筒，它可使加热蒸汽或流体导至靠近

表 8-5　管程布置

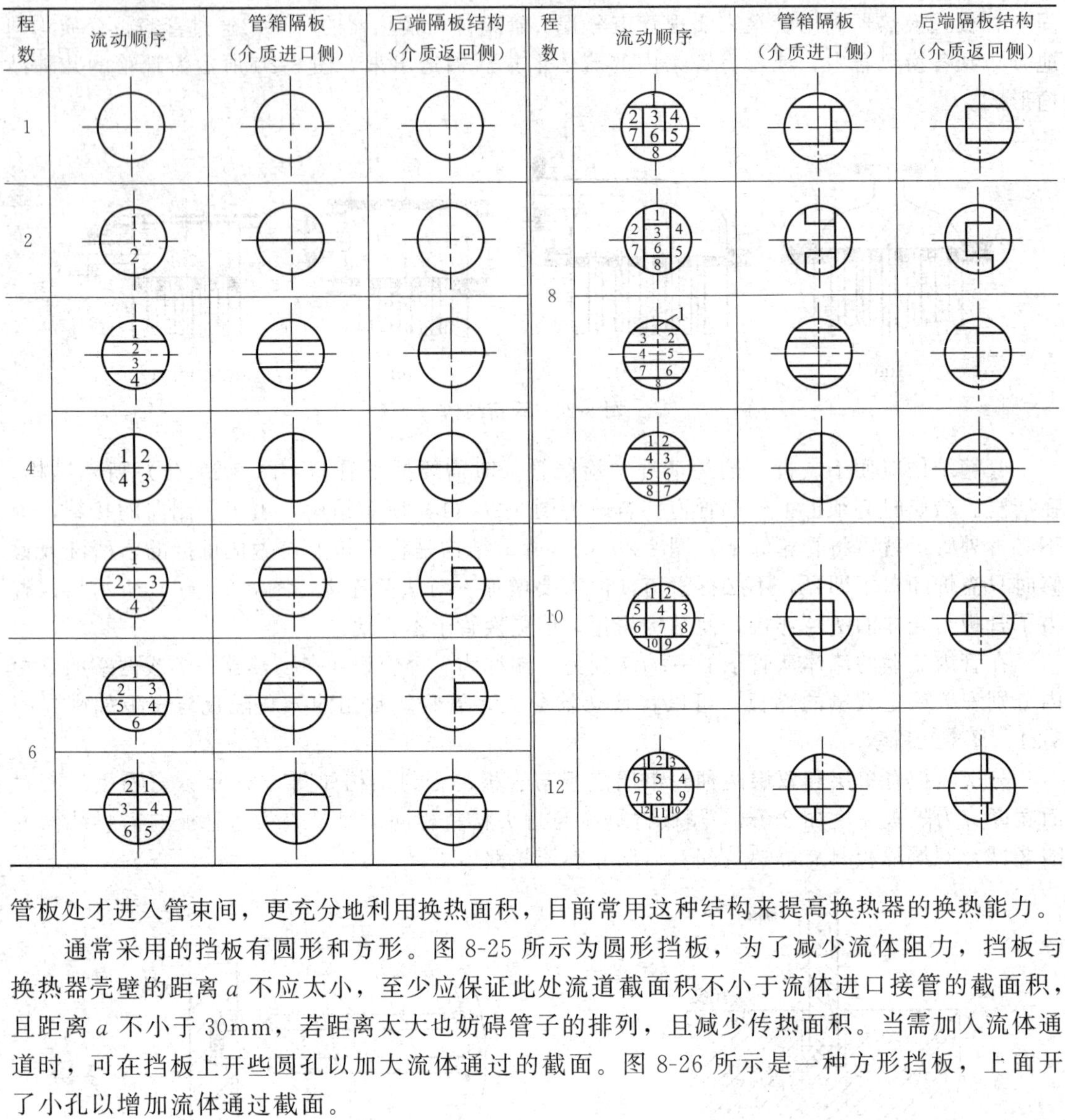

程数	流动顺序	管箱隔板（介质进口侧）	后端隔板结构（介质返回侧）	程数	流动顺序	管箱隔板（介质进口侧）	后端隔板结构（介质返回侧）
1				8	2 3 4 / 7 6 5 / 8		
2	1 / 2			8	1 3 / 7 6 / 8		
4	1 2 3 4			8	1 / 3 2 / 4 / 8		
4	1 2 / 4 3			10	1 2 / 4 3 / 5 6 / 8 7 / 10 9		
6	2 3 / 5 4 / 6			12	1 2 3 / 6 5 4 / 7 8 9 / 12 11 10		
6	2 1 / 3 4 / 6 5						

管板处才进入管束间，更充分地利用换热面积，目前常用这种结构来提高换热器的换热能力。

通常采用的挡板有圆形和方形。图 8-25 所示为圆形挡板，为了减少流体阻力，挡板与换热器壳壁的距离 a 不应太小，至少应保证此处流道截面积不小于流体进口接管的截面积，且距离 a 不小于 30mm，若距离太大也妨碍管子的排列，且减少传热面积。当需加入流体通道时，可在挡板上开些圆孔以加大流体通过的截面。图 8-26 所示是一种方形挡板，上面开了小孔以增加流体通过截面。

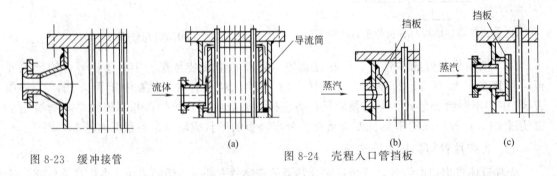

图 8-23　缓冲接管

图 8-24　壳程入口管挡板

对于蒸汽在壳程冷凝的立式换热器、冷凝器等，应尽量减少冷凝液在管板上的积留，以保证传热面的充分利用，故冷凝液的排出管一般安装如图 8-27 所示的结构。此外，应在壳程尽可能高的位置，一般在上管板上，安排不凝性气体排出管，作为开车时的排气管及运转中间歇地排出不凝性气体的接管。

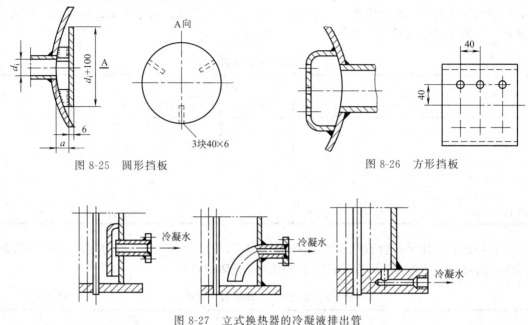

图 8-25　圆形挡板　　　　　　　　　　　　　图 8-26　方形挡板

图 8-27　立式换热器的冷凝液排出管

八、折流板、支承板、旁路挡板及拦液板的作用与结构

1. 折流板及支承板

在对流传热的换热器中，壳程内装置折流板的目的是提高壳程内流体的流速和加强湍流程度，使壳程流体垂直冲刷管束，改善传热，增大壳程流体的传热系数，减少结垢，提高传热效率。同时，折流板还起支撑换热管的作用。当工艺上无装折流板的要求，而管子比较细长时，应该考虑有一定数量的支承板，以便于安装和防止管子变形过大。

折流板和支承板可分为横向和纵向两种。前者使流体横向于管束流动；后者则使管间的流体平行流过管束。

折流板和支承板的常用形式有弓形、圆盘-圆环形和带扇形切口三种，分别见图 8-28～图 8-30。其中弓形折流板结构简单，用得较普遍，弓形缺口可以采用上下错列和左右错列两种排列方式，这种形式使流体只经折流板切去的圆缺部分而垂直流过管束，流动中死区较少。

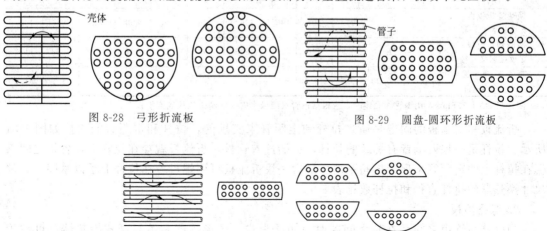

图 8-28　弓形折流板　　　　　　　　　　图 8-29　圆盘-圆环形折流板

图 8-30　带扇形切口的折流板

横向折流板和支承板的厚度与壳体直径和折流板间距有关，且对换热器的振动也有影响，一般情况下其最小厚度按表 8-6 选取。当壳程流体有脉动或用作浮头式换热器浮头端的支承板时，则厚度必须予以特别考虑。

表 8-6　折流板和支承板最小厚度　　　　　　　　　　　单位：mm

壳体直径	最大无支承间距					
	≤300	>300~600	>600~900	>900~1200	>1200~1500	>1500
159~325	3	3	4	6	10	10
400~600	3	4	6	10	10	12
700~900	4	6	8	10	12	16
1000~1400		6	10	12	16	16
1500~1800		8	12	12	20	20
1900~2000		10	14	14	22	24

弓形折流板的间距一般不应小于壳体内径的 1/5，且不小于 50mm。其最大间距不得超过表 8-7 的规定，且相邻两块折流板间距不得大于壳体内直径。

表 8-7　折流板和支承板最大间距　　　　　　　　　　　单位：mm

换热管外径	400℃	450℃	320℃	450℃	540℃
	换热管材料				
	碳素钢和高合金钢	低合金钢	镍铜合金	镍	镍铬铁合金
14			1100		
19			1500		
25			1900		
32			2200		
38			2500		
45			2540		
57			3200		

折流板外径与壳体之间的间隙越小，壳程流体由此泄漏的量越少，亦就可以减少流体短路，提高传热效率。但间隙过小，给制造安装带来困难。故此间隙要求适宜，详见表 8-8。

表 8-8　折流板和支承板的外径　　　　　　　　　　　单位：mm

壳体公称直径 DN	159	273	325	400	500	600	700	800	900	1000	1100	1200
换热器折流板、支承板名义外径	D_{i-2}			397	496.5	596.5	696	796	896	995.5	1095.5	1195.5
冷凝器折流板、支承板名义外径	D_{i-3}			396	495	595	695	795	894	993	1093	1193
折流板、支承板外径负偏差	−0.53	−0.90	−0.68	−0.76	−0.76	−0.60	−1.00	−1.00	−1.10	−1.10	−1.20	−1.20

注：当 DN≤325mm，用钢管作壳体时，应根据钢管实测最小内径配制折流板或支承板。

折流板和支承板的固定是通过拉杆和定距管来实现的，拉杆和定距管的连接如图 8-31 所示。拉杆是一根两端皆有螺纹的长杆，一端拧入管板，折流板就穿在拉杆上，各板之间靠套在拉杆上的定距管来保持板间距离。最后一块折流板可用螺母拧在拉杆上予以紧固。各种尺寸换热器的拉杆直径和拉杆数见表 8-9。

2. 旁路挡板

当壳体与管束之间存在较大间隙时，如浮头式、U 形管式和填料函式换热器，可在管束上增设旁路挡板阻止流体短路，迫使壳程流体通过管束进行热交换，如图 8-32 所示。增设旁路挡板每侧一般为 2~4 块。挡板可用 6mm 厚的钢板式扁钢制成。采用对称布置。挡板加工成规则的长条状，长度等于折流板或支承板的板间距，两端焊在折流板或支承板上。

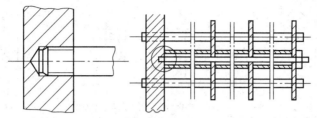

图 8-31　拉杆和定距管的连接

表 8-9　拉杆直径和拉杆数

壳体直径/mm	拉杆直径/mm	拉杆数量	壳体直径/mm	拉杆直径/mm	拉杆数量
159~325	10	4	1300~1500		12
400~600		6	1600~1700		14
700~800	12	8	≥1800		18
900~1200		10			

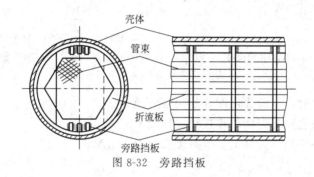

图 8-32　旁路挡板

3. 拦液板

在立式冷凝器中，为减薄管壁上的液膜而提高传热膜系数，推荐在冷凝器中装拦液板以起截拦液膜的作用。拦液板间距按实际情况决定或暂取折流板间距。拦液板结构如图 8-33 所示。

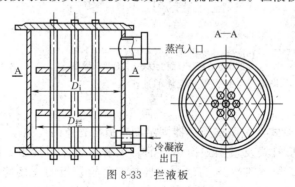

图 8-33　拦液板

九、管板与壳体的连接结构

管壳式换热器管板与壳体的连接结构与其形式有关，分为可拆式和不可拆式两种结构。固定管板式换热器的管板和壳体间采用不可拆的焊接连接，而浮头式、U 形管热器的管板与壳体间采用可拆连接。

1. 固定管板式换热器管板与壳体的连接

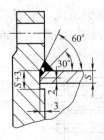 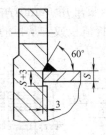 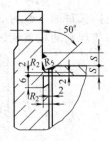

(a) $S \geq 10mm$，使用压力 $P \leqslant 1.0MPa$
不宜用于易燃、易爆、易挥发及有毒介质的场合

(b) $S < 10mm$，使用压力 $P \leqslant 1.0MPa$
不宜用于易燃、易爆、易挥发及有毒介质的场合

(c) $1.0MPa < P \leqslant 4.0MPa$
壳程介质有间隙腐蚀作用时采用

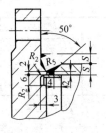 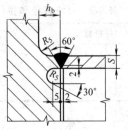 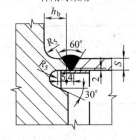

(d) $1.0MPa < P \leqslant 4.0MPa$
壳程介质无间隙腐蚀作用时采用

(e) $4.0MPa < P \leqslant 10.0MPa$
壳程介质有间隙腐蚀作用时采用

(f) $4.0MPa < P < 10.0MPa$
壳程介质无间隙腐蚀时采用

图 8-34　兼作法兰时管板与壳体的连接结构

当管板兼作法兰时，一般采用图 8-34 中的几种结构。

当管板不兼作法兰时与壳体的连接结构如图 8-35 所示。

由于法兰力矩不作用在管板上，改善了管板受力情况。

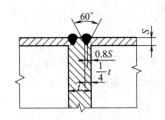 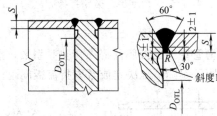 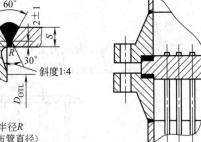

(a) $P \leqslant 4.0MPa$,壳程介质无间隙腐蚀作用时采用

(b) 壳程介质有间隙腐蚀作用时采用,半径R的圆心在管板表面上(D_{OTL}为最大布管直径)

图 8-35　不兼作法兰时管板与壳体的连接结构

图 8-36　浮头式换热器固定管板的连接

2. 浮头式、U 形管式及填函式换热器固定端管板与壳体的连接

由于浮头式、U 形管式及填函式换热器的管束要从壳体中抽出，以便进行清洗，故需将固定管板做成可拆连接。图 8-36 为浮头式换热器固定管板的连接情况，管板夹于壳体法兰和顶盖法兰之间，卸下顶盖就可把管板同管束从壳体中抽出来。

第四节　管壳式换热器的温差应力

一、管壁与壳壁温度差引起的温差应力

如图 8-37 所示为固定管板式换热器的壳体与管子，在安装温度下，它们的长度均为 L

[图 8-37（a）]；当操作时 [图 8-37（b）]，壳体和管子温度都升高，若管壁温度高于壳壁温度，则管子自由伸长量 δ_s 和壳体自由伸长量 δ_t 分别为：

$$\delta_t = \alpha_t(t_t - t_0)L \qquad (8\text{-}1)$$

$$\delta_s = \alpha_s(t_s - t_0)L \qquad (8\text{-}2)$$

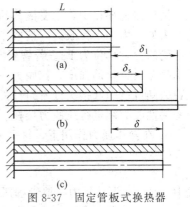

图 8-37　固定管板式换热器的壳体管子的伸长

式中　α_t，α_s——管子和壳体材料的温度线膨胀系数，$\dfrac{1}{℃}$；

　　　　t_0——安装时的温度，℃；

　　　　t_t，t_s——操作状态下管壁温度和壳壁温度，℃。

由于管子与壳体是刚性连接，所以管子和壳体的实际伸长量必须相等，见图 8-37（c），因此就出现壳体被拉伸，产生拉应力；管子被压缩，产生压应力。此拉、压应力就是温差应力，也称热应力。由于温差而使壳体被拉长的总拉伸力应等于所有管子被压缩的总压缩力。总拉伸力（或总压缩力）称为温差轴向力，用 F 表示。F 为正值表示壳体被拉伸，管子被压缩；F 为负值时，表示壳体被压缩，管子被拉伸。

管子所受压缩力等于壳体所受的拉伸力。如二者的变形量不超过弹性范围，则按虎克定律可知管子被压缩的量为：

$$\delta_t - \delta = \frac{FL}{E_t A_t} \qquad (8\text{-}3)$$

而壳体被拉伸的量为：

$$\delta - \delta_s = \frac{FL}{E_s A_s} \qquad (8\text{-}4)$$

合并以上两式，消去 δ 可得：

$$\delta_t - \frac{FL}{E_t A_t} = \delta_s + \frac{FL}{E_s A_s} \qquad (8\text{-}5)$$

将式（8-1）和式（8-2）代入式（8-5）并整理，得管子或壳体中的温差轴向力为：

$$F = \frac{\alpha_t(t_t - t_0) - \alpha_s(t_s - t_0)}{\dfrac{1}{E_t A_t} + \dfrac{1}{E_s A_s}} \qquad (8\text{-}6)$$

在管子及壳体中的温差应力为：

$$\sigma_t = \frac{F}{A_t} \qquad (8\text{-}7)$$

$$\sigma_s = \frac{F}{A_s} \qquad (8\text{-}8)$$

式中　E_t，E_s——管子和壳体材料的弹性模量，MPa；

　　　　A_t——换热管总截面面积，mm^2；

　　　　A_s——壳壁总截面面积，mm^2。

温差应力是影响换热器强度的主要因素，虽然由于管板的挠曲变形与管子的纵向弯曲，会使实际温差应力比计算结果要小，但不可能降低很多。

二、管子拉脱力的计算

换热器在操作中，承受流体压力和管壳壁的温差应力的联合作用，这两个力在管子与连接接头处产生一个拉脱力，使管子与管板有脱离的倾向。拉脱力的定义为每平方米胀接周边上所受的力，单位为 Pa。若管子与管板是焊接连接的接头，实验表明，接头的强度高于管子本身金属材料的强度，拉脱力不足以引起接头的破坏；但如果管子与管板是胀接的接头，拉脱力则可能引起接头处密封性的破坏或使管子松脱。为保证管端与管板牢固地连接和良好的密封性能必须进行拉脱力校核。

① 在操作压力作用下，每平方米胀接周边所受到的力 q_p 为：

$$q_p = \frac{Pf}{\pi d_0 l} \tag{8-9}$$

式中　　P——设计压力，取管程压力 P_t 和壳程压力 P_s 二者中的较大值，MPa；

$\quad\quad d_0$——管子外径，mm；

$\quad\quad l$——管子胀接长度，mm；

$\quad\quad f$——每四根管子之间的面积，mm^2。

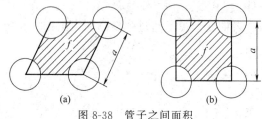

图 8-38　管子之间面积

管子呈平行四边形排列时［见图 8-38（a）］：

$$f = 0.866a^2 - \frac{\pi}{4}d_0^2 \tag{8-10}$$

管子呈正方形排列时［见图 8-38（b）］：

$$f = a^2 - \frac{\pi}{4}d_0^2 \tag{8-11}$$

式中　　a——管间距，mm。

② 在温差应力作用下，管子每平方米胀接周边所产生的拉脱力为 q_t：

$$q_t = \frac{\sigma_t a_t}{\pi d_0 l} = \frac{\sigma_t (d_0^2 - d_i^2)}{4 d_0 l} \tag{8-12}$$

式中　　σ_t——管子中的温差应力，MPa；

$\quad\quad a_t$——每根管子管壁横截面积，mm；

$\quad\quad d_0$，d_i——管子的外径、内径，mm。

由温差产生的管子周边力与压力产生的管子周边力可能是作用在同一方向的，也可能是作用在相反方向的。若二者作用于管子周边力方向相同，管子的拉脱力为 $q_p + q_t$；反之，管子拉脱力为 $|q_t - q_p|$，方向同 q_p 和 q_t 二者中较大者。

换热管的拉脱力必须小于许用拉脱力 $[q]$，$[q]$ 值见表 8-10。

表 8-10　许用拉脱力　　　　　　　　　　　　　　　　　　　单位：MPa

换热管与管板胀接结构形式			$[q]$
胀接	钢管	管端不卷边，管孔不开槽	2
		管端卷边或管孔开槽	4
	有色金属	管孔开槽	3
焊接（钢管、有色金属管）			$0.5[\sigma]_t^i$

注：$[\sigma]_t^i$ 为在设计温度时换热管材料的许用应力，MPa。

【例 8-1】　有一台固定管板式换热器，已知条件见表 8-11。求管子的拉脱力。

表 8-11　固定管板式换热器

项　目	管　子	壳　体	项　目	管　子	壳　体
操作压力/MPa	1.6	0.6	管子数	501 根	
操作温度/℃	200	100	排列方式	正三角形	
材料	10	Q235B	管间距 a/mm	32	
线胀系数/℃$^{-1}$	11.8×10^{-6}	11.8×10^{-6}	管子与管板的连接结构	开槽胀接	
弹性模量/MPa	0.21×10^6	0.21×10^6	胀接长度 l/mm	29	
许用应力/MPa	111	124.6	许用拉脱力/MPa	4.0	
尺寸/mm	$\phi 25 \times 2.5 \times 1500$	$\phi 800 \times 6$			

解　在操作压力下，每平方米胀接周边所产生的力 q_p 为：

$$q_p = \frac{Pf}{\pi d_0 l}$$

$$f = 0.866 a^2 - \frac{\pi}{4} d_0^2$$

$$= 0.866 \times 3.2^2 \times 10^{-4} - \frac{\pi}{4} \times 2.5^2 \times 10^{-4}$$

$$= 3.96 \times 10^{-4} \ (\text{m}^2)$$

因为 $P = 1.6\text{MPa}$，$l = 29\text{mm}$，则：

$$q_p = \frac{1.6 \times 10^6 \times 3.96 \times 10^{-4}}{\pi \times 2.5 \times 10^{-2} \times 2.9 \times 10^{-2}} = 0.27 \ (\text{MPa})$$

$$q_t = \frac{\sigma_t \alpha_t}{\pi d_0 l} = \frac{\sigma_t (d_0^2 - d_i^2)}{4 d_0 l}$$

$$\sigma_t = \frac{\alpha E (t_t - t_s)}{1 + \dfrac{A_t}{A_s}}$$

$$A_t = \frac{\pi}{4}(d_0^2 - d_i^2)n = \frac{\pi}{4} \times (2.5^2 - 2.0^2) \times 10^{-4} \times 501 = 885 \times 10^{-4}(\text{m}^2)$$

$$A_s = \pi d_{\text{中}} S = \pi \times 80.6 \times 0.6 \times 10^{-4} = 152 \times 10^{-4}(\text{m}^2)$$

$$\sigma_t = \frac{11.8 \times 10^{-6} \times 0.21 \times 10^6 \times (200 - 100)}{1 + \dfrac{885 \times 10^{-4}}{152 \times 10^{-4}}} = 36.3 \ (\text{MPa})$$

$$q_t = \frac{36.3 \times (2.5^2 - 2.0^2) \times 10^{-4}}{4 \times 2.5 \times 10^{-2} \times 2.9 \times 10^{-2}} = 2.82(\text{MPa})$$

通过对此题的分析，管子受到的操作压力和温差应力引起的拉脱力 q_p 和 q_t 的作用方向相同，所以：

$$q = q_p + q_t = 0.27 + 2.82 = 3.09 \ (\text{MPa})$$
$$q < [q]$$

管子的拉脱力在许用范围之内。

三、温差应力的补偿

从温差应力产生的原因可以知道，消除温差应力的主要方法是解决壳体与管束膨胀的不一致性；或是消除壳体与管子间刚性约束，使壳体和管子都自由膨胀和收缩。为此，生产中可以采取如下措施进行温差应力补偿。

1. 减少壳体与管束间的温度差

可考虑将表面传热系数大的流体通入管间空间，因为传热管壁的温度接近表面传热系数大的流体，这样可减少壳体与管束温度差，以减少它的热膨胀差。另外，当壳壁温度低于管束温度时，可对壳壁采取保温措施，以提高壳壁的温度，降低壳壁与管束的温度差。

2. 装设挠性构件

(1) 膨胀节形式　膨胀节是装在换热器上的挠性元件，对管子与壳体的膨胀变形差进行补偿，以此来消除或减小不利的温差应力。在换热器中采用的膨胀节有三种形式：平板焊接膨胀节、波形膨胀节和夹壳式膨胀节（图 8-39）。最常用的是波形膨胀节 [图 8-39 (b)]。波形膨胀节可以由单层板或多层板构成。多层膨胀节具有较大的补偿量。当要求更大的热补偿量时，可以采用多波膨胀节。多波膨胀节可以为整体成形结构（波纹管），也可以由几个单波元件用环焊缝连接。平板焊接的膨胀节 [图 8-39 (a)] 结构简单，便于制造，但只适用于常压和低压的场合。夹壳式膨胀节 [图 8-39 (c)] 可用于压力较高的场合。膨胀节用得最多的是在固定管板式换热器的壳体上，利用膨胀节的弹性变形来补偿壳体与管束膨胀的不一致性，因而它能部分地减小热应力。

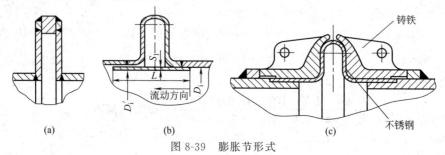

图 8-39　膨胀节形式

(2) 膨胀节装设条件　对于固定管板式换热器，按照《钢制管壳式换热器设计规定》中给出的公式确定设置膨胀节的条件。

$$\sigma_s = \frac{F_1 + F_2}{A_s} \tag{8-13}$$

$$\sigma_t = \frac{-F_1 + F_3}{A_s} \tag{8-14}$$

$$F_1 = \frac{\alpha_t(t_t - t_0) - \alpha_s(t_s - t_0)}{\dfrac{1}{E_t A_t} + \dfrac{1}{E_s A_s}}$$

$$F_2 = \frac{Q A_s E_s}{A_s E_s + A_t T_t} \tag{8-15}$$

$$F_3 = \frac{Q A_t E_t}{A_s E_s + A_t T_t} \tag{8-16}$$

$$Q = \frac{\pi}{4}\left[(D_i^2 - n d_0^2)P_s + n(d_0 - 2S_t)^2 P_t\right] \tag{8-17}$$

式中　F_1——由壳体和管子之间的温差所产生的轴向力，N；

F_2——由壳体和管程压力作用于壳体上的轴向力，N；

F_3——由壳体和管程压力作用于管子上的轴向力，N；

Q——作用于壳程和管程的操作压力之和，N。

如果管子和壳体的应力满足下述条件之一，则不需要设置膨胀节，相反，则必须设置膨胀节：

① $\sigma_s < 2\vartheta [\sigma]_s^t$；

② $\sigma_t < 2[\sigma]_t^t$；

③ $\sigma_s > 0$ 或 $|\sigma_s| < B$。

B 按照化工设计手册关于外压圆筒几何参数计算图图算法求取。

波形膨胀节的材料和尺寸可按 GB 16749—1997《压力容器波形膨胀节》标准选用，冷作成形的铁素体钢膨胀节必须经过消除应力处理。奥氏体钢膨胀节冷作成形后通常不需要热处理，热作成形的奥氏体钢膨胀节应进行固溶处理。

波形膨胀节与换热器壳体的连接一般采用对接。膨胀节零件的环焊缝以及膨胀节和壳体连接的环焊缝均应采用可以焊透的焊接形式，并按与壳体相同的要求进行无损探伤。

对于卧式换热器用的波形膨胀节，必须在其安装位置的最低点设置排液孔，以便排净壳体内的残留液体。

为了减少膨胀节的磨损，防止振动及降低流体阻力等，必要时可以在膨胀节的内侧增设一内衬筒，如图 8-39（b）所示。设计内衬筒时应注意下列事项。

① 内衬筒的厚度不小于 2mm，且不大于膨胀节厚度；其长度应超过膨胀节的曲线部分的轴向长度。

② 内衬筒在迎着流体流动方向一端与壳体焊接。

③ 对于立式换热器，壳程介质为蒸汽或液体，且流动方向朝上时，应在内衬筒下端设置排液孔道。

④ 带有内衬筒的膨胀节与管束装配时可能会有妨碍，在换热器结构设计时应考虑。

3. 使壳体和管束自由热膨胀

这种结构如填料函式换热器或滑动管板式换热器、浮头式换热器、U 形管式换热器以及套管式换热器。它们的管束有一端能自由伸缩，这样壳体和管束的热胀冷缩便互不牵制，自由地进行。所以这几种结构完全消除了热应力。

4. 双套管温度补偿

在高温高压换热器中，也可以采用插入式的双套管温度补偿结构，这种结构也完全消除了热应力，如图 8-40 所示。

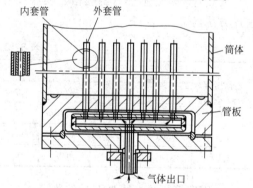

图 8-40　插入式双套管温度补偿结构

第五节　管壳式换热器的设计与选型

一、固定管板式换热器的工艺计算

管壳式换热器的设计与选择是在工艺计算的基础上进行的，其计算步骤如下。

① 根据两种介质的流量、进出口温度、操作压力等算出换热器所需传递的热量。

② 根据介质的性质（浓度、黏度、腐蚀性能）选择适合的材料。

③ 根据流量、压力、温度、介质性质、传递热量大小以及制造、维修方便等因素选择换热器的结构形式。

④ 确定换热器的流程（一般为 1～12 程）和流向（并、逆、错流），及管、壳程分别走什么介质。

⑤ 计算出所需换热面积 F，初步确定管径、管子数、管程数、管长和壳体直径等尺寸，并根据这些尺寸校核流体阻力，最后按标准选用换热器型号或按 GB/T 151 进行换热器的设计。

二、固定管板式换热器的标准化

1. 固定管板式换热器参数的确定

换热器的基本参数可查相应的设计标准，常用的公称换热面积范围是 $1\sim400mm^2$。

换热面积计算：

$$F=\pi d_0(L-0.1)n \tag{8-18}$$

式中　F——计算换热面积，m^2；

　　　d_0——换热管外径，m；

　　　L——换热管长度，m；

　　　n——换热管数。

（1）公称直径　固定管板式换热器壳体公称直径 DN 为 159mm、273mm、325mm、400mm、500mm、600mm、800mm、1000mm、1200mm、1400mm、1600mm、1800mm 等。DN 为 159mm、273mm 和 325mm 的壳体，采用无缝钢管制造，其余则采用钢板卷焊。

（2）壳体厚度　壳体厚度按内压薄壁圆筒公式计算，求得的设计厚度，需要进一步考虑换热器的钢板负偏差和腐蚀裕量，最后向上圆整得到标准钢板厚度。为了保证足够的刚度，壳体壁厚不应小于标准中的最小壁厚要求。

（3）公称压力　当操作温度不大于 200℃ 时，公称压力分别为 0.6MPa、1.0MPa、1.6MPa、2.5MPa。当温度升高时材料强度要降低，使用时按表 8-12 确定。

换热管材料、换热管的规格、换热管管长、管子的间距和排列管子间距的选择按照本章前述方法确定。

表 8-12　升温降压表

公称压力 PN/MPa	工作温度/℃				公称压力 PN/MPa	工作温度/℃			
	20	200	250	300		20	200	250	300
	允许工作压力/MPa					允许工作压力/MPa			
0.6	0.69	0.6	0.54	0.47	1.6	1.8	1.6	1.4	1.2
1.0	1.1	1.0	0.9	0.78	2.5	2.8	2.5	2.2	2.0

2. 固定管板式换热器型号的确定

为了方便管壳式换热器的设计和选择，我国制定了管壳式换热器标准，凡换热面积、温度、介质压力在标准范围内者，以选用标准换热器为宜。

换热器型号表示方法是：

$$\times\times\times\ DN\text{-}\frac{P_t}{P_s}\text{-}A\text{-}\frac{L_N}{d}\frac{N_t}{N_s}\ \text{I 或 II}$$

符号说明：

$\times\times\times$——第一位用字母表示前端管箱形式，第二位用字母表示壳体形式，第三位用字母表示后端结构形式；

　　　DN——公称直径（mm），釜式再沸器用分数表示，分子为管箱内径，分母为圆筒内直径；

　P_t/P_s——管/壳程设计压力（MPa），压力相等时只写 P_t；

　　　A——公称换热面积（m^2）；

L_N/d——L_N 为公称长度（m），d 为换热管外径（mm）；

N_t/N_s——管/壳程数，单程时只写 N；

Ⅰ或Ⅱ——Ⅰ级或Ⅱ级换热器。

例如，封头管箱，公称直径 700mm，管程设计压力 2.5MPa，壳程设计压力 1.6MPa，公称换热面积 200m²，较高级冷拔换热管外径 25mm，管长 9m，4 管程，单壳程固定管板式换热器，其型号为：

$$\text{BEM } 700\text{-}\frac{2.5}{1.6}\text{-}200\text{-}\frac{9}{25}\text{-}4\text{ Ⅰ}$$

封头管箱，公称直径 500mm，管程设计压力 4MPa，壳程设计压力 1.6MPa，公称换热面积 75m²，较高级冷拔换热器外径 19mm，管长 6m，2 管程，单壳程的 U 形管式换热器，其型号为：

$$\text{BIU } 500\text{-}\frac{4.0}{1.6}\text{-}75\text{-}\frac{6}{19}\text{-}2\text{ Ⅰ}$$

封头管箱，公称直径 1200mm，管程设计压力 2.5MPa，壳程设计压力 1.0MPa，公称换热面积 610m²，普通级冷拔换热管外径 25mm，管长 9m，4 管程，单壳程的浮头式冷凝器，型号为：

$$\text{BJS } 1200\text{-}\frac{2.5}{1.0}\text{-}610\text{-}\frac{9}{25}\text{-}4\text{ Ⅱ}$$

平盖管箱，公称直径 600mm，管、壳程设计压力均为 1.0MPa，公称换热面积 90m²，普通级冷拔换热管外径 25mm，管长 6m，2 管程、2 壳程的填料函式浮头换热器，其型号为：

$$\text{AEP } 600\text{-}1.0\text{-}90\text{-}\frac{6}{25}\text{-}\frac{2}{2}\text{ Ⅱ}$$

第六节　管壳式换热器的机械设计举例

一、已知条件

已知条件见表 8-13。

表 8-13　管板式换热器的设计条件

项　目	管程	壳程	项　目	管程	壳程
工作介质	水煤气	变换气	壳、管壁温差/℃		50
操作压力/MPa	0.7	0.68	换热面积/m²		130
操作温度/℃	180～370	220～400			

二、计算

① 管子数 n：选 $\phi25\times2.5$ 的无缝钢管，材质 20 钢，管长 3m。

因为　　　　　　　　　　　　　$F=\pi d_0(L-0.1)n$

所以

$$n=\frac{F}{\pi d_0(L-0.1)}=\frac{130}{\pi\times0.025\times2.9}=571\text{（根）}$$

其中因为安排拉杆需要减少。

② 管子排列方式，管间距的确定。采用正三角形排列，由按等边三角形排列时管子的根数表 8-3 查得层数为 13 层。查管间距表 8-4，取管间距 $a=32\text{mm}$。

③ 换热器壳体直径的确定。

$$D_i = a(b-1) + 2L$$

式中　D_i——换热器内径，mm；

　　　　b——正六角形对角线上的管子数，查表 8-3，取 $b=27$；

　　　　L——最外层管子的中心到壳壁边缘的距离，取 $L=2d_0$。

$$D_i = 32 \times (27-1) + 2 \times 2 \times 25 = 932$$

取壳体内径 $D_i = 1000$mm。

查表 8-9，拉杆的直径和数量可得：拉杆数量应选 10 根；因此，按照正三角形排列的换热管数目应当是 547 根，在弓形部分的换热管根数应当是 34 根。

④ 换热器壳体壁厚的计算。材料选用 Q245R 钢，计算壁厚为：

$$S = \frac{P_c D_i}{2[\sigma]^t \vartheta - P_c}$$

式中，P_c 为计算压力，取 $P_c = 1.0$MPa；$D_i = 1000$mm；$\vartheta = 0.85$；$[\sigma]^{300} = 101$MPa（设壳壁温度 300℃）。

将数值代入上述厚度计算公式，可以得到计算厚度 $S = 5.86$mm。

取 $C_2 = 1.2$mm，由钢板负偏差表得 $C_1 = 0.25$mm，圆整后实取 $S_n = 8$mm。

⑤ 换热器封头选择。根据封头计算公式，分别计算当选用球形封头、碟形封头、椭圆封头时需要的封头厚度是否与壳壁厚度一致或者接近。由计算结果可知，上下封头均选用标准椭圆形封头。根据 GB/T 25198—2010《压力容器封头》标准，封头为 $DN1000 \times 8$，曲面高度 $h_1 = 250$mm，直边高度 $h_2 = 40$mm，如图 8-41 所示，材料选用 Q245R 钢。

下封头与裙座焊接，直边高度取 40mm。

⑥ 容器法兰的选择。材料选 Q345R。根据 NB/T 47024—2012 标准，选用 DN 1000mm，$PN1.6$MPa 的榫槽密封面长颈对焊法兰。法兰尺寸如图 8-42 所示。

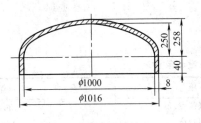

图 8-41　椭圆形封头

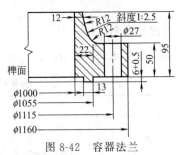

图 8-42　容器法兰

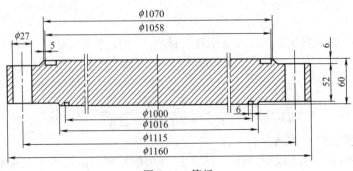

图 8-43　管板

⑦ 管板尺寸确定。换热器管板的计算十分复杂，一般均采用计算机计算。为了计算方便，也可以由工具书查得选用的管板尺寸，对于本题，选用固定式换热器管板，并兼作法兰，由《钢制列管式固定管板换热器结构设计手册》4.11.7 节，查得 $P_t = P_s = 1.6\text{MPa}$（取管板的公称压力为 1.6MPa）的碳钢管板尺寸，如图 8-43 所示。

⑧ 管子拉脱力计算（计算数据按表 8-14 取）。

表 8-14　固定管板换热器的操作条件和相关参数

项　目	管程	壳程	项　目	管程	壳程
工作介质	水煤气	变换气	尺寸/mm	$\phi25 \times 2.5 \times 3000$	$\phi1000 \times 8$
操作压力/MPa	0.7	0.68	管子数	571 根	
操作温度/℃	180~370	220~400	排列方式	正三角形	
材料	20 碳素钢	Q245R	管间距 a/mm	32	
线胀系数/℃$^{-1}$	11.8×10^{-6}	11.8×10^{-6}	管子与管板的连接结构	开槽胀接	
弹性模量/MPa	0.21×10^6	0.21×10^6	胀接长度 l/mm	50	
许用应力/MPa	106	101	管壳壁温差/℃		50

a. 在操作压力下，每平方米胀接周边所产生的力 q_p 为：

$$q_p = \frac{Pf}{\pi d_0 l}$$

$$f = 0.866a^2 - \frac{\pi}{4}d_0^2$$

$$= 0.866 \times 3.2^2 \times 10^{-4} - \frac{\pi}{4} \times 2.5^2 \times 10^{-4}$$

$$= 3.96 \times 10^{-4}\ \text{m}^2$$

$P = 0.7\text{MPa}$，$L = 50\text{mm}$

$$q_p = \frac{0.7 \times 3.96 \times 10^{-4}}{\pi \times 25 \times 10^{-3} \times 50 \times 10^{-3}} = 0.07\ (\text{MPa})$$

b. 温差应力导致的每平方米胀接周边的拉脱力 q_t 为：

$$q_t = \frac{\sigma_t \alpha_t}{\pi d_0 l} = \frac{\sigma_t (d_0^2 - d_i^2)}{4 d_0 l}$$

$$\sigma_t = \frac{\alpha E (t_t - t_s)}{1 + \dfrac{A_t}{A_s}}$$

$$A_t = \frac{\pi}{4}(d_0^2 - d_i^2) \times n = \frac{\pi}{4} \times (25^2 - 20^2) \times 571 = 100904\ (\text{m}^2)$$

$$A_s = \pi d_{中} S = \pi \times 1008 \times 8 = 25334\ (\text{mm}^2)$$

$$\sigma_t = \frac{11.8 \times 10^{-6} \times 0.21 \times 10^6 \times 50}{1 + \dfrac{100904}{25334}} = 24.9\ (\text{MPa})$$

$$q_t = \frac{24.9 \times (25^2 - 20^2)}{4 \times 25 \times 50} = 1.12\ (\text{MPa})$$

通过对此题的分析，管子受到的操作压力和温差应力引起的拉脱力 q_p 和 q_t 的作用方向相反，所以

$$q = -q_p + q_t = -0.07 + 1.12 = 1.05\ (\text{MPa})$$

$$q < [q]$$

管子的拉脱力在许用范围之内。

⑨ 计算是否安装膨胀节。

管壳壁温差所产生的轴向力为：

$$F_1 = \frac{\alpha E(t_t - t_s)}{A_s + A_t} A_s A_t = \frac{11.8 \times 10^{-6} \times 0.21 \times 10^{-6} \times 50}{25334 + 100904} \times 25334 \times 100904$$

$$= 2.51 \times 10^6 \ (\text{N})$$

压力作用于壳体上的轴向力为：

$$F_2 = \frac{QA_s}{A_s + A_t}$$

$$Q = \frac{\pi}{4}\left[(D_i^2 - nd_0^2)P_s + n(d_0 - 2S_t)^2 P_t\right]$$

$$= \frac{\pi}{4}\left[(1000^2 - 571 \times 25^2) \times 0.68 + 571 \times (25 - 2 \times 2.5)^2 \times 0.7\right]$$

$$= 0.469 \times 10^6 \ (\text{N})$$

因此

$$F_2 = \frac{QA_s}{A_s + A_t} = \frac{0.469 \times 10^6 \times 25334}{100904 + 25334}$$

$$= 0.094 \times 10^6 \ (\text{N})$$

压力作用于管子上的轴向力为：

$$F_3 = \frac{QA_t}{A_s + A_t} = \frac{0.469 \times 10^6 \times 100904}{100904 + 25334}$$

$$= 0.375 \times 10^6 \ (\text{N})$$

$$\sigma_s = \frac{F_1 + F_2}{A_s} = \frac{2.51 \times 10^6 + 0.094 \times 10^6}{25334} = 102.8 \ (\text{MPa})$$

$$\sigma_t = \frac{-F_1 + F_3}{A_s} = \frac{-2.51 \times 10^6 + 0.375 \times 10^6}{100904} = -21.2 \ (\text{MPa})$$

$$\sigma_s = 102.8\text{MPa} < 2\phi[\sigma]_s^{300} = 2 \times 0.85 \times 101 = 171.7(\text{MPa})$$

$$\sigma_t = -21.2\text{MPa} < 2\phi[\sigma]_t^{275} = 2 \times 0.85 \times 106 = 180.2(\text{MPa})$$

又因为，$q = 1.05\text{MPa} < [q] = 4\text{MPa}$，条件成立，故本换热器不必设置膨胀节。

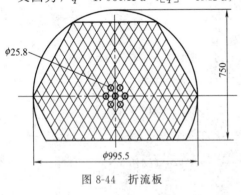

图 8-44 折流板

⑩ 折流板、开孔补强和支座的设计。折流板设计为弓形，$h = 3/4 \times 1000 = 750$（mm），折流板间距取 600mm；由表 8-6 查得折流板最小厚度为 6mm；由表 8-8 查得折流板外径为 995.5mm，折流板开孔直径查《钢制换热器设计规定》可得 25.8mm，最大正偏差为 0.40mm，负偏差为 0，材料为 Q235A，如图 8-44 所示。换热器壳体和封头上的接管处开孔需要补强，常用的结构是在开孔外面焊上一块与容器材料和厚度都相同的 8mm 厚的 Q245R 钢板。其补强结构如图 8-45 所示。

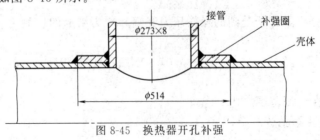

图 8-45 换热器开孔补强

换热器的支座采用裙式支座，这里选取裙式支座的厚度是 8mm，基础环的厚度是 14mm。设计结果见图 8-46 所示的换热器装配图。

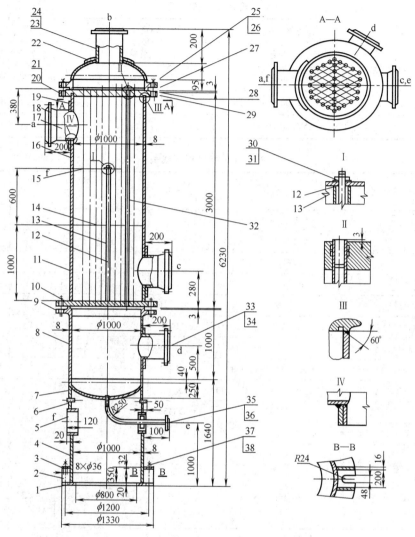

图 8-46　换热器装配图（图中零件号名称见表 8-16）

图 8-46 的技术要求如下。

① 本设备按 GB/T 151—2014《热交换器》进行制造、试验和验收，并接受国家质量监督检验检疫总局颁布的《固定式压力容器安全技术监察规程》的监督。

② 焊接采用电弧焊，焊条标号 Q345R 间为 J507，Q345R 与 20 钢间为 J427。

③ 焊接接头形式及尺寸除图中注明外，按 HG/T 20583—2011 中的规定，不带补强圈的接管与筒体的焊接接头为 G2，圈的接管与筒体的焊接接头为 G29，每焊缝的焊角尺寸按较薄板的厚度，法兰的焊接按相应法兰标准中的规定。

④ 列管与管板的连接采用开槽胀接。

⑤ 壳体焊缝应进行射线探伤检查，探伤长度不得少于各条焊缝长度的 20%，且不小于 250mm，符合《承压设备无损检验》（NB/T 47013—2015）RT，Ⅱ 级为合格。

⑥ 制造完毕后，进行水压试验。壳程 1.65 MPa（表压）；管程 1.65 MPa（表压）。

⑦ 管口方位见图 8-46。

图纸上的技术特性、接管表及标题栏明细表分别见表 8-15、表 8-16。

表 8-15　接管表

序　号	接管法兰标准	密封面形式	用　途
a	$PN1.6\ DN250$ HG/T 20592	平面	变换气进口
b	$PN1.0\ DN200$ HG/T 20592	平面	水煤气进口
c	$PN1.6\ DN250$ HG/T 20592	平面	变换气出口
d	$PN1.0\ DN200$ HG/T 20592	平面	水煤气进口

表 8-16　标题栏明细表

序号	图号或标准号	名称	材料	数量	单重	总重	备注
					质量/kg		
1		基础环 $\delta=20$	Q235B	1		103	
2		筋板 $252\times157\times12$	Q235B	16	3.8	60.6	
3		盖板 $260\times160\times32$	Q235B	8	9.1	73	
4		座体 $DN1000\times8L=1560$	Q235B	1		311	
5	HG 21515—95	人孔 $\phi426\times8L=120$	Q245R	1		11.1	
6	GB/T 8163	排气孔 $\phi57\times3.5L=80$	10A	2	0.369	0.74	
7	JB/T 4746—2002	封头 $DN1000\times8$	Q245R	2	74.1	148.2	
8	GB 9019—88	筒节 $DN1000\times8$	Q245R	1		174.5	
9	JB 4703—2000	榫面法兰 $PN1.6\ DN1000$	Q345R	1		112	
10		下管板 $\delta=60$	Q345R	1		300	
11	GB/T 9019—2000	下筒体 $DN1000\times8L=2060$	Q245R	1		410	
12	30-017-03	拉杆 $\phi12$	Q235A	6	2.03	12.18	
13	GB/T 8163	定距管 $\phi25\times25$	20			17.2	1根 2244,2根 1660,6根 584,2根
14		折流板 $\phi995.5,\delta=6$	Q235B	1		96.6	
15		折流板 $\phi995.5,\delta=6$	Q235B	1		96.6	
16	GB/T 9019	上筒体 $DN1000\times8L=654$	Q245R	1		120	
17	GB/T 8163	接管 $\phi273\times8L=140$	20	2	7.32	14.6	
18	HG/T 20592	法兰 $PN\ 1.6\ DN250$	Q345R	2	17.8	35.6	
19	JB/T 4736	补强圈 $DN250\times8$	Q345R	2		7.58	
20	GB 64—62	六角螺塞 $A12\times1.25$	Q235A	2	0.03	0.06	
21	GB/T 95-12-100HV	垫圈 A12	Q235A	2	0.006	0.012	
22	JB/T 4736	补强圈 $DN200\times8$	Q345R	2		5.44	
23	GB/T 8163	接管 $\phi219\times6L=210$	20			6.62	
24	HG/T 20592	法兰 $PN1.0\ DN200$	20	1		8.24	
25	JB/T 4707	双头螺柱 $M24\times130$	40MnVB	88	0.39	34.4	

续表

序号	图号或标准号	名称	材料	数量	单重	总重	备注
					质量/kg		
26	GB/T 6170	螺母 AM24　8级	40Mn	88	0.112	9.86	
27	JB 4703	榫面法兰 $PN1.6\ DN1000$	Q345R	1		112	
28	JB 4705	缠绕垫片 $\phi1054-\phi1026$		2			
29	30-017—06	上管板 $\delta=60$	Q345R	1			300
30	GB/T 6170	螺母 AM12　8级	Q235A	6	0.016	0.10	
31	GB/T 95-12-100HV	垫圈 A12	Q235A	6	0.006	0.036	
32	GB/T 8163	列管 $\phi25\times2.5L=3000$	20	607	4.17	12531	
33		接管 $\phi219\times6L=210$	20	1		6.62	
34	HG 20592	法兰 $PN1.0\ DN200$	20	1		8.24	
35		接管 $\phi57\times3.5L=858$	20	1		4.00	
36	HG 20592	法兰 $PN1.0\ DN50$	20	1		2.08	
37	GB 799—1988	地脚螺栓 $M30\times1000$	Q235A	8	5.52	44.2	
38	GB/T 41	螺母 M30	Q235A	8	0.234	1.86	

				工程名称	
（企业名称）				设计项目	
				设计阶段	施工图
审核					
校对		换热器装配图			
设计		$\phi1000\times6230$　　　　$F=130\text{m}^2$			
制图					
描图		比例	1:30	第1张	共7张

习　题

一、思考题

1. 衡量换热器好坏的标准大致有哪些？

2. 列管式换热器主要有哪几种？各有何优缺点？

3. 我国常用于列管式换热器的无缝钢管规格有哪些？通常规定换热管的长度有哪些？

4. 换热管在管板上有哪几种固定方式？各适用范围如何？

5. 换热管胀接于管板上时应注意什么？胀接长度如何确定？

6. 换热管与管板的焊接连接法有何优缺点？焊接接头的形式有哪些？

7. 换热管采用胀焊结合方法固定于管板上有何优点？主要方法有哪些？

8. 管子在管板上排列的标准形式有哪些？各适用于什么场合？

9. 换热管分程原因是什么？一般有几种分程方法？应满足什么条件？其相应两侧的管箱隔板形式如何？

10. 固定管板式换热器中温差应力是如何产生的？有哪些补偿温差应力的措施？

11. 何谓管子拉脱力？如何定义？产生原因是什么？

二、识图及画图练习

1. 标出图 8-47 所示固定管板式列管换热器各零部件名称。

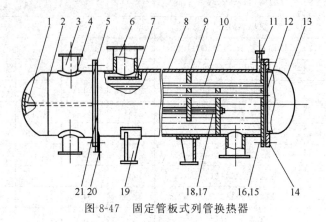

图 8-47　固定管板式列管换热器

2. 试分析图 8-48 所示列管式固定管板换热器结构中的错误。

管程走溶剂 60~80℃

壳程走蒸汽 106℃

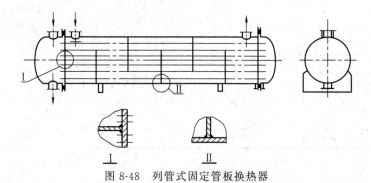

图 8-48　列管式固定管板换热器

3. 画出兼作法兰和不兼作法兰的管板与壳体连接结构图。

三、试验算固定管板式换热器的拉脱力

已知条件如下：

项　目	管　子	壳　体
操作压力/MPa	1.0	0.6
操作温度/℃	200	100
材质	10	Q345R
线胀系数/℃$^{-1}$	11.8×10^{-6}	11.8×10^{-6}
弹性模数/MPa	0.21×10^6	0.21×10^6
许用应力/MPa	113	173
尺寸/mm	$\phi 25 \times 2.5 \times 2000$	$\phi 1000 \times 8$
管子根数	562	
排列方式	正三角形	
管间距 a/mm	32	
管子与管板连接结构：开槽胀接		
胀接长度 l/mm	30	
许用拉脱力 $[q]$/MPa	4	

第九章 常用化工设备

第一节 液体输送设备（化工用泵）

一、液体输送设备概述

将液体物料沿着管道从一个车间输送到另一个车间，或从一个设备输送到另一个设备，是化工生产中经常要进行的操作。在液体流动时，有时需要将一定的外界机械能加给液体。液体输送机械就是将外加能量加给液体的机械，通常称为泵。除化工厂外，在国民经济各部门中，也广泛使用不同类型的泵。

化工生产中，被输送的液体是多种多样的。有黏度小的，也有黏度较大的；有腐蚀性强的，也有腐蚀性较弱的；有的含有固体悬浮物，也有的是清洁液体等；且在操作的温度、压强、流量等方面也不一样。为适应这些情况，就要选用不同类型的泵。

要正确地选用、维护和运转泵，除了明确输送任务，掌握被输送液体的性质之外，还必须了解各类泵的结构、工作原理和性能。

按工作原理来分类，化工厂常用泵可分为下列四类。

① 离心泵：依靠做旋转运动的叶轮进行工作。

② 往复泵：依靠做往复运动的活塞进行工作。

③ 旋转泵：依靠旋转的转子进行工作，如齿轮泵。

④ 流体作用泵：依靠另一种流体进行工作，如喷射泵、空气升液器等。

尽管流体输送机械多种多样，但都必须满足以下基本要求。

① 满足生产工艺对流量和能量的需要。

② 满足被输送流体性质的需要。

③ 结构简单，价格低廉，质量小。

④ 运行可靠，维护方便，效率高，操作费用低。选用时应综合考虑，全面衡量，其中最重要的是满足流量与能量的要求。

化工厂中应用最多的是离心泵。本章重点讲述离心泵，对其他类型泵作一般介绍。

二、离心泵

离心泵是依靠高速旋转的叶轮所产生的离心力对液体做功的流体输送机械（图 9-1）。由于它具有结构简单、操作方便、性能适应范围广、体积小、流量均匀、故障少、寿命长等优点，在化工生产中应用十分广泛，化工生产所使用的泵大约有 80% 为离心泵。

（一）离心泵的工作原理与基本结构

1.离心泵工作原理

如图 9-2 所示，在蜗牛形泵壳内装有一个叶轮，叶轮与泵轴连在一起，可以与轴一起旋

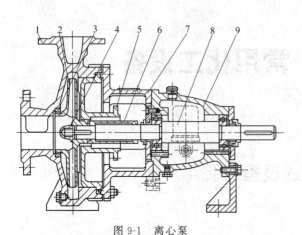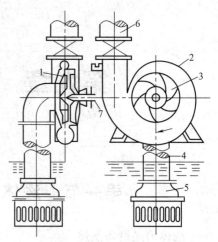

图 9-1　离心泵
1—泵壳；2—叶轮；3—密封环；4—叶轮螺母；5—泵盖；
6—密封部件；7—中间支承；8—轴；9—悬架部件

图 9-2　离心泵的工作原理
1—叶轮；2—泵壳；3—叶片；4—吸入导管；
5—底阀；6—压出导管；7—泵轴

转，泵壳上有两个接口，一个在轴向，接吸入管，一个在切向，接排出管。通常，在吸入管口装有一个单向底阀，在排出管口装有一调节阀，用来调节流量。离心泵工作前，先灌满被输送液体。当离心泵启动后，泵轴带动叶轮高速旋转，受叶轮上叶片的约束，泵内流体与叶轮一起旋转，在离心力的作用下，液体从叶轮中心向叶轮外缘运动，叶轮中心（吸入口）处因液体空出而呈负压状态，这样，在吸入管的两端就形成了一定的压差，即吸入液面压力与泵吸入口压力之差，只要这一压差足够大，液体就会被吸入泵体内，这就是离心泵的吸液原理；另一方面，被叶轮甩出的液体，在从中心向外缘运动的过程中，动能与静压能均增加了，流体进入泵壳后，由于泵壳内蜗形通道的面积是逐渐增大的，液体的动能将减少，静压能将增加，达到泵出口处时压力达到最大，于是液体被压出离心泵，这就是离心泵的排液原理。

　　2. 离心泵的基本结构和主要部件

　　离心泵的主要构件有叶轮、泵壳和轴封，有些还有导轮。

　　（1）叶轮　叶轮是离心泵的核心构件，是在一圆盘上设置 4～12 个叶片构成的。其主要功能是将原动机械的机械能传给液体，使液体的动能与静压能均有所增加。

　　根据叶轮是否有盖板，可以将叶轮分为三种形式，即开式、半开（闭）式和闭式，如图 9-3 所示，其中图 9-3（a）为闭式叶轮，图 9-3（b）为半开式叶轮，图 9-3（c）为开式叶轮。通常，闭式叶轮的效率要比开式高，而半开式叶轮的效率介于二者之间，因此应尽量选用闭式叶轮。但由于闭式叶轮在输送含有固体杂质的液体时容易发生堵塞，故在输送含有固体的液体时，多使用开式或半开式叶轮。对于闭式与半闭式叶轮，在输送液体时，由于叶轮的吸入口一侧是负压，而在另一侧则是高压，因此在叶轮两侧存在着压力差，从而存在对叶轮的轴向推力，将造成叶轮沿轴向吸入口窜动，导致叶轮与泵壳的接触磨损，严重时还会造成泵的振动。为了避免这种现象，常常在叶轮的盖板上开若干个小孔，即平衡孔。但平衡孔的存在会降低泵的效率。其他消除轴向推力的方法是安装止推轴承或将单吸改为双吸。

　　根据叶轮的吸液方式可以将叶轮分为两种，即单吸式叶轮与双吸式叶轮，如图 9-4 所示。图 9-4（a）是单吸式叶轮，图 9-4（b）是双吸式叶轮。显然，双吸叶轮完全消除了轴向推力，而且具有相对较大的吸液能力。

　　叶轮上的叶片是多种多样的，有前弯叶片、径向叶片和后弯叶片三种。但工业生产中主

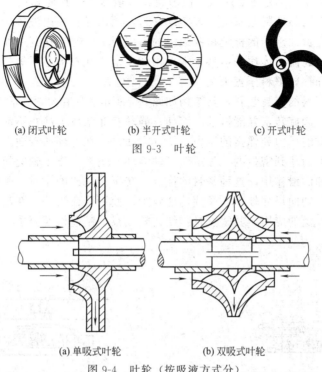

(a) 闭式叶轮　　　　　(b) 半开式叶轮　　　　　(c) 开式叶轮

图 9-3　叶轮

(a) 单吸式叶轮　　　　　　　(b) 双吸式叶轮

图 9-4　叶轮（按吸液方式分）

要为后弯叶片，因为后弯叶片相对于另外两种叶片的效率高，更有利于动能向静压能的转换。由于两叶片间的流动通道是逐渐扩大的，因此能使液体的部分动能转化为静压能，叶片是一种转能装置。

（2）泵壳　由于泵壳的形状像蜗牛，因此又称为蜗壳。这种特殊的结构，使叶轮与泵壳之间的流动通道沿着叶轮旋转的方向逐渐增大并将液体导向排出管。因此，泵壳的作用就是汇集被叶轮甩出的液体，并在将液体导向排出口的过程中实现部分动能向静压能的转换。泵壳是一种转能装置，为了减少液体离开叶轮时直接冲击泵壳而造成的能量损失，常常在叶轮与泵壳之间安装一个固定不动的导轮，如图 9-5 所示。导轮带有前弯叶片，叶片间逐渐扩大的通道使进入泵壳的液体流动方向逐渐改变，从而减少能量损失，使动能向静压能的转换更加有效。导轮也是一个转能装置。通常，多级离心泵均安装导轮。

（3）轴封装置　由于泵壳固定而泵轴是转动的，因此在泵轴与泵壳之间存在一定的空隙，为了防止泵内液体沿空隙漏出泵外或空气沿相反方向进入泵内，需要对空隙进行密封处理。用来实现泵轴与泵壳间密封的装置称为轴封装置。常用的密封方式有两种，即填料密封与机械密封。

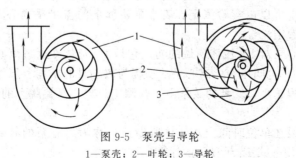

图 9-5　泵壳与导轮

1—泵壳；2—叶轮；3—导轮

填料密封装置其结构如图 9-6 所示，由填料箱、填料、水封环和填料压盖等组成。填料密封主要靠轴的外表面与填料紧密接触来实现密封，用以阻止泵内液体向外泄漏。填料又称盘根，常用的填料是黄油浸透的棉织物或编织的石棉绳，有时还在其中加入石墨、二硫化钼等固体润滑剂。密封高温液体用的填料，常采用金属箔包扎石棉芯子等材料。密封的严密性可用增加填料厚度和拧紧填料压盖来调节。

机械密封是无填料的密封装置，其结构如图 9-7 所示，它由动环、静环、弹簧和密封圈等组成。动环随轴一起旋转，并能做轴向移动；静环装在泵体上静止不动。这种密封装置是动环靠密封腔中液体的压力和弹簧的压力，使其端面贴合在静环的端面上（又称端面密封），形成微小的轴向间隙而达到密封的。为了保证动静环的正常工作，轴向间隙的端面上需保持一层水膜，起冷却和润滑作用。这种密封的优点：转子转动或静止时，密封效果都好，安装正确后能自动调整；轴向尺寸较小，摩擦功耗较少；使用寿命长等。在高温、高压和高转速的给水泵上得到了广泛的应用。其缺点是：结构较复杂，制造精度要求高，价格较贵，安装技术要求高等。

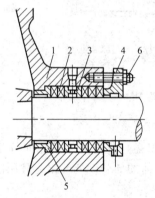

图 9-6　填料密封装置

1—填料箱；2—填料；3—水封环；
4—填料压盖；5—底衬套；6—螺栓

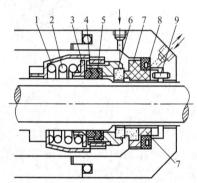

图 9-7　机械密封装置

1—传动座；2—弹簧；3—推环；4—密封垫圈；
5—动环密封圈；6—动环；7—静环；
8—静环密封圈；9—防转销

两种方式相比较，填料密封装置结构简单，价格低，但密封效果差；机械密封装置结构复杂，精密，造价高，但密封效果好。因此，机械密封主要用在一些密封要求较高的场合，如输送酸、碱、易燃、易爆、有毒、有害等液体。

（二）离心泵的特性

1. 特性参数

（1）送液能力　指单位时间内从泵内排出的液体体积，用 Q（或 q_v）表示，单位为 m^3/s，也称生产能力或体积流量。离心泵的流量与离心泵的结构、尺寸和转速有关，在操作中可以变化，其大小可以由实验测定。离心泵铭牌上的流量是离心泵在最高效率下的流量，称为设计流量或额定流量。

（2）扬程　是离心泵对 1N 流体所做的功。它是 1N 流体在通过离心泵时所获得的能量，用 H 表示，单位为 m，也叫压头。离心泵的扬程与离心泵的结构、尺寸、转速和流量有关。通常，流量越大，扬程越小，二者的关系由实验测定。离心泵铭牌上的扬程是离心泵在额定流量下的扬程。

（3）功率　离心泵在单位时间内对流体所做的功称为离心泵的有效功率，用 P_e 表示，单位为 W，有效功率用公式 $P_e = HQ\rho g$ 计算。

离心泵从原动机械那里所获得的能量称为离心泵的轴功率，用 P 表示，单位为 W，由实验测定，它是选取电动机的依据。离心泵铭牌上的轴功率是离心泵在额定状态下的轴功率。

（4）效率　是反映离心泵利用能量情况的参数。由于机械摩擦、流体阻力和泄漏等原因，离心泵的轴功率总是大于其有效功率的，二者的差别用效率 $[\eta]$ 来表示，其定义式为：

$$\eta = \frac{P_e}{P}$$

2. 特性曲线

离心泵的扬程、功率及效率等主要性能均与流量有关。把它们与流量之间的关系用图表示出来，就构成了离心泵的特性曲线，如图 9-8 所示。

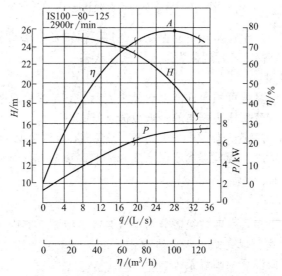

图 9-8　IS 100-80-125 型离心泵特性曲线

不同型号的离心泵特性曲线虽然各不相同，但其总体规律是相似的。

① 扬程-流量曲线。扬程随流量的增加而减小。少数泵在流量很小时会有例外。

② 轴功率-流量曲线。轴功率随流量的增加而增加，也就是说当离心泵处在零流量时消耗的功率最小。因此，离心泵开车和停车时，都要关闭出口阀，以达到降低功率、保护电机的目的。

③ 效率-流量曲线。离心泵在流量为零时，效率为零，随着流量的增加，效率也增加，当流量增加到某一数值后，再增加，效率反而下降。通常，把最高效率点称为泵的设计点或额定状态，对应性能参数称为最佳工况参数，铭牌上标出的参数就是最佳工况参数。显然，泵在最高效率下运行最为经济，但在实际操作中不太可能，应尽量维持在高效区（效率不低于最高效率的 92% 的区域）工作。

（三）离心泵的安装高度

1. 离心泵的汽蚀现象

如前所述，离心泵的吸液是靠吸入液面与吸入口间的压差完成的。当吸入液面压力一定时，泵的安装高度越大，则吸入口处的压力将越小。当吸入口处压力小于操作条件下被输送液体的饱和蒸气压时，液体将会汽化产生气泡，含有气泡的液体进入泵体后，在离心力的作用下，进入高压区。气泡在高压的作用下，又液化为液体，由于原气泡位置的空出造成局部真空，周围液体在高压的作用下迅速填补原气泡所占空间。这种高速冲击频率很高，可以达到每秒几千次，冲击压强可以达到数百个大气压甚至更高，这种高强度高频率的冲击，轻的能造成叶轮的疲劳，重的则可以将叶轮与泵壳破坏，甚至能把叶轮打成蜂窝状（图 9-9）。这种被输送液体在泵体内汽化再液化的现象称为离心泵的汽蚀现象。

图 9-9　离心泵叶轮汽蚀状况

汽蚀现象发生时，会产生噪声和引起振动，流量、扬程及效率均会迅速下降，严重时不能吸液。工程上当扬程下降 3％时就认为进入了汽蚀状态。

2. 离心泵的安装高度

离心泵的抗汽蚀性能参数可用允许汽蚀余量来表示，其定义为泵吸入口处动能与静压能之和比被输送液体的饱和蒸气压头高出的最低数值。

避免汽蚀现象有效的方法是限制泵的安装高度。避免离心泵汽蚀现象的最大安装高度，称为离心泵的允许安装高度。为安全起见，离心泵的实际安装高度应在此基础上再降低 0.5～1m。

（四）离心泵的类型

1. 离心泵的分类及型号

离心泵的分类方法很多，一般按级数分为单级泵和多级泵。其中单级泵包括单吸式及双吸式；多级泵包括节段式、蜗壳式、双壳体筒式。按泵的用途和输送的液体性质分为清水泵、油泵、耐腐蚀泵、低温泵和高温泵等。

离心泵的种类很多，用户可查阅泵产品目录。表 9-1 为部分离心泵的基本形式及其代号。这里仅介绍清水泵、耐腐蚀泵和油泵等常用的离心泵。

2. 常用离心泵

（1）清水泵　清水泵是化工生产中普遍使用的一种泵，适用于输送水及性质与水相似的液体。包括 IS 型、D 型和 S 型。

IS 型泵代表单级单吸离心泵，即原 B 型水泵。但 IS 型泵是按国际标准规定的尺寸与性能设计的，其性能与原 B 型泵相比较，效率平均提高了 3.76％，特点是泵体与泵盖为后开结构，检修时不需拆卸泵体上的管道与电机。其结构图如图 9-10 所示。

表 9-1　部分离心泵的基本形式及其代号

泵 的 形 式	形式代号	泵 的 形 式	形式代号
单级单吸离心泵	IS,IB	卧式凝结水泵	NB
单级双吸离心泵	S,Sh	立式凝结水泵	NL
分段式多级离心泵	D	立式筒袋形离心凝结水泵	LDTN
分段式多级离心泵（首级为双吸）	DS	卧式疏水泵	NW
分段式多级锅炉给水泵	DG	单级离心油泵	Y
卧式圆筒形双壳体多级离心泵	YG	筒式离心油泵	YT
中开式多级离心泵	DK	单级单吸卧式离心灰渣泵	PH
多级前置泵（离心泵）	DQ	长轴离心深井泵	JC
热水循环泵	R	单级单吸耐腐蚀离心泵	IH

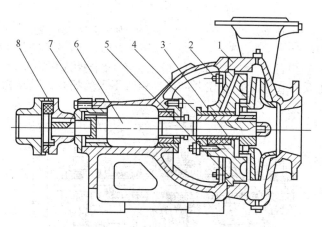

图 9-10　IS 型泵的结构示意

1—泵体；2—叶轮；3—密封圈；4—护轴套；5—后盖；

6—轴；7—托架；8—联轴器部件

IS 型水泵是应用最广的离心泵，用于输送温度不高于 80℃的清水及与水相似的液体，其设计点的流量为 $6.3 \sim 400 m^3/h$，扬程为 $5 \sim 125m$，进口直径 $50 \sim 200mm$，转速为 2900r/min 或 1450r/min。其型号由符号及数字表示，举例说明如下：

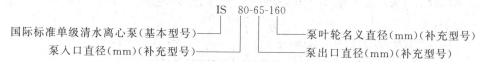

IS　80-65-160

国际标准单级清水离心泵(基本型号) ——————　—— 泵叶轮名义直径(mm)(补充型号)

泵入口直径(mm)(补充型号) ——————　—— 泵出口直径(mm)(补充型号)

D 型泵是国产多级离心泵的代号，是将多个叶轮安装在同一个泵轴构成的，工作时液体从吸入口吸入，并依次通过每个叶轮，多次接受离心力的作用，从而获得更高的能量。因此，D 型泵主要用在流量不很大但扬程相对较大的场合，其结构如图 9-11 所示。D 型泵的级数通常为 $2 \sim 9$ 级，最多可达 12 级，全系列流量范围为 $10.8 \sim 850 m^3/h$。

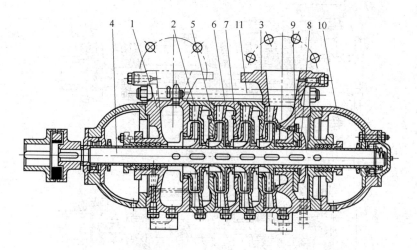

图 9-11　D 型多段式多级泵

1—吸入段；2—中段；3—压出段；4—轴；5—叶轮；6—导叶；

7—密封环；8—平衡盘；9—平衡圈；10—轴承部；11—螺栓

D 型泵的型号与原 B 型相似，例如：

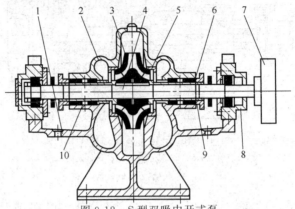

$$200 \quad D\text{-}43\times9$$

泵入口直径(mm)(补充型号)———┐
分段式多级离心泵(基本型号)———┘

泵的级数(即叶轮数)(补充型号)
泵设计点单级扬程值(m)(补充型号)

S 型泵是双吸离心泵的代号,即原 SH 型泵,有两个吸入口,从而能吸入更多的液体量。因此,S 型泵主要用在流量相对较大但扬程相对不大的场合。其结构如图 9-12 所示。

图 9-12 S 型双吸中开式泵

1—泵体;2—泵盖;3—叶轮;4—轴;5—密封环;6—轴套;
7—联轴器;8—轴承体;9—填料压盖;10—填料

S 型泵的全系列流量范围为 120~12500m³/h,扬程为 9~140m。S 型泵的型号含义如下所示:

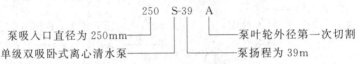

$$250 \quad S\text{-}39 \quad A$$

泵吸入口直径为 250mm———┐
单级双吸卧式离心清水泵———┘

泵叶轮外径第一次切割
泵扬程为 39m

(2) 耐腐蚀泵 耐腐蚀泵是用来输送酸、碱等腐蚀性液体的泵的总称,系列号用 F 表示。F 型泵中,所有与液体接触的部件均用防腐蚀材料制造,其轴封装置多采用机械密封。F 型泵的全系列流量范围为 2~400m³/h,扬程为 15~105m。其结构如图 9-13 所示。

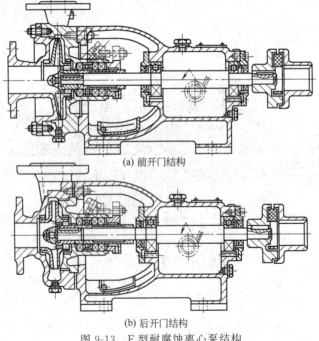

(a) 前开门结构

(b) 后开门结构

图 9-13 F 型耐腐蚀离心泵结构

　　F 型泵的型号中在 F 之后加上材料代号，如 80FS24，其中，80 表示吸入口的直径为 80mm，S 为材料聚三氟氯乙烯塑料的代号，24 表示设计点的扬程为 24m。如果将 S 换为 H，则表示灰口铸铁材料，其他材料代号可查有关手册。

　　（3）油泵　油泵是用来输送油类及石油产品的泵，由于这些液体多数易燃易爆，因此必须有良好的密封，而且当温度超过 473K 时还要通过冷却夹套冷却。国产油泵的系列代号为 Y，如果是双吸油泵，则用 YS 表示。

　　Y 型泵全系列流量范围为 5～1270m³/h，扬程为 5～1740m，输送温度为 228～673K。

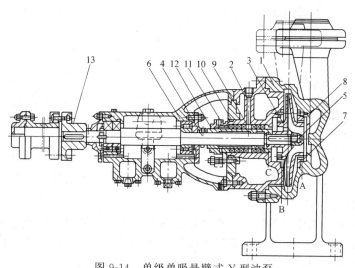

图 9-14　单级单吸悬臂式 Y 型油泵

1—泵壳；2—托架；3—叶轮；4—泵轴；5—螺母；6—轴承；7—泵盖；8—密封环；
9—冷却水孔；10—填料；11—填料压盖；12—轴套；13—联轴器

　　Y 型泵有悬壁式、两端支承式及多级节段式三种结构形式。泵的入口和出口均与泵轴垂直向上。图 9-14 即是单级单吸悬臂式 Y 型油泵的结构图。这种泵用电机驱动，联轴器中间有一加长联轴器，检修时卸下中间加长联轴器，可以不动原动机进行泵的检修。

　　Y 型泵的型号如 80Y-100×2A，其中，80 表示吸入口的直径为 80mm，100 表示每一级的设计点扬程为 100m，2 为泵的级数，A 指泵的叶轮经过一次切割。

　　Y 型泵输送不同温度和腐蚀不一样的液体时，应选用不同材料的零部件，可参考表9-2。目前生产的 Y 型油泵，除了卧式的以外，还有立式（YT 型）、浸没式（YC 型）和管道式（YG 型）等。

表 9-2　Y 型油泵材料分类

分类	零件										适用范围
	泵体	叶轮	泵体密封环	轴	叶轮密封环	轴套（软填料）	轴套（机械密封）	平衡盘	平衡板	泵体螺栓	
I	HT250	HT200	HT250	45	25	25	25	25	45	Q235或45	−20～200℃不耐硫腐蚀
II	ZG230-450	ZG230-450	40Cr	30CrMo	25	25	25	25	40Cr	45或35CrMo	−45～400℃不耐硫腐蚀
III	ZGCr5Mo	ZGCr5Mo	3Cr13	3Cr13	Cr5Mo	3Cr13	3Cr13	3Cr13	3Cr13	45或35CrMo	−45～400℃耐中等硫腐蚀
备注					表面堆焊硬质合金	I、II类表面镀铬	表面堆焊硬质合金				

（五）离心泵的运行及维护

1. 管道特性曲线与离心泵的工作点

用一条固定的管道输送一种液体时，所需的外加压头为流量的函数。表示管道所需外加压头与流量的函数关系的曲线，称为管道特性曲线，此曲线与泵无关。如图 9-15 所示。

将管道特性曲线和所配用泵的 $q_v\text{-}H$ 曲线标绘在一张图上，两曲线的交点，称为泵的工作点，如图 9-16 中的 P 点。泵的工作点的坐标是泵实际工作时的流量和扬程，也是管道的流量和所需的外加压头，表明当泵配在这条管道使用时，只有这一点能完全供应管道需要的流量和外加压头。一定的管道和一定的泵能够配合时，一定有而且只有一个工作点。

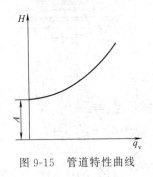

图 9-15　管道特性曲线

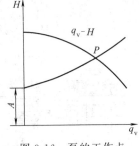

图 9-16　泵的工作点

2. 离心泵的流量调节

离心泵的调节就是调整泵的流量。由于选泵时往往不可能找到一个非常合适的泵，其工作流量正好与管道需要的流量相等，这样，就需试车调整流量。有时由于生产任务变化，也需要减小或增加流量。所以，离心泵的调节在生产中经常遇到。

改变泵的工作点，即调节泵的流量。泵的工作点是由泵的特性和管道特性共同决定的，因此，改变管道特性或改变泵的特性均能改变泵的工作点，从而调节泵的流量。改变管道特性最方便的方法，就是调节离心泵出口阀的开度，以改变管道的流体阻力，从而达到调节流量的目的。如图 9-17（a）所示，当关小阀门时，管道局部阻力增大，管道特性曲线变陡，泵的工作点移至 P_1，相应的流量变小；当开大阀门时，则局部阻力减小，工作点移至 P_2，从而增大流量。显然，用关小阀门来减小流量的方法，使一部分能量额外消耗于克服阀门的局部阻力，因此是不经济的。但此法简单、便于连续调整，故广泛采用。

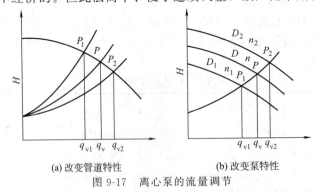

(a) 改变管道特性　　　　　(b) 改变泵特性

图 9-17　离心泵的流量调节

改变离心泵特性的方法有两种，即改变叶轮转速或改变叶轮的直径。如图 9-17（b）所示，当叶轮的转速为 n 时，其特性曲线为中间一根曲线，工作点为 P，如转速减为 n_1（即 $n_1 < n$），其特性曲线下移，工作点由 P 移至 P_1，流量就相应减小。如转速增为 n_2，则工作点移至 P_2，流量相应增加。用改变叶轮直径来改变工作点的道理与改变转速方法相同。一个基本型号的泵一般配有几个直径大小不同的叶轮，当流量定期变动时，采用这种方法是

可行的，也是经济的。

3. 离心泵的安装与运转

各类离心泵的安装与运转的具体措施，可参照泵生产部门提供的安装使用说明书。这里仅讨论一些应当重视的主要事项。

（1）安装　泵实际安装的吸上高度必须低于最大吸上高度，以确保不发生汽蚀。即使泵的吸上高度比较合适，也应尽量减小吸入管道的损失压头，以防止汽蚀。因此，吸入管应尽可能短而直，吸入管的直径不应小于泵吸入口的直径。若采用更大的吸入管直径，应使气体不能积存在变径处，如图 9-18 所示。如吸入管道中积存有气体，在泵运转时，积存的气体会进入泵内，造成"气缚"事故。

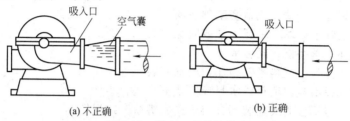

图 9-18　吸入口变径连接法

（2）运转　离心泵启动前，必须向泵内灌注液体，至泵壳顶部的排气嘴开启时有液体冒出为止，这样，保证泵内无气体存在，防止"气缚"。

泵启动时，应将出口阀全关，使泵在流量为零的情况下启动。这样，泵所需的功率最小，以避免在启动时电机过载而烧坏。泵启动后，再逐渐调节出口阀门，使达到所要求的流量。

泵运转时，要经常检查轴承是否过热，注意润滑。

泵运转时，要经常检查密封的泄漏与否和发热情况。填料的松紧情况要适宜，一般要求开车前能用手扳动轴，以液体一滴一滴地渗出为合适。

泵停车时，应先关闭出口阀再停电机。否则，停车后，出口管道中的高压液体可能倒流入泵内，导致叶轮倒转而造成事故。若停车时间长，应将泵和管道内的液体放净，以免锈蚀和冬季冻结。

4. 离心泵的故障

离心泵在运行过程中经常发生故障，能够及时找出产生故障的原因并采取有效措施消除故障，对保证生产的顺利进行是非常重要的。

离心泵产生故障的种类很多，表现形式多种多样。根据故障发生的性质可分为以下四类。

① 由于各种原因使泵的性能（流量、扬程等）达不到生产上的要求，即所谓性能的故障。

② 由于液体的腐蚀或机械磨损所发生的故障。

③ 填料密封或机械密封损坏而发生的故障。

④ 其他各种机械事故所造成的故障。

5. 离心泵产生故障的原因与排除

离心泵产生故障的原因很多，分别列出如下。

① 由于吸入管道的法兰连接不严密，空气进入泵的吸入端。

② 未灌泵或灌泵未排净气体，管内存有气体或泵壳内存有气体。

③ 吸入管底阀未打开或底阀失灵，吸入底阀或滤网被堵塞。

④ 吸入管底阀失灵不关闭或关闭不严，灌泵时液体倒流灌不满。

⑤ 液面降低，吸入管口淹没深度不够，安装高度超过泵的允许吸上高度。

⑥ 被吸入液体的液面压力下降，或液体温度升高。

⑦ 泵的转速不够或电动机反转。

⑧ 叶轮松脱或叶轮装反了（特别是双吸泵），叶轮严重腐蚀。

⑨ 泵的排出端压力超出设计压力，造成反压过高。

⑩ 由于液体温度降低，黏度增大，或超过设计时的黏度。

⑪ 由于调节阀开度太小或单向阀失灵，管道堵塞等原因，使泵的排出管道阻力增大。

⑫ 排出管道中有气囊。

⑬ 叶轮吸进黏杂物使叶轮堵塞，或多级泵的中间级堵塞。

⑭ 转子不平衡，或轴弯曲变形。

⑮ 泵轴或电机轴不同轴，对轮不对正。

⑯ 机座的地脚螺栓松动，或地基基础薄弱。

⑰ 轴瓦或滚动轴承损坏，轴瓦太紧或间隙过大。

⑱ 叶轮的口环严重磨损，间隙太大。

⑲ 填料函压得过紧，填料密封损坏，或轴套磨损。

⑳ 填料材料选择不当，填料或水封环安装不合适。

㉑ 机械密封选型不合适或安装不合格，造成机械密封损坏。

㉒ 冷却系统结垢、堵塞，使冷却水供应不足或中断。

㉓ 轴瓦或轴承内进入尘埃、脏物或腐蚀性液体。

为了便于分析离心泵产生故障的现象，将以上产生故障的原因列表说明（表 9-3）。

表 9-3　离心泵产生故障的原因

故 障 现 象	产 生 故 障 的 原 因
抽空(吸不进液体)	①、②、③、④、⑤、⑥、⑦、⑧、⑱、⑲、⑳、㉑
排空(送不出液体)	⑦、⑧、⑨、⑩、⑪、⑫、⑬
减压(压头数值降低)	③、⑤、⑥、⑦、⑧、⑨、⑩、⑪、⑫、⑬
减量(流量降低)	①、②、③、④、⑤、⑥、⑦、⑧、⑨、⑩、⑪、⑬
原动机超载	⑨、⑩、⑪、⑬、⑮、⑱、⑲
振动和噪声	①、②、⑬、⑭、⑮、⑯、⑱、⑲、⑳
密封泄漏	⑲、⑳、㉑
轴承发热	⑮、⑰、㉒、㉓

三、其他类型化工用泵

(一) 往复泵

1. 工作原理

往复泵的结构如图 9-19 所示，它由两部分组成。一端是泵体，另一端是带动泵运转的原动机。

如图 9-19 所示，往复泵由泵缸、活塞、活塞杆、吸入阀和排出阀组成。当活塞由活塞杆带动在缸内从左向右移动时，缸内的工作容积逐渐增大，则压力降低至 P，排出阀因压差被关闭。而被吸入液体的液面压力为 P_a，泵缸和液面形成压差 P_a-P。液体则由吸入管道顶开吸入阀进入工作室。当活塞移至右死点时，工作室容积为最大值，泵缸内所吸入液体也达到最大极限值。此时活塞在泵缸内开始从右向左移动，工作室容积变小，液体由于受到挤压骤然增压至排出压力 P_2，液体顶开排出阀进入排出管道，而吸入阀被压紧而关闭。整个排出过程压力基本不变，当活塞移至左死点时，将所吸入的液体排尽，完成一个工作循环。此时活塞又向右移动进行下一个循环。如此周而复始地往复运动，不断地吸入和排出液体，使液体提高压力而达到生产条件的要求。

活塞在泵缸内移动的左端顶点和右端顶点称为死点。两死点间的活塞行程称为冲程，一般以 S 表示。每一个工作循环有一个吸入冲程和排出冲程。

2. 往复泵的类型

（1）按活塞的构造分类

① 活塞式往复泵：活塞直径大、厚度较薄，呈圆盘形。这种活塞应用在排液量大而压差小的条件下。

② 柱塞式往复泵：活塞直径小，呈圆柱形，如图9-20所示。这种活塞主要应用于流量不大而压差较大的条件下，例如化肥厂的铜氨溶液泵就是柱塞式。

③ 隔膜式往复泵：活塞用软隔膜与被输送液体隔开，如图9-21所示，主要用于输送腐蚀性液体。避免活塞和泵缸被液体腐蚀。

（2）按作用方式分类

① 单作用往复泵：吸入阀门和排出阀门分别装在泵缸的一端，如图9-19所示，活塞往复运动一次只有一次吸入过程和排出过程。

② 双作用往复泵：泵缸两端均装有吸入阀和排出阀，如图9-22（a）所示，活塞向右移动时，右侧泵缸排出液体，左侧泵缸吸入液体。活塞向左移动时，左侧排出液体，右侧吸入液体。因此，活塞往复运动一次有两个吸入过程和两个排出过程。

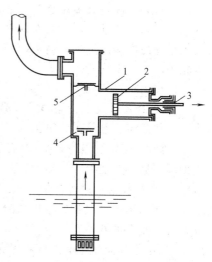

图 9-19　往复泵的结构
1—泵缸；2—活塞；3—活塞杆；
4—吸入阀；5—排出阀

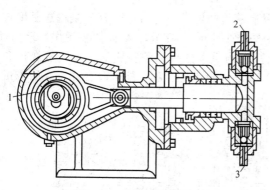

图 9-20　柱塞式往复泵
1—偏心轮；2—排出口；3—吸入口

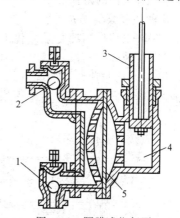

图 9-21　隔膜式往复泵
1—吸入活门；2—压出活门；3—活柱；
4—水（或油）缸；5—隔膜

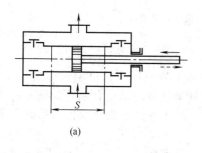

(a)

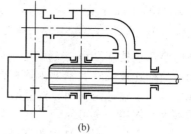

(b)

图 9-22　双作用往复泵和差动泵

③ 差动泵：吸入阀和排出阀装在泵缸的同一侧，如图9-22（b）所示，泵缸右端与排出管相通并不装阀门。活塞在泵缸内向右移动时，吸入阀门打开吸入液体，活塞向左移动时，

排出阀被顶开，吸入阀被压关闭。液体排出时一部分进入管道，另一部分进入活塞右侧泵缸内，当活塞向右移动时，活塞左侧吸入液体，右侧则排出液体。这种泵的活塞往复一次有一次吸入过程两次排出过程。通常差动泵活塞面积为活塞杆面积的两倍，这样可使两次排出液体量相等，使流量均衡。

（3）按传动方式分类

① 直接作用往复泵：用蒸汽或高压空气等为动力，直接带动泵往复作用，如图 9-23 所示为蒸汽往复泵，泵的原动机为往复蒸汽机，往复蒸汽机和往复泵同步做往复运动。

② 动力往复泵：由电动机或内燃机等为原动机的往复泵，需要通过曲柄连杆机构将原动机的圆周运动改变为往复运动。

③ 手动往复泵：这种泵依靠人的臂力通过杠杆作用使活塞往复运动，如手摇式液压泵，主要用于压力容器或设备的液压试验。

（4）往复泵的共性

① 泵的排出压力只取决于管道特性，与泵的流量几乎无关。

② 泵的额定排出压力取决于承力（压）件的强度、刚度及原动机功率（或动力源压力）。

③ 泵的效率高，且不因被输送介质的黏度、密度以及泵的排出压力的变动而明显降低。

④ 属低速机械，尺寸较大。

⑤ 泵的易损件，如泵阀、往复动密封副、隔膜等，主要在液力端，故泵的运行可靠性主要取决于易损件的寿命。

3. 几种往复泵的结构

（1）蒸汽直接作用往复泵　化工生产经常有蒸汽热源，可直接采用蒸汽泵输送黏度较大的液体或高压液体。蒸汽直接作用往复泵的结构如图 9-23 所示，泵的左端是往复蒸汽机，往复泵的活塞杆与蒸汽机的配汽阀相连和蒸汽机的活塞杆在一条轴线上，往复蒸汽机和往复泵的往复运动同步，活塞的冲程相同。调节蒸汽机的往复次数，即可改变往复泵的流量。

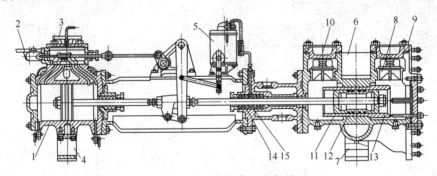

图 9-23　蒸汽直接作用往复泵

1—汽缸体；2—进汽口；3—排汽口；4,7—支座；5—注油器；6—油缸；8—泵阀；9—阀盖；
10—弹簧；11—活塞；12—活塞环；13—缸套；14—填料；15—密封环

（2）三柱塞　三柱塞泵由三个单作用柱塞泵并联而成，电动机通过 V 带带动曲轴旋转，曲轴带动的曲柄互成 120°，活塞由连杆带动做往复运动。其结构如图 9-24 所示。

三柱塞泵主要用于输送高压油、铜氨溶液、丙烯等，油田注水也采用此类泵。它的主要特点是出口压力大，使用安全可靠。

（3）计量泵　化工生产配料时，常需定量输送某种溶液，采用计量泵即可达到此目的。计量泵的结构如图 9-25 所示，电机带动蜗杆减速器，蜗轮使 N 形曲轴转动，N 形曲轴带动连杆往复运动，连杆则带动柱塞往复运动。活塞的冲程可通过调节上端的调节螺杆来实现，从而改变计量泵的流量。

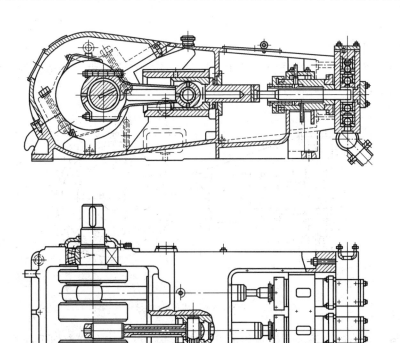

图 9-24　机动三柱塞泵结构

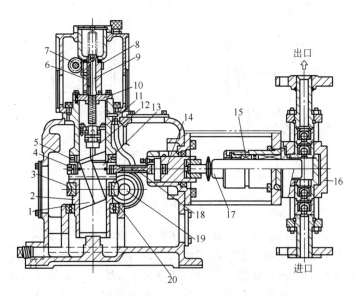

图 9-25　N 形曲轴调节机构计量泵

1—滑键 A；2—下套筒；3—蜗轮；4—滚针轴承；5—推力轴承；6—滑键 B；
7—调节蜗杆；8—调节蜗轮；9—调节螺杆；10—调节座；11—上套筒；
12—N 形偏心滑块；13—偏心套；14—十字头；15—填料箱；16—泵缸；
17—柱塞；18—连杆；19—蜗杆；20—平键

（二）旋涡泵

1. 结构与工作原理

旋涡泵的主要工作部件是叶轮、泵体、泵盖，这三部分组成了流道（图 9-26）。液体由吸入管进入流道，并经过旋转叶轮获得能量，被输送至排出管。

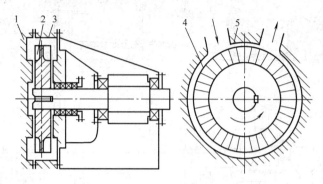

图 9-26　旋涡泵

1—泵盖；2—叶轮；3—泵体；4—流道；5—隔板

旋涡泵是通过动量交换进行能量传递的，在其工作过程中存在着两个环流。其一是纵向旋涡，由于在叶轮叶片间的液体以与叶轮近乎相等的圆周速度运动，此速度大大高于泵体流道中的液体圆周速度，因此作用在叶轮叶片间液体的离心力大于作用在泵体流道中液体的离心力，于是便形成如图 9-27 所示的纵向旋涡。此外，在这一流动上还叠加着由叶片工作面和背面的压力差所引起的环流。在这两种环流作用下，液体从吸入至排出的整个过程中多次进入叶轮和从叶轮中流出，即多次从叶轮中获得能量。每次从叶轮中流出的液体都与流道中运动的液体相混合并进行动量交换，使其能量增加。

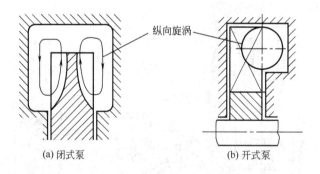

(a) 闭式泵　　　　　　　　(b) 开式泵

图 9-27　纵向旋涡

与离心泵相似，旋涡泵可以分为单级式和多级式。单级悬臂式旋涡泵与一般单级悬臂式离心泵的结构基本相同，区别在于旋涡泵的吸入口位置不同。另外，旋涡泵叶轮在轴上不锁紧，可以在体、盖端面的限位下在轴上浮动（图 9-28）。两级旋涡泵可做成悬臂式或两端支撑式，前者宜将两级流道对称布置以减小径向力。多级旋涡泵为两端支撑式，结构类似于多级节段式离心泵，多为开式泵（图 9-29）。离心旋涡泵是在旋涡叶轮前串联离心叶轮，以改善闭式旋涡泵的汽蚀性能，一般为悬臂式（图 9-30）。

2. 旋涡泵的类型与特点

旋涡泵按叶轮的类型可分为开式泵和闭式泵两种，其特点见表 9-4。

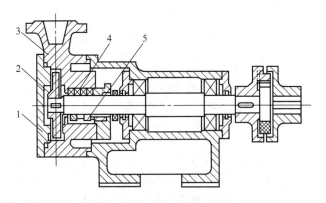

图 9-28 单级悬臂式旋涡泵

1—泵盖；2—旋涡叶轮；3—泵体；4—填料；5—机械密封

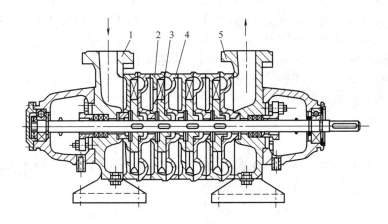

图 9-29 多级旋涡泵

1—吸入段；2——级吸入室；3—旋涡叶轮；4——级压出室；5—压出段

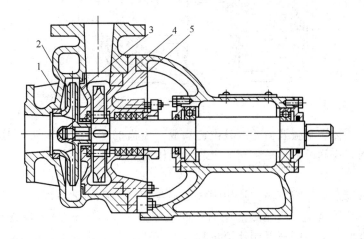

图 9-30 离心旋涡泵

1—泵体；2—离心叶轮；3—旋涡泵体；4—旋涡叶轮；5—泵盖

表 9-4 旋涡泵特点

开　　式	闭　　式
①液体从吸入口进入叶轮,再进入流道	①液体从吸入口进入流道,再从叶轮外缘处进入叶轮
②汽蚀性能较闭式泵好,能自吸	②不能自吸,需加附加装置才能自吸
③可气液混输	③不能气液混输
④泵效率较低(20%～40%)	④泵效率较开式泵稍高(30%～50%)
	⑤相同的叶轮圆周速度下,扬程为开式泵的1.5～3倍

与离心泵相比,旋涡泵适用于流量小、扬程高的使用条件。在相同叶轮直径和转速下,旋涡泵的扬程比离心泵高 2～4 倍,在比转速 $n_s=10\sim40$ 范围内采用旋涡泵较为适宜,流量一般在 $0.5\sim25\mathrm{m^3/h}$ 范围内。闭式泵单级扬程为 15～150m,当扬程超过 100m 时,为解决汽蚀问题,宜与离心轮串联使用,两级旋涡泵的扬程可达 180m。旋涡泵效率较低,只适用于容量小的使用条件,一般驱动功率在 20kW 以下。扬程-流量曲线陡降,系统中的压力波动对泵的流量影响小。

开式旋涡泵有自吸能力,可以输送气液混合物和易挥发性液体。闭式旋涡泵本身无自吸能力,不能进行气液混输。若欲使闭式旋涡泵实现自吸,可采取适当增加结构的措施。自吸能力是指泵在从自由液面低于泵中心线的条件下吸液时,吸入管道不设底阀,仅在泵中灌满液体(泵的吸入、压出管的安装要保证灌入液体在泵中存留)即可启动泵,不断排出吸入管道和泵内的气体,达到正常工作。该种泵结构较为简单,主要水力元件易于铸造和机械加工,利于采用塑料或不锈钢制造。

(三)齿轮泵

1. 工作原理

齿轮泵靠相互啮合旋转的一对齿轮输送液体,其一为主动轮,另一为从动轮,分为外啮合齿轮泵和内啮合齿轮泵(图 9-31)。

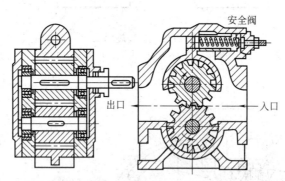

图 9-31 齿轮泵工作原理

泵工作腔由泵体、泵盖及齿轮的各齿槽构成,由齿的啮合线将泵吸入腔和排出腔分开。随着齿轮的转动,齿间的液体被带至排出腔,液体受压排出。

2. 应用

齿轮泵流量较小而扬程较高,适用于输送不含固体颗粒的黏稠液体。可作为润滑油泵、重油泵、液压泵和输液泵。所输送液体的黏度范围为 $1\sim10^6\ \mathrm{mm^2/s}$。齿轮泵结构简单,工作可靠,维修方便;但与螺杆泵相比流量和压力有脉动,流量不宜太大。

由于齿轮泵和往复泵一样,都是容积式泵,即流量几乎不随扬程而变化。因此不能用关小出口管道上的阀门来调节流量,应该用改变转速或装设旁路进行调节。

（四）流体动力泵

这种泵依靠另一种"工作流体"作动力来输送液体，如化工厂用的喷射泵、酸蛋等。

1. 喷射泵

射流形成低压区，抽吸被输送液体，在喉管混合，经扩散管减速增压排出（图9-32）。

喷射泵内无运动部件，结构简单、工作可靠、安装维护简便、容易密封、制造取材广泛、易于防腐、耐高温。喷射泵的缺点是传能效率较低。

喷射泵常用于井中提水，船舶舱底排水，河道及港口等疏浚、清淤，泵站泵房排水，矿井排水，油田采油，以及飞机上的燃油输送等。喷射

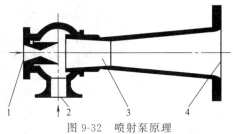

图 9-32　喷射泵原理
1—射流入口；2—被输送流体入口；
3—混合室（喉管）；4—出口

泵利用流体抽送流体，可兼作混合器及反应器，混合性能很好。

2. 酸蛋

酸蛋实质是一个密闭的容器，以容器内液面上的压缩气体的压力来输送液体（图9-33）。酸蛋的突出优点是构造简单，容器可用耐腐蚀材料制作或衬里，用来输送腐蚀性强的酸液和碱液，也可用来输送肮脏或含有悬浮物的液体，因此化工厂常常用到它。

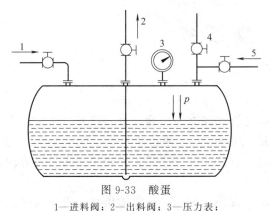

图 9-33　酸蛋
1—进料阀；2—出料阀；3—压力表；
4—放空阀；5—进气阀

酸蛋的工作过程是先打开放空阀，再打开进料阀加入液体，待液体灌到一定高度时，关闭进料阀和放空阀，然后打开压缩气体进气阀进行压送。为了避免工作气体与被输送的液体混合在一起，可将进气管装在容器顶部，且进料时液体不致淹没进气管口。液体排出管应设在容器底部最低的地方，使得液体尽可能全部压出，以充分利用器内容积。

酸蛋不仅可以用于压送，也可以用来抽吸。它的缺点是间歇送料，操作手续烦琐，且压力不能过高，需注意容器承受压力的能力，以免发生意外。

流体动力泵的效率比较低，喷射泵在30%以下，酸蛋只有15%～20%。

3. 水环真空泵

水环真空泵是一种输送气体的流体机械（图9-34）。它通过叶轮把机械能传给工作液体（旋转水环），又通过水环把能量传给气体，从而达到抽吸真空或压缩空气的目的。

水环泵的工作原理是叶轮与泵体呈偏心配置，两端由侧盖封住，在泵内注入适量的液体。当叶轮旋转时，沿泵体内壁形成旋转的液环，液环内表面与叶轮轮毂表面及侧盖端面构成月牙形的工作腔，并被叶轮叶片分割成大小不等的空腔。前半转空腔容积逐渐扩大，此时从吸入口吸气，后半转空腔容积逐渐缩小，气体被压缩，通过排出口排出，从而完成吸气、压缩、排气三个工作阶段。

水环泵的特点如下。

① 泵内没有互相摩擦的金属表面，因此适合输送易燃、易爆或遇温升易分解的气体。

② 可以采用不同的工作液体，使输送的气体不受污染。

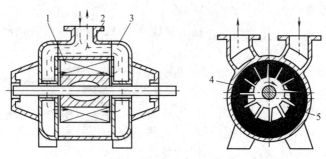

图 9-34　水环真空泵

1—叶轮；2—泵体；3—侧盖；4—排出口；5—吸入口

③ 可以输送含有蒸汽、水分或固体微粒的气体。

④ 结构简单，不需吸、排气阀，工作平稳可靠，气量均匀。

第二节　干燥设备

一、干燥过程的基础

1.干燥技术的应用

在化工生产过程中，有些原料、半成品或成品含有或多或少的水分（或其他溶剂）。为了便于加工、运输、储藏和满足使用的要求，常采用干燥的方法将这些水分或溶剂除去。例如化肥、染料、纤维、无机盐等，在蒸发、结晶、过滤或抽丝之后，尚含少量水分或溶剂，最终都需经过干燥处理将它们除掉。

化学工业中的干燥方法有三类：机械除湿法、加热干燥法、化学除湿法。机械除湿法，是用压榨机对湿物料加压，将其中一部分水分挤出。它只能除去物料中部分自由水分，结合水分仍残留在物料中。因此，物料经过机械除湿后含水量仍然较高，一般达不到化工工艺要求的较低的含水量。加热干燥法是化学工业中常用的干燥方法，它借助热能加热物料，汽化物料中的水分。物料经过加热干燥，能够除去其中的结合水分，达到化工工艺上所要求的含水量。化学除湿法，是利用吸湿剂除去气体、液体和固体物料中少量的水分。由于吸湿剂的除湿能力有限，仅用于除去物料中的微量水分，化工生产中应用极少。

化学工业中固体物料的干燥，一般是先用机械除湿法除去物料中大量的非结合水分，再用加热干燥法除去残留的部分水分（包括非结合水分和结合水分）。因为被干燥物料的形态（溶液、浆状、膏状、粉末状、颗粒状、块状、拉丝状和薄膜状等）和性质各不相同，生产能力的大小相差悬殊，对产品的要求（含水量、粒度、形状等）又不一样，所以采用的干燥方法和设备也各不相同。干燥设备的种类和形式多种多样，本章介绍几种常用的干燥设备。

2.被干燥物料的特性

（1）物料的状态

① 溶液及泥浆状物料，如工程废液及盐类溶液等。

② 冻结物料，如食品、医药制品等。

③ 膏糊状物料，如活性污泥及压滤机滤饼等。

④ 粉粒状物料，如硫酸铵及树脂粉末等。

⑤ 块状物料，如焦炭及矿石等。

⑥ 棒状物料，如木材等。

⑦ 短纤维状物料，如人造纤维等。

⑧ 不规则形状的物料，如陶瓷制品等。

⑨ 连续的薄片状物料，如带状织物、纸张等。

⑩ 零件及设备的涂层，如机械产品的涂层等。

（2）物料的物理化学性质　被干燥物料的物理化学性质是决定干燥介质种类、干燥方法和干燥设备的重要因素，因此，干燥器的设计者要了解如下内容。

① 物料的化学性质。如组成、热敏性（软化点、熔点或分解点）、物料的毒性、可燃性、氧化性和酸碱性（度）、摩擦带电性、吸水性等。

② 物料的热物理性质。如物料含水率、假密度、真密度、比热容、热导率及粒度和粒度分布等。对于原料液还应当知道浓度、黏度及表面张力等。

③ 其他性质，如膏糊状物料的黏附性、触变性（即膏糊状物料在振动场中或在搅动条件下，物料可从塑性状态过渡到具有一定流动性的性质），这些性质在设计干燥器及加料器时可加以利用。

（3）物料与水分结合的性质　固体与水分结合的方式是多种多样的，它可以是物料表面附着的，也可以是多孔性物料孔隙中滞留的水分，还可以是物料所带的结晶水分及透入物料细胞内的溶胀水分等。物料与水结合方式不同，除去的方法也不尽相同。例如物料表面附着的水分和大毛细管中的水分，是干燥可以除去的；化学结合水，不属于干燥的范围，经干燥后，它仍残存在物料中。

3. 干燥介质

大多数工业干燥过程均采用预热后的空气作为干燥介质。环境空气是含有少量水蒸气的气-汽混合物，所以又称为湿空气。干燥理论中之所以称其为"干燥介质"，是因为它在干燥过程中承担着热、湿载体的作用。它将热量传递给湿物料，为其提供干燥能量；同时，又把湿物料中的湿分（通常是水分）携带出干燥器，从而达到干燥的目的。因此，要深入了解和研究干燥过程或者进行干燥动力学过程计算均需要了解湿空气的基本热力学性质。

常用的描述湿空气湿热特性的参数、术语及其定义总结见表9-5。

表9-5　湿空气湿热特性的参数、术语及其定义

参数及符号	定　义
干球温度 T_g	用干球温度计直接测得的湿空气温度（℃）
湿球温度 T_{gw}	少量液体在大量不饱和湿空气中蒸发所达到的平衡温度。在纯对流干燥的恒速干燥阶段，干燥物料表面温度即近似为 T_{gw}（℃）
绝对湿度 Y	含有单位质量干空气的湿空气所含有的水蒸气质量（kg/kg）
相对湿度 ϕ	湿空气中的水蒸气分压与相同温度下饱和水蒸气压的比值
百分饱和度 ψ	湿空气的绝对湿度与同温度下饱和湿空气的绝对湿度之比的百分数（%）
露点温度 T_{dp}	冷却过程中，湿空气中的水蒸气达到饱和状态时的温度（℃）
湿空气焓 I_g	单位质量的干空气及所含有的水蒸气所具有的焓值（J/kg）
湿比热容 C_H	单位质量的干空气及所含有的水蒸气温度升高1℃所需提供的热量[J/(kg·K)]
湿比体积 ν	给定温度和压力条件下，单位质量的干空气及所含有的湿空气所具有的体积（m³/kg）
绝热饱和温度 T_{gas}	绝热过程中，流动的不饱和湿空气与水充分接触至饱和（达到平衡）时的气体-水系统温度（近似等于湿空气的湿球温度）

对于湿空气而言，绝热饱和温度和湿球温度值几乎相等（对于其他气体系统则不相同）。但是应注意的是 T_{gas} 和 T_{gw} 是截然不同的两个概念。应用工程中常用湿空气特性图、焓-湿图（I-Y 图）进行热力干燥过程以及湿空气参数的计算。图9-35是常压下（$p=101.33$kPa）

湿空气的焓-湿图。

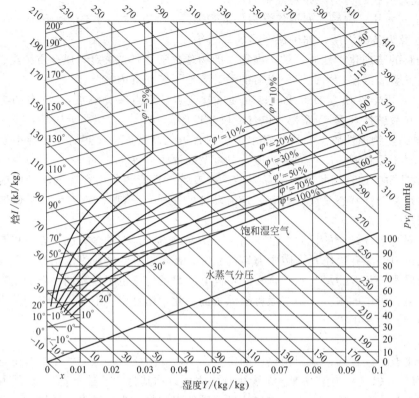

图 9-35　湿空气的焓-湿图（1mmHg＝133.322Pa）

在 I-Y 图上可以看到下列图线。

（1）等焓线　一组与横坐标成 135°夹角的斜线，其焓值标注在左右纵坐标、上部横坐标以及下部横坐标的内侧。

（2）等绝对湿度线　一组与纵坐标平行的垂直线，其湿度值标注在横坐标上。

（3）等干球温度线　一组向右上方倾斜的直线，相互并不平行，温度越高，其斜率越大，其温度值标注在左右纵坐标内侧。

（4）等相对湿度线　一组由左下角向右上方延伸的曲线。在 $\varphi'＝100\%$ 的饱和线上方为不饱和区。由于该图为大气压力下的焓-湿图，所以等相对湿度曲线与 100℃ 的等温线相交后，绝对湿度不再改变而等值上升（即在水的沸点以上，湿空气的温度变化不再影响其相对湿度和绝对湿度）。

（5）水蒸气分压线　一条由坐标原点起始向右上方的延伸线，与右纵坐标交于分压值为 100mmHg（1mmHg＝133.322Pa）处。该线主要用来查取不同绝对湿度下的水蒸气分压值。在横坐标上任一绝对湿度值处垂直向上延伸至与该线相交，然后在交点平行向右延伸至右纵坐标，所读之值即为上述绝对湿度下的水蒸气分压值。显然，在环境总压确定的情况下，水蒸气分压只与湿空气中的绝对水蒸气含量有关，而与温度无关。

4. 干燥技术的进展

目前干燥技术发展的总趋势如下。

（1）干燥设备研制向专业化方向发展　由前所述，干燥设备应用极广，遍及国民经济各部门，而且需要量也很大，因此为干燥设备向专业化方向发展奠定基础。

（2）干燥设备的大型化、系列化和自动化　从干燥技术经济的观点来看，大型化的装置，具有原材料消耗低、能量消耗少、自动化水平高、生产成本低的特点。设备系列化，可对不同生产规模的工厂及时提供成套设备和部件，具有投产快和维修容易的特点。例如，喷雾干燥装置，最大生产能力为 $55.6kg/s$；流化床干燥器（干燥煤）生产能力可达到 $97kg/s$；双层流化床干燥器，最高年处理物料达 $11×10^8kg$。

（3）改进干燥设备，强化干燥过程　近年来，对常用的干燥设备（喷雾、流态化、气流干燥等）在原有的基础上仍进行了改进和发展。

① 改善设备内物料的流动状况（或干燥介质的流体力学状况），强化和改善干燥过程。例如气流干燥器，从直管气流干燥改成脉冲气流，使被干燥粒子在脉冲气流的作用下多次加速，强化传热传质过程。又如，改进喷雾干燥器的进风装置，控制雾滴的运动状况等。

② 增添附属装置，改善干燥器的操作，扩大干燥设备的使用范围。在气流干燥器的流程中，增添分散器，使气流干燥器用于分散性差的湿物料的干燥；增添破碎机，使气流干燥器用于块状物料的干燥；增添混合器，使气流干燥器用于含水量很高的物料；增添分级机，解决产品粒度的均匀化问题等。

在喷雾干燥方面，研制了高黏度物料的雾化器；研制各种喷雾干燥器的进气分布装置，使干燥塔中心与塔壁的气速基本一致，减少喷雾干燥的粘壁；安装电磁自动振动装置，防止物料粘壁等。

在流化床干燥器中，增添附属装置，改善其操作性能。例如在单层圆筒形流化床中，添加旋转分隔板，分隔板从流化床中部开始旋转分隔直至出料口。

湿物料从流化床中部加入，在旋转隔板的控制下，物料从进口至出口一边流化一边运动，而不会"短路"，因此，物料在流化床中的停留时间均匀。在双层流化床中的上层，增添摆动的物料松动器，当流化床操作时，松动器不停摆动，松动物料，避免形成死床层，以改善流化床的特性。在卧式多室流化床中的第一室，增添搅拌装置，使凝聚的湿物料分散，同时排出不能流化的大颗粒。此外，在卧式多室流化床，把固定隔板改成悬挂在回转链上的运动隔板，在运动隔板的作用下，物料从加料端均匀地移到出料端，实现物料的"活塞流"，可使被干燥物料停留时间均匀，产品含水率均匀。

（4）采用新的干燥方法及组合干燥方法　近年来高频干燥、微波干燥、红外线干燥以及组合干燥发展较快。其他，如利用弹性振动能，强化固体物料的干燥。弹性振动能-声波对固体物料表面作用，可使湿固体表面流体边界层破坏，减小传热和传质的阻力，故能强化干燥，但声强不能低于 $143～145dB$。

（5）降低干燥过程中能量的消耗　干燥是消耗热量很大的化工单元装置。在干燥过程中，热效率变化很大，如药片包衣干燥时，热效率为 7%；食品添加剂的流态化干燥，热效率为 20% 左右；一般化学工业中干燥热效率为 $20\%～50\%$。提高干燥过程热效率的主要措施如下。

① 对现有干燥设备，加强热管理。如防止干燥介质的泄漏，使燃烧炉中燃烧完全，对带有热风循环的干燥设备，尽可能地保持最大的循环风量等。

② 改善设备的保温。一般干燥器损失热量为 $3\%～30\%$。在对干燥器散热量进行测定的基础上，采取措施，改善设备的保温，减少热损失。

③ 防止产品的过度干燥。干燥过程中，应严格地把产品控制在要求的含水量范围内，避免造成产品的过度干燥，而增加能量消耗。

例如，纸张干燥是为了保证纸张的强度，要求其含水率为7％，而多滚筒干燥器可能将纸过度干燥到含水率为4％。为了防止过度干燥，可以减少最后几个滚筒，改为高频加热，严格控制纸张含水率在7％。

④ 减少被干燥物料的初水分含量。如果被干燥的物料是溶液，可用薄膜蒸发器浓缩后，再进行喷雾干燥；如果被干燥的物料是悬浮液，可过滤除去大部分水分后，再进行干燥。这样可以降低单位质量产品的热能消耗。

例如，天津油漆总厂把铬黄干燥改成过滤后，把滤饼用往复泵输送至喷嘴，再用气流雾化，进行喷雾干燥，产品质量好，降低了热能消耗。

⑤ 回收废气带走的热量。对流干燥器在进口温度不太高的情况下，废气带走的热量与总热量之比值是很大的，有的可占总热量的40％。采用热交换器回收废气带走的热，已在工业上实施。

例如，用10℃的空气，通过废热回收换热器加热到84.8℃，废气可从150℃降到70℃，回收了废气中热量的25％，节约燃料23％，在两年内即可收回废热，回收换热器所用的投资。用"热管"回收废气中的热量也是很有前途的方法。

⑥ 提高干燥器的空气进口温度。被干燥的物料若是非热敏性的，进入干燥器的空气温度可以提高到650℃以上；对于热敏性的物料，也可在保证产品质量的前提下，尽可能地采用较高的干燥器气体进口温度。因为使用的气体温度越高，干燥器的热效率越高。

例如，把20℃绝对湿含量为0.01的空气加热到500℃，用于干燥，在干燥器中空气放热而降温的极限是使之绝热饱和到这种状态空气的湿球温度65.8℃，其理论热效率可达到90.5％。如果这种空气只加热到120℃，用同样的方法计算，其理论热效率为82％。可见，提高干燥器的进口空气温度，可以提高干燥器的理论热效率，实际热效率亦是如此。

⑦ 采用过热蒸汽干燥。用过热蒸汽作干燥介质，利用蒸汽显热下降的干燥方法，称为过热蒸汽干燥。干燥用的蒸汽可以循环使用，以减少热损失，提高干燥过程的热效率。此外，蒸汽的比定压热容比空气约大一倍，在相同的干燥热负荷下，水蒸气的用量仅为空气用量一半，因此，提高了干燥装置的生产能力。它适于干燥时发臭的物料、有爆炸危险的物料、含有机溶剂的物料以及放射性废物的干燥等。

(6) 闭路循环干燥流程的开发和应用　例如用惰性气体作干燥介质的闭路循环流程。北京石油化工总厂向阳化工厂用氮气作干燥介质，干燥聚丙烯树脂，生产能力可达1.39kg/s，产品质量也高。

(7) 消除干燥操作造成的公害问题　在粉尘回收方面，用湿式除尘器洗涤废气，可使排放的废气中含粉尘量降到 $15\sim35mg/m^3$（标准），此值的大小还取决于洗水用量。现代化的空气喷吹自动清除粉尘的袋滤器，处理后气体含尘量可以达到 $20mg/m^3$（标准）。还可采用废气洗涤和热回收组合的方式来净化废气，它既可减少粉尘又降低了热耗。为了减少干燥中风机产生的噪声，应选用加工精度高、动平衡调节好的风机，其次，在安装上应采取隔振和减振等措施，务必使风机噪声控制在90dB以下。

二、干燥设备分类及选型

1. 干燥设备分类

① 按干燥器操作压力可分为常压式和真空式干燥器两类。

② 按干燥器操作方式可分为间歇操作和连续操作的干燥器两类。

③ 按被干燥物料的状态可以分为块状物料、带状物料、粒状物料、膏状物料、溶液或浆状物料干燥器等。

④ 按干燥器供给物料热量的方法可以分为传导加热干燥器、对流加热干燥器、辐射加热干燥器、高频加热干燥器等。

⑤ 按干燥器使用干燥介质的种类可以分为空气、烟道气、过热水蒸气、惰性气体为干燥介质的干燥器。

⑥ 按干燥器的构造可以分为喷雾干燥器、流化床干燥器、气流干燥器、回转圆筒干燥器、滚筒干燥器、各种厢式干燥器等。

⑦ 一种较新的分类方法是把干燥器分为两大类、五小类。两大类是绝热干燥过程和非绝热干燥过程。绝热干燥过程又可分两类：一是小颗粒物料干燥器，例如喷雾干燥器、气流干燥器、流化床干燥器、移动床干燥器及回转圆筒干燥器等；二是块状物料干燥器，例如厢式干燥器中的洞道式干燥器、多带式及带式干燥器等。非绝热干燥过程又分为三小类：真空干燥、传导传热干燥、辐射传热干燥，其特点是非绝热系统。

2. 干燥器的选型

干燥器的选型一般要考虑多种因素，如湿物料的状态、性质，干燥产品的要求（产品中含湿量、结晶形状及光泽等），产量的大小以及所采用的热源等，结合干燥器的分类，参考干燥器的选型表，确定所适合的干燥器类型。但是，能够适用于某一干燥任务的干燥器往往有几种，例如，对用于炼焦、低温干馏、煤的气化以及特殊用途的燃烧粉煤，为了改善其使用性能（提高发热量，改善研磨性能），需要进行干燥。在选型时，可根据物料是块状，又是大量连续生产的，采用气流干燥器、回转圆筒干燥器、单室连续流化床干燥器、竖式（移动床）干燥器等。又如，涤纶切片的干燥，根据物料的状态、处理方式可用气流干燥器、回转圆筒干燥器、多层连续流化床干燥器、卧式多室流化床干燥器等。至于选用何种干燥器一方面可借鉴目前生产采用的设备，另一方面，可利用干燥设备的最新发展，选择适合该任务的新设备。如这两方面都无资料，就应在实验的基础上，再经技术经济核算后得出结论，才能保证选用的干燥器在技术上可行，经济合理，产品质量优良。

三、主要干燥设备

(一) 喷雾干燥装置

喷雾干燥器是处理溶液、悬浮液或泥浆状物料的干燥器。它用喷雾的方法，使物料成为雾滴分散在热气流中，物料与热空气呈并流、逆流或混流的方式互相接触，使水分迅速蒸发，达到干燥目的。采用这种干燥方法，可以省去浓缩或过滤等化工单元操作，可以获得 $30\sim500\mu m$ 的粒状产品。而干燥时间极短，一般干燥时间为 $5\sim30s$，适用于高热敏性物料和料液浓缩过程中易分解的物料的干燥，产品流动性和速溶性好。

1. 喷雾干燥装置的工作原理和特点

喷雾干燥装置的流程如图 9-36 所示。

料液通过雾化器，喷成雾滴分散在热气流中。空气经鼓风机，送入空气加热器加热，然后进入喷雾干燥塔，与雾滴接触干燥。产品部分落入塔底，部分由一级抽风机吸入一级旋风除尘器，经分离后，将废气放空。塔底的产品和旋风除尘器收集的产品由二级抽风机抽出，经二级旋风除尘器分离后包装。

喷雾干燥器中气固两相接触表面积大，但是气固两相呈稀相流动，故容积传热系数小，一般为 $23\sim116W/(m^2\cdot℃)$，热风温度在并流操作时为 $250\sim500℃$，逆流操作时为 $200\sim300℃$。工业规模的喷雾干燥器，热效率一般为 $40\%\sim50\%$。国外带有废热回收的喷雾干燥器，热效率可达

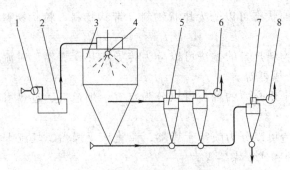

图 9-36 喷雾干燥装置流程

1—鼓风机；2—空气加热器；3—喷雾干燥塔；4—雾化器；5—一级旋风除尘器；

6—一级抽风机；7—二级旋风除尘器；8—二级抽风机

到 70%，这种设备只有在大于 100kg/h 的生产能力时才比较经济。

喷雾干燥的产品为细粒子，为了适应环境保护法令的要求，喷雾干燥系统只用旋风除尘器分离产品、净化废气还是不够的，一般还要用袋式除尘器净化，使废气中的含尘量低于 54mg/m³ 气体（标准状态），或用湿式洗涤器，将废气含尘量降到 15~35mg/m³ 气体（标准状态）。

2. 喷雾干燥装置的形式

(1) 由雾化方法分类　工业上应用的喷雾方法有下列三种形式。

① 离心式喷雾干燥器（图 9-37）。其回转速度一般为 4000~20000r/min，最高可达 50000r/min。

② 压力式喷雾干燥器（图 9-38）。用泵将料液加压到 $1×10^7~2×10^7$ Pa，送入雾化器，将料液喷成雾状。

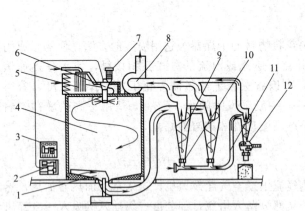

图 9-37　离心式喷雾干燥器

1—风力粉末收集器；2—原料供应泵；3—仪器板；

4—干燥室；5—空气加热器；6—空气分配器；

7—离心式雾化器；8—排风机；9—旋风除尘器；

10—回转排出阀；11—风力粉末冷却器；

12—带有排出阀的旋风除尘器

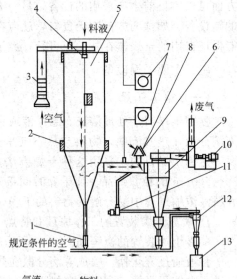

图 9-38　压力式喷雾干燥器

1—收集器；2—冷却空气入口；3—蒸汽加热器；

4—喷嘴；5—干燥塔；6—过滤空气入口；

7—温度记录仪；8—调节阀；9—主旋风

除尘器；10—排风机；11—风机；

12—旋风分离器；13—产品储器

③ 气流式喷雾干燥器（图 9-39）。用压力为 $2 \times 10^5 \sim 5 \times 10^5$ Pa 的压缩空气或过热蒸汽，通过喷嘴将料液喷成雾滴。在我国，压力式和离心式雾化器用得多，小型喷雾干燥装置也有用气流式雾化器的。

工业上以压力式和离心式为主。气流式应用范围较小，这是由于它动力消耗较大，经济上不合理，它主要用于干燥肥皂和实验用喷雾干燥器。

（2）由生产流程分类　喷雾干燥器的流程有开放式、封闭循环式、自惰循环式、半封闭循环式四种形式。

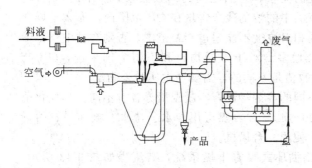

图 9-39　气流式喷雾干燥器

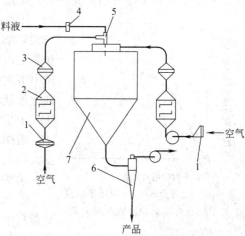

图 9-40　开放式喷雾干燥系统

1—空气过滤器；2—空气加热器；3—精过滤器；
4—物料过滤器；5—气流式雾化器；
6—旋风除尘器；7—干燥塔

① 开放式喷雾干燥系统。其流程如图 9-40 所示。它的特点是：载热体在这个系统中只使用一次就排入大气之中，不再循环使用。适宜于废气中湿含量较高，无毒无臭气体、排入大气后不污染环境的场合。

开放式喷雾干燥系统设备流程比较简单，空气（或其他载热体）由鼓风机经过滤器吸入，被送至加热器加热成热风，再通过干燥塔顶部的热风分配器，均匀地流入塔内。需干燥的料液由供料泵送至气流式雾化器，雾滴与热风接触即被干燥成粒状产品，从干燥塔锥底的旋风除尘器连续排出。净化后的废气由排风机抽出排入大气。

为了使干燥塔内保持一定的负压（50～300Pa），防止粉尘外扬，系统中采用了两台风机。在风机入口处（或出口外）一般都装有调节阀，以便调节塔内压差。

压力喷雾、离心喷雾、气流喷雾都可以按照开放式系统设计。这种系统的主要缺点是载热体消耗量比较大。

② 封闭循环式喷雾干燥系统。其流程如图 9-41 所示。它的特点是：载热体在这个系统中组成一个封闭的循环回路，有利于节约载热体、回收有机溶剂、防止毒性物质污染大气。使用的料液往往是含有有机溶剂的物料，或者是易氧化、易燃、易爆的物料，也适用于有毒的物料，因此载

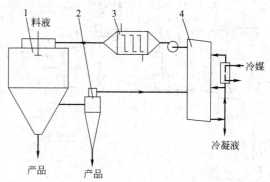

图 9-41　封闭循环式喷雾干燥系统

1—干燥塔；2—分离器；3—加热器；4—冷凝器

热体大多使用惰性气体（如氮、二氧化碳等）。从干燥塔排出的废气，经旋风除尘器除去微细粒子，然后进入冷凝器。冷凝器的作用是将废气中的溶剂（或水分）冷凝下来，冷凝温度必须在溶剂最高允许浓度的露点以下，以保证冷凝效果。除湿后的尾气经鼓风机升压，进入一个间接式加热器后又变为热风，如此反复循环使用。

这类喷雾干燥系统在使用时，必须十分注意冷凝器的面积应满足最大处理容量的要求，尽可能把溶剂都冷凝下来，即使达不到100%的冷凝效果，也至少使干燥介质残留溶剂的浓度量不至影响到干燥产品的允许溶剂浓度。

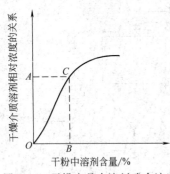

图 9-42　干燥产品中溶剂残余浓度
与干燥介质溶剂相对浓度的关系

图 9-42 表示干燥产品中溶剂的残余浓度与干燥介质溶剂相对浓度的关系。它们之间的函数关系如图中的 OC 线。如果要求产品中的溶剂残余含量在 OB 范围内，那么干燥介质中溶剂的相对浓度不能超过 OA 范围。否则产品中残留溶剂含量就会增多。对于不同物料和不同溶剂来说，OB 与 OA 的相关数值是不同的，需要通过实验来确定。

根据不同的溶剂特性，冷凝温度亦各有不同，其变化范围大致在 $20 \sim 45℃$。冷媒可用冷水、盐水、氟利昂、丙烯等。系统中使用一台风机。

③ 自惰循环式喷雾干燥系统。其流程如图 9-43 所示。所谓自惰，就是指在系统中有一个自制惰性气体的装置。在这个装置内，引入气体燃料，可燃气体燃烧，还可将空气中的氧气烧去，剩下氮和二氧化碳气体作为干燥介质。

可燃气体和空气按一定的比例混合进入自惰加热器内，进行燃烧，使氮和二氧化碳等惰性气体浓度增加。由于具有自惰过程，在系统内必然产生过多的气体，从而增加系统内的压力。为了使系统中压力能够平衡，在鼓风机出口风道处必须安装一个放气减压缓冲装置，以便压力增高到一定值时将部分气体排入大气之中。

自惰循环式喷雾干燥系统在使用时，应防止可燃的产品微粒进入自惰加热器内发生爆炸事故。为此应在湿式除尘器内增加必要的措施，除尽微粒，保证循环使用的干燥介质十分洁净。系统中惰性气体的含氧量最高不大于 4%。

④ 半封闭循环式喷雾干燥系统。其流程如图 9-44 所示。它的特点是介于开放式和封闭循环式之间。在系统中有一个温度较高的直接加热器，目的是将混合在干燥介质中的臭气在排入大气之前燃烧掉，防止对大气的污染。

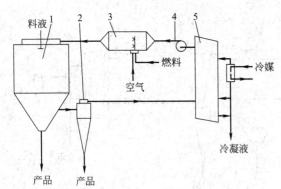

图 9-43　自惰循环式喷雾干燥系统

1—干燥塔；2—旋风除尘器；3—燃烧器；
4—旁通出口；5—冷凝器

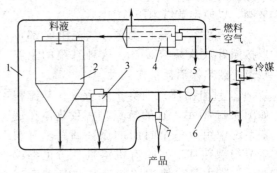

图 9-44　半封闭循环式喷雾干燥系统

1—循环风路；2—干燥塔；3—旋风除尘器；4—燃烧器；
5—部分排放出口；6—冷凝器；7—风送旋风除尘器

半封闭循环系统一般用于以水作为悬浮介质的物料，如单细胞蛋白、酵母、菌丝体等料液的干燥。这种系统从本质上来看仍然像封闭循环式干燥系统，在回路中仍串联冷凝器除湿。当臭气发生燃烧时也会增加系统的压力，因此同样设有一个压力平衡装置。半封闭循环和自惰封闭循环结合起来使用，可扩大应用范围，且可节约热能。

（3）由喷雾和气体流动方向分类

① 并流型喷雾干燥器。并流型喷雾干燥器是工业上常用的基本形式，如图9-45所示。在喷雾干燥室内，液滴与热风呈同方向流动。这类干燥器的特点是被干燥物料容许在低温情况下进行干燥。由于热风进入干燥室内立即与喷雾液滴接触，室内温度急降，不会使干燥物料受热过度，因此适宜于热敏性物料的干燥。排出产品的温度取决于排风温度。

图9-45（a）、（b）所示为垂直下降并流型，这种形式塔壁粘粉比较少。图9-45（c）所示为垂直上升并流型，这种形式要求干燥塔截面风速要大于干燥物料的悬浮速度，以保证干燥物料能被带走。由于在干燥室内细粒干燥时间短，粗粒干燥时间长，产品具有比较均匀干燥的特点，适用于液滴高度分散均一的喷雾场合，但是动力消耗较大。图9-45（d）所示为水平并流型，热风在干燥室内运动的轨迹呈螺旋状，以便与液滴均匀混合，并延长干燥时间。

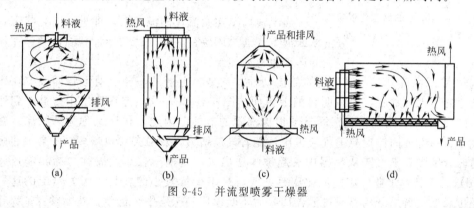

图9-45　并流型喷雾干燥器

② 二逆流型喷雾干燥器。如图9-46所示，在喷雾干燥室内，液滴与热风呈反相流动。这类干燥器的特点是高温热风进入干燥室内首先与将要完成干燥的粒子接触，使其内部水分含量达到较低的程度，物料在干燥室内悬浮时间长，适用于含水量高的物料干燥。设计时应注意塔内气流速度应小于成品粉粒的悬浮速度，以防粉粒与废气夹带。二逆流型喷雾干燥器常用于压力喷雾场合。

③ 混合流型喷雾干燥器。在喷雾干燥室内，液滴与热风呈混合交错的流动，如图9-47

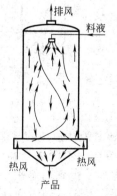

图9-46　二逆流型喷雾干燥器　　　　　　图9-47　混合流型喷雾干燥器

所示。其干燥性能介于并流和逆流之间。这类干燥器的特点是液滴运动轨迹较长，适用于不易干燥的物料。但如果设计不好，往往造成气流分布不均匀、内壁局部粘粉严重等弊病。

（二）流化床干燥装置

1. 基本概念

（1）固体颗粒的流态化现象　设有一圆筒形容器，在容器下部安装一块筛板，称为气体分布板（图9-48）。在分布板上面堆积着一层固体颗粒（即床层），为了防止停工时颗粒从小孔中漏下或堵塞小孔，并使气体从小孔顺利进入床层中，在每一筛孔中可安设风帽。当气体以低速通过床层时，固体颗粒保持接触，仍然处于静止状态，床层高度也不变，气体在颗粒之间的空隙中通过，这种床层称为固定床［图9-49（a）］。当气体流速增大到一定值时，固体颗粒位置稍有调整，但仍处于接触状态，只是床层变松，略有膨胀（即床层略有增高），这时床层处于初始或临界流化状态中［图9-49（b）］。

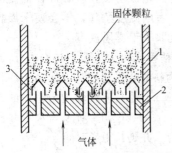

图 9-48　固体颗粒的流态化现象
1—容器壁；2—分布板；3—风帽

当气速高于初始流化的流速时，即进入流化状态，气体以鼓泡方式通过床层，随着气速的增加，固体颗粒在床层中的运动也愈激烈。

这时气-固系统具有类似于液体的流动性，它是无定形的，随容器形状而改变，床层也随着气速的增大而膨胀，但有明显的上界面［图9-49（c）］。气泡在床层中上升，到达床层表面时破裂。床层中激烈的气-固运动很像沸腾的液体，因此流化床又称为沸腾床。在更高的速度下，一部分固体颗粒被气流带出，随着气速增大，颗粒夹带也增多，上界面也随着消失，这时，因颗粒随气流从容器中一起被吹送出去，密度又较小，故称为稀相输送床［图9-49（d）］。通常，工业应用的流化床容许气流带走少量较小的颗粒，因为带走的这一部分颗粒还可以通过旋风分离器或过滤器回收后不断返回到床层中，这就仍然能够保证操作正常进行。

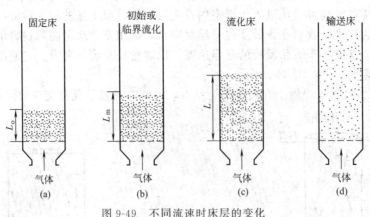

图 9-49　不同流速时床层的变化

（2）流态化的操作类型　当液体通过固体颗粒床层时，随着液体流速的增加，也同样存在着固定床、流化床和输送床三个阶段。液-固系统和气-固系统的不同之处在流化床阶段。对于液-固系统，当流速高于最小流化速度时，随着流速的增加，得到的是平稳的、逐渐膨胀的床层，固体颗粒均匀分布在床层中，即使在流速较大时，也看不到鼓泡或不均匀的现象。因此，这样的床层称为散式流化床（或称均匀流化床、液体流化床），如图9-50（a）所

示。在气-固系统的流化床中，则有两种聚合状态，
如图 9-50 (b) 所示。一种聚合状态是作为连续相的
一种空隙率小、固相浓度大的、均匀的气-固混合物，
称为乳化相（或称乳浊相）；另一种聚合状态是作为
分散相的气体以鼓泡形式穿过床层并不断长大，称为
气泡相。因为有乳化相和气泡相这两种聚合状态，故
称为聚式流化床（或称为不均匀流化床、气体流化
床）。当气泡上升到床面时即破裂，同时向上溅起若
干固体颗粒。其中细颗粒被气流带到床层上部，形成
一个稀相区，有的被带出器外。粗颗粒则返回床层
内，与原来在床层中运动着的颗粒一起形成密相区，
也就是通常所称的流化床层。在稀相区和密相区之
间，有一个清晰的界面。工业应用的流化床，绝大多
数是气体流化床。

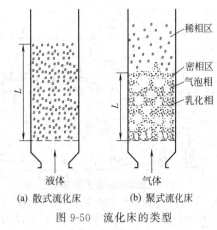

(a) 散式流化床　　(b) 聚式流化床

图 9-50　流化床的类型

(3) 流化床的似液体特性　前已指出流化床中的气-固运动很像沸腾液体，故称沸腾床。
此外，它还显示出类似于液体的特性（简称"似液体特性"），如图 9-51 所示。

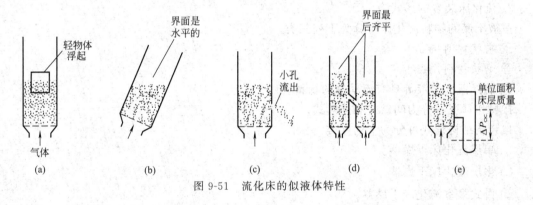

图 9-51　流化床的似液体特性

图 9-51 (a) 表示一个比床层密度小的物体浮在床面上，就像木块浮在水面上一样，并
且服从阿基米德（浮体）定律。图 9-51 (b) 表示容器倾侧时，流化床的床面仍保持水平位
置，这同倾侧容器中液面是水平的也完全一致。图 9-51 (c) 表示在流化床的器壁上开一小
孔，气-固混合物即从小孔流出，这与液体的溢流也是相同的。如将一流化床侧壁的小孔连
接到另一流化床，则最后两个床面将齐平，这也和一个装水 U 形管的两臂中水面齐平的道
理一样 ［图 9-51 (d) ］。图 9-51 (e) 表示在流化床器壁上、下两点的压力差 ΔP 与该两点之
间的单位面积床层质量成正比，这也符合流体静力学原理。

总之，流化床的似液体特性是它在工业上广泛应用的一种重要的特性。因此，也有把流
化床称为"假液化层"的。

2. 流化床干燥装置的工作原理和特点

流化床干燥器又名沸腾床干燥器，其装置流程如图 9-52 所示。

散粒状的固体物料，由螺旋加料器加入流化床干燥器中，空气由鼓风机送入燃烧室，加
热后送入流化床底部经分布板与固体物料接触，形成流态化，达到气固相的热质交换。物料
干燥后由排料口排出。废气由流化床顶部排出，经旋风除尘组回收，被带出的产品再经洗
涤器和雾沫分离器后排空。

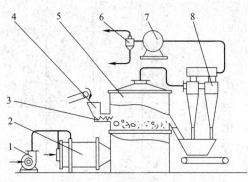

图 9-52　沸腾床干燥器装置流程
1—鼓风机；2—燃烧室；3—螺旋加料器；
4—料斗；5—沸腾床干燥器；6—雾沫分
离器；7—洗涤器；8—旋风除尘器组

流化床干燥器具有以下特点：它适用于无凝聚作用的散粒状物料的干燥，颗粒直径可从 $30\mu m\sim6mm$；设备结构简单；生产能力大，从每小时几十千克至 $4\times10^5\,kg$；热效率高，除去物料中的非结合水分时，热效率可达到 70% 左右，除去物料中的结合水分时，热效率为 $30\%\sim50\%$；容积传热系数可达到 $2326\sim6978W/(m^2\cdot℃)$；物料在流化床中的停留时间与流化床的结构有关，如设计合理，物料在流化床中的停留时间可以任意延长。其缺点是热空气通过分布板和物料层的阻力较大，一般为 $490\sim1470Pa$。鼓风机的能量消耗大。对单层流化床干燥器，物料在流化床中处于完全混合状态，部分物料从加料口到出料口，可能走短路而直接飞向出口，造成物料干燥不均匀。为了改善物料在流化床中干燥的不均匀性，一般多采用不同结构的流化床。

3. 流化床装置的形式

按被干燥的物料流化床可分为下列三类。

① 粒状物料。

② 膏状物料。

③ 悬浮液和溶液等具有流动性的物料。

按操作情况可分为间歇式和连续式。

按设备结构形式可分为下列几类。

① 单层流化床干燥器。

② 多层流化床干燥器。

③ 卧式多室流化床干燥器。

④ 喷动床干燥器。

⑤ 振动流化床干燥器。

⑥ 脉冲流化床干燥器。

⑦ 惰性粒子流化床干燥器。

⑧ 锥形流化床干燥器。

（1）单层流化床干燥器　单层流化床干燥器（图 9-53）结构简单，操作方便，生产能力较大，应用也较为广泛。一般都在床层颗粒静止高度不太高的情况下使用（床层高度 $300\sim400mm$）。根据所干燥的介质不同，生产强度可达每平方米分布板从物料中干燥水分 $500\sim1000kg/h$，其空气消耗量为 $3\sim12kg/h$，适用于较易干燥或要求不严格的湿粒状物料，如粉煤、细矿石、砂和无机盐等。

单层流化床干燥器的主要缺点是不能保证固体颗粒干燥均匀。所以一般用于要求干燥程度不高的固体颗粒物料。

湿物料由胶带输送机送到抛料机的加料斗上，再经抛料机送入流化床干燥器内。空气经过过滤器由鼓风机送入空气加热器，加热后的热空气进入流化床底部分布板，干燥湿物料。

干燥后的物料经溢流口由卸料管排出。干燥后空气夹带的粉尘经 4 个并联的旋风除尘器分离后，由抽风机排出。

（2）多层流化床干燥器　单层流化床干燥器的缺点在于干燥后所得产品湿度不均匀。为改进此缺点，出现了多层流化床干燥器。如五层流化床干燥器干燥涤纶切片。其工艺流程和主要设备如图 9-54 所示。

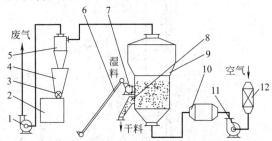

图 9-53　单层流化床干燥器干燥流程

1—抽风机；2—料仓；3—星形下料器；4—集灰斗；
5—旋风除尘器（4 只）；6—皮带输送机；7—抛料机；
8—卸料管；9—流化床；10—加热器；
11—鼓风机；12—空气过滤器

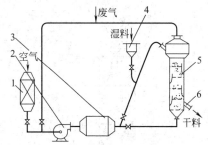

图 9-54　涤纶切片五层沸腾干燥流程

1—空气过滤器；2—鼓风机；3—电加热器；
4—料斗；5—干燥器；6—出料管

经结晶后的涤纶树脂由料斗送入气流输送干燥器上部，由上溢流而下，干燥后的合格产品（含水量≤0.02%）由出料管卸出。空气经过滤器，由鼓风机送入电加热器，加热后从干燥器底部进入，将湿料沸腾干燥。为了提高利用率，可将部分气体循环使用。

涤纶树脂采用多层流化床干燥器，各层气体分布板用自动液压翻板式结构。这种结构的特点是：先从流化床干燥器最下层气体分布板通过自动液压翻板卸下干燥度合格的涤纶树脂后，恢复气体分布板至原状，再逐层通过翻板卸下物料，直至最上层气体分布板翻下物料恢复原状，再加入新的湿物料进行下一次的干燥循环。在正常生产情况下，每一次的干燥循环周期可按照预先规定的时间进行。其优点是可以完全保证物料干燥度的要求。

多层流化床干燥器结构类似于板式塔，可分为溢流管式和穿流板式。国内目前均用溢流管式多层流化床干燥器。

一般溢流管下面装有调节装置，其结构如下。

① 菱形堵头。调节堵头上下位置，可以改变下料孔自由截面积，从而控制下料量，如图 9-55（a）所示。这种结构由人工操作调节。

② 铰链活门式。根据溢流管中物料量的多少，可自动开大或关小活门，如图 9-55（b）所示。但需注意活门轧死而失灵。

③ 自封式溢流管。自封式溢流管（图 9-56）采用侧向溢流口，其空间位置设于空床气速较低的床壁处（以保持溢流口仍为最小控制面为原则），再加上侧向溢流口的附加阻力，使气体倒窜的可能性大为减小，即使将溢流口埋入浓相床层中，也不会引起气流对下料的干扰。

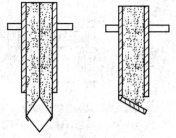

(a) 菱形堵头　　(b) 铰链活门式

图 9-55　溢流管调节装置

自封式溢流管采用不对称方锥形，既可防止颗粒架桥卡料，又可因截面自下而上不断扩大而不断降低气速，减少喷料的可能性。

在溢流管内颗粒空隙间流动的气体，能起松动物料的作用，为此，可在溢流管侧壁上开一串侧孔（其开孔率选取等于分布板的开孔率），由床层内自动引入少量气体作为松动风，不需另设风源。至于溢流管的具体尺寸要根据实际生产情况进行实验决定。

穿流板式多层流化床干燥器结构较为简单（图 9-57）。其特点是没有溢流管，物料直接从筛板孔由上而下流动，同时气体通过筛孔由下向上运动，在每块筛板上形成沸腾床，故比溢流管简单。但操作控制更为严格。

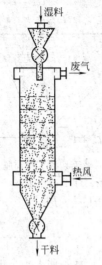

图 9-56　自封式溢流管结构

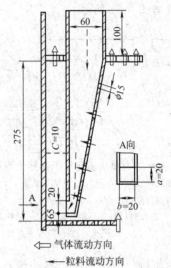

⇐ 气体流动方向

← 粒料流动方向

图 9-57　穿流板式多层流化床干燥器

采用多层流化床干燥器，可以增加物料的干燥时间，改善干燥产品含水的均匀性，从而易于控制产品的干燥质量。但是，多层流化床干燥器因层数增加，分布板相应增多，床层阻力增加。同时，各层之间，物料要定量地从上层转移至下层，又要保证形成稳定的流化状态，必须采用溢流装置等，这样又增加了设备结构的复杂性。对于除去结合水分的物料，采用多层流化床是恰当的。卧式多室流化床干燥器，由于分隔成多室，可以调节各室的空气量，同时，流化床内增加了挡板，可避免物料走短路排出，干燥产品的含水量也较均匀。若在操作上对各室的风量、气温加以调节，或将最末几室的热风二次利用，或在床内添加内加热器等，还可提高热效率。

（3）卧式多室流化床干燥器　它适合干燥各种难以干燥的颗粒状、粉状、片状等物料和热敏性物料。其所干燥的物料大多是经造粒机制成的 4～14 目散粒状物料，初湿量一般在 10%～30%，干燥后物料的终湿量一般在 0.02%～0.3%。由于物料在床层内相互剧烈地碰撞摩擦，干燥后物料粒度变小（一般为 12 目占 20%～30%，40～60 目占 20%～40%，60～80 目占 20%～30%）。当被干燥的物料颗粒度在 80～100 目或更细的物料时，如聚氯乙烯，则干燥器上部须加以扩大，以减少细粉夹带；其分布板的孔径及开孔率也相应减小，以改善流化。

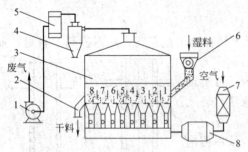

图 9-58　卧式多室流化床干燥器

1—抽风机；2—卸料管；3—干燥器；4—旋风除尘器；5—袋式除尘器；6—摇摆颗粒机；7—空气过滤器；8—加热器

卧式多室流化床干燥器（图 9-58）一般流程如下。

干燥器为一长方形箱式流化床，底部为多孔筛板，筛板的开孔率一般为 4%～13%，孔径 1.5～2.0mm。筛板上方有竖向挡板，将流化床分隔成 8 个小室，每块挡板可上下移动，以调节其与筛板的间距。每一小室的下部有一进气支管，支管上有调节气体流量的阀门。

湿物料由摇摆颗粒机连续加料于干燥器的第 1 室内，由第 1 室逐渐向第 8 室移动。干燥后的物料由第 8 室卸料口卸出。而空气经过滤器到加热器加热后，分别从 8 个支管进入 8 个室的下部，通过多孔板进入干燥室，流化干燥物料。其废气由干燥器顶部排出，经旋风除尘器、袋式除尘器，由抽风机排到大气。

卧式多室流化床干燥器对多种物料适应性较大。它较厢式干燥器占地面积小，生产能力大，热效率高，干燥后产品湿度也较均匀。同气流式干燥器比较，可调节物料在床层内的停留时间，易于操作控制，而且物料颗粒粉碎率较小，因此应用较为广泛。但它的热效率比多层流化床干燥器低，特别是采用较高热风温度时更为明显。若在不同室调整进风量及风温，逐室降低风量、风温和热风串联通过各室，可提高热效率。另外，物料过湿易在第 1、2 室内产生结块，需经常清扫。

（4）喷动床干燥器　对于粗颗粒和易黏结的物料，因其流化性能差，在流化床内不易流化干燥，可采用喷动床干燥。

喷动床干燥器底部为圆锥形，上部为圆筒形。气体以高速从锥底进入，夹带一部分固体颗粒向上运动，形成中心通道。在床层顶部颗粒好像喷泉一样，从中心喷出向四周散落，然后沿周围向下移动，到锥底又被上升气流喷射上去。如此循环以达到干燥的要求。

喷动床用于谷物、玉米胚芽和过氯乙烯等物料的干燥。

玉米胚芽喷动床干燥流程如图 9-59 所示。

空气由鼓风机经加热炉加热后鼓入喷动床底部，与由螺旋加料器加入的湿玉米胚芽接触喷动干燥。操作为间歇式，当干燥达到要求后，由底部放料阀推出物料，然后再进行下批湿物料的干燥。

湿玉米胚芽水分高达 70%，流化性能差，且易自行黏结。采用喷动床后，因没有分布板，避免了湿玉米胚芽与分布板的黏结，减小加料速度，并用高风速（约 70m/s）由底部通入，促使湿玉米胚芽很快分散和流动，从而实现玉米胚芽的干燥。

（5）振动流化床干燥器　它是近年来发展的新设备，适合于干燥颗粒太粗或太细、易黏结、不易流化的物料。此外还用于有特殊要求的物料，如砂糖干燥要求晶形完整、晶体光亮、颗粒大小均匀等。

用于砂糖干燥的振动流化床干燥器的结构和流程如图 9-60 所示。

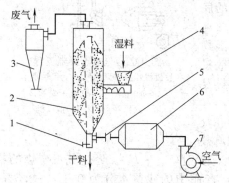

图 9-59　玉米胚芽喷动床干燥流程

1—放料阀；2—喷动床；3—旋风分离器；4—加料器；5—蝶阀；6—加热炉；7—鼓风机

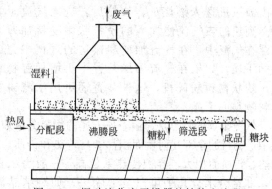

图 9-60　振动流化床干燥器的结构和流程

干燥器由分配段、沸腾段和筛选段三部分组成。在分配段和筛选段下面都有热空气。含水 4%～6% 的湿砂糖，由加料器送进分配段，由于平板振动，物料被均匀地加到沸腾段。湿砂糖在沸腾段停留约 12s 就可达到干燥要求，产品含水为 0.02%～0.04%。干燥后，离开沸腾段进入筛选段，筛选段分别安装不同网目的筛网，将糖粉和糖块筛选掉，中间的为合格产品。

干燥器宽 1m，长 13m，其中分配段长 1.2m，沸腾段长 1.75m，筛选段长 9.5m，砂糖在干燥器中总停留时间为 70～80s，生产能力为 7.6t/h。

(6) 脉冲流化床干燥器　它用于不易流化的或有特殊要求的物料。其结构和流程如图 9-61 所示。

在干燥器下部均布几根热风进口管，每根管上又装有快开阀门，这些阀门按一定的频率和次序进行开关。当气体突然进入时就产生脉冲，此脉冲很快在颗粒间传递能量，随着气体的进入，在短时间内就形成剧烈的沸腾状态，使气体和物料进行强烈的传热传质。此沸腾状态在床内扩散和向上运动。当阀门很快关闭后，沸腾状态在同一方向逐步消失，物料又回到固定状态。如此往复循环进行脉冲流化干燥。

快开阀门开启时间与床层的物料厚度和物料特性有关，一般为 0.08～0.2s。而阀门关闭的时间长短，应使放入的那部分气体完全通过整个床层，物料处于静止状态，颗粒间密切接触，以使下一次脉冲能在床层中有效地传递。

进风管最好按圆周方向排列 5 根，其顺序按 1、3、5、2、4 方式轮流开启。这样，每一次的进风点与上一次的进风点可离开较远。

脉冲流化床干燥器每次可装料 1000kg，间歇操作，干燥物料粒度可大到 4mm，也可小到约 10μm 的细粉。

(三) 气流干燥装置

1. 气流干燥器的工作原理和特点

气流干燥器广泛应用于粉粒状物料的干燥，其流程如图 9-62 所示。

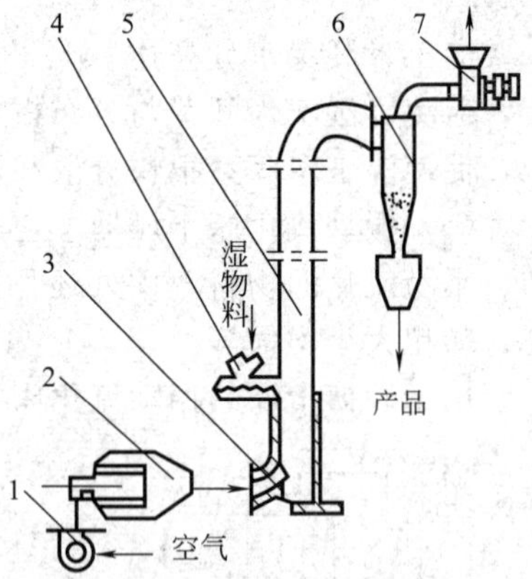

被干燥的物料直接由加料器加入气流干燥管中，空气由鼓风机送入燃烧炉，加热后，进入气流干燥管的底部。高速的热气流使加入的粉粒状湿物料加速并分散地悬浮在气流中，在气流加速和输送的过程中完成对湿物料的干燥。如果在气流干燥装置中再增加湿物料分散机或小块状物料粉碎机，这种装置还可用于滤饼状物料及块状物料的干燥。

气流干燥的特点是，由于被干燥的物料分散地悬浮在气流中，物料的全部几何表面积都参与传热和传质，所以有效传热、传质面积大，容积传热系数高，一般为 2326～6978W/(m²·℃)。经过气流干燥的物料，非结合水分几乎可以全部除去，如对结晶盐类，产品中的残留水分为 0.3%～0.5%，对吸附性很强的物料，产品中的残留水分为 2%～3%。气流干燥操作气速大，一般对分散性良好的物料，取操作气速 10～40m/s，因此，物料在干燥器中的停留时间短，一般为

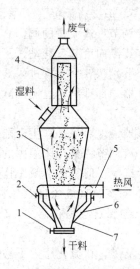

图 9-61　脉冲流化床干燥器
1—插板阀；2—快动阀门；
3—干燥室；4—过滤器；
5—环状总层管；6—进
风管；7—导向板

图 9-62　气流干燥器流程
1—鼓风机；2—燃烧炉；3—积料排出口；
4—加料器；5—气流干燥管；
6—旋风除尘器；7—抽风机

0.5～2s，最长可达 7s。物料出气流干燥器的温度接近于空气的湿球温度 60～70℃，因此，气流干燥器适用于热敏性物料的干燥。气流干燥器的散热面积小，热损失可以控制在 5％左右，因此，热效率较高。例如，热风温度 400℃以上、废气排出温度 60～100℃时，热效率可达 60％～75％。但在干燥物料中的结合水分时，由于进干燥器的空气温度较低，热效率约为 20％。气流干燥器的主体设备很小，设备投资费用低，占地面积小，且可连续操作，易于实现自动控制。但是，气流干燥器的附属设备较大，操作气速高，物料在气流的作用下，冲击管壁，而且物料间也会相互碰撞，物料和管子的磨损较大，对于粒度和晶形要求十分严格的物料，不宜采用。

气流干燥也不适于黏附性很强的物料，如粗制的葡萄糖等。此外，对于干燥过程中易产生微粉、又不易分离的物料，以及需要空气量极大的物料，都不宜采用气流干燥。

目前，我国使用中小型气流干燥器较多，使用大型装置较少；使用直接加料的流程较多，使用有其他附属装置（如分散机、粉碎机、分级机等）的流程较少。但是对气流干燥管的改型和强化都有不少发展，如脉冲式、旋风式、倒锥式气流干燥器等。

2. 气流干燥器的形式

气流干燥装置可分为直接进料的、带有分散器的和带有粉碎机的。另外，还可分为有返料、热风循环以及并流或环流操作的气流干燥装置。

(1) 直接进料的气流干燥装置 它是目前应用最广泛的一种，适用于湿物料分散性良好和只除去表面水分的场合，如干燥合成树脂、某些药品、有机化学产品、煤、淀粉和面粉等。若湿物料含水量较高，加料时容易结团，可以将一部分已干燥的成品作为返料，在混合加料器中和湿物料混合，以利干燥操作。

(2) 带有分散器的气流干燥装置 其流程如图 9-63 所示。其特点是干燥管下面装有一台鼠笼式分散器打散物料。它适合于含水量较低、松散性尚好的块状物料。如离心机、过滤机的滤饼，以及磷石膏、碳酸钙、氟硅酸钠、黏土、咖啡渣、污泥渣、玉米渣等。如含水量较多，可用返料法改善操作。

(3) 带有粉碎机的气流干燥装置 其流程如图 9-64 所示。其特点是在气流干燥管下面

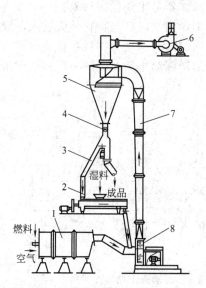

图 9-63 带有分散器的气流干燥装置
1—燃烧室；2—混合器；3—干料分配器；
4—加料器；5—旋风除尘器；6—排风机；
7—干燥管；8—鼠笼式分散器

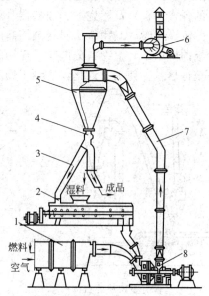

图 9-64 带有粉碎机的气流干燥装置
1—燃烧室；2—混合器；3—干料分配器；
4—加料器；5—旋风除尘器；6—排风机；
7—干燥管；8—冲击式锤磨机

装有一台冲击式锤磨机，用以粉碎湿物料，减小粒径，增加物料表面积，强化干燥。因此，大量的水分在粉碎过程中得到蒸发，在一般情况下，可完成气化水分的80%。这样，便于采用较高的进气温度，以获得大的生产能力和高的传热效率。对许多热敏性物料，其进气温度仍可高于其熔点、软化点和分解点。图9-65为应用于磨粉工业中的带有雷蒙粉碎机的环流操作的气流干燥装置。

以上三种气流干燥装置的特性见表9-6。

表 9-6　三种气流干燥装置的特性

项　　目	干　燥　物　料		
	煤(6.35mm)	污泥渣(滤饼)	黏土
干燥装置形式	直接进料	带分散器	带粉碎机
干燥器蒸发水量/(kg/h)	3400	1590	930
进口水分(湿基)/%	9	80	27
出口水分/%	3	10	5
进口气体温度/℃	650	700	530
出口气体温度/℃	80	120	74
空气用量/(m³/min)	32000	7600	5000
生产量/(kg/h)	51400	450	3070
物料：空气(质量分数)/%	10	0.044	0.34
进口物料温度/℃	16	16	16
出口物料温度/℃	57	71	49
燃料种类	煤	发生炉气	重油
燃料消耗(蒸发水)/(kJ/kg)	3713	4003	4085
动力消耗(蒸发水)/(kW·h/kg)	0.022	0.0264	0.0814

（四）回转圆筒干燥器

1. 回转圆筒干燥器的原理及特点

回转圆筒干燥器的流程如图9-66所示。它由低速旋转的倾斜圆筒（筒内壁安装有翻动物料的各式抄板）及燃烧炉、加料器、旋风分离器、洗涤器等主要设备构成。

并流操作时，湿物料从回转圆筒高的一端加入，干燥用烟道气与物料并流进入，湿物料在抄板的作用下，把物料分散在干燥用的烟道气中，同时向前移动，物料在移动中直接从气流中获得热量，使水分汽化，达到干燥的目的，直到回转圆筒干燥器低的一端卸出产品。

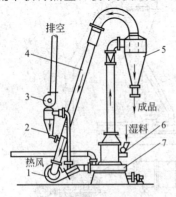

图 9-65　带有雷蒙粉碎机的环流操作的气流干燥装置
1—循环气体鼓风机；2—细粉收集器；3—排风机；4—干燥管；5—旋风除尘器；6—加料器；7—雷蒙粉碎机

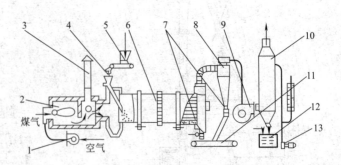

图 9-66　回转圆筒干燥器的流程
1—鼓风机；2—燃烧室；3—排气管；4—进料管；5—加料器；6—回转圆筒干燥器；7—产品排出口；8—旋风除尘器；9—抽风机；10—洗涤器；11—运输机；12—循环水池；13—水泵

回转圆筒干燥器内，物料与气流的流动方向随物料的性质和产品要求的最终湿含量而定。通常回转圆筒干燥器采用逆流操作。逆流操作时，干燥器内传热与传质推动力比较均匀，适用于不允许快速干燥的非热敏性的物料。一般逆流操作干燥产品的含水量较低。并流操作只适用于含水量较高、允许干燥速度快、不分解、在干燥完成时不能耐高温的热敏性物料。

对于耐高温及清洁度没有要求的矿产品、黏土及耐火材料等，可用烟道气为干燥介质；对于产品清洁度要求高的物料，则可采用热空气作干燥介质。

回转圆筒干燥器直径为 0.3～5.2m，长可达 20m 左右。由于转速很低，回转线速度为 0.2～0.3m/s，流体阻力小，鼓风机动力消耗少，操作连续，生产能力适应范围大。其缺点是结构较复杂，钢材消耗较多，设备占地面积较大。目前，我国用它作硫酸铵、硝酸铵、氮磷复合肥料、磷矿、硫精矿及碳酸钙的干燥等。

2. 回转圆筒干燥器的类型

回转圆筒干燥器的形式一般按照被干燥物料的加热方式来划分，可分为以下几种类型。

（1）直接传热干燥器　此种干燥器内载热体直接与被干燥物料接触，主要靠对流传热，热利用率较高，使用最广泛。直接传热的干燥器设备如图 9-67 所示。

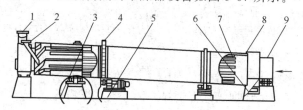

图 9-67　直接传热的干燥设备

1—空气出口；2—加料口；3—止推轮；4—腰齿轮；5—传动齿轮；
6—产品；7—抄板；8—密封环；9—加热器

（2）间接传热干燥器　当被干燥物料不宜与烟道气或热空气直接接触时，可以采用间接传热的干燥器。在此种干燥器中，载热体不直接与被干燥的物料接触，而干燥所需的全部热量都是经过传热壁传给被干燥物料的。

间接传热干燥器如图 9-68 所示。外壳内装有同心圆筒，借助于连接管使内筒的内部空间与外壳和炉壁间的环状空间相通，整个外壳砌在砖炉内。从燃烧炉来的烟道气进入外壳和炉壁间的环状空间，自外掠过外壳，然后穿过连接管进入内筒。最后用送风机将其排出。被干燥的物料在外壳与内筒之间的环状空间通过，而空气带走物料蒸发的蒸汽，则与物料成逆流方式流动，然后由送风机排出。

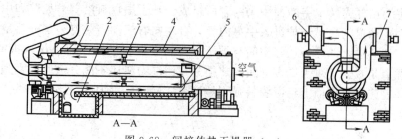

图 9-68　间接传热干燥器（一）

1—外壳；2—炉膛；3—内圆筒；4—炉壁；5—连接管；6,7—风机也有先将烟道气进入内管，然后穿过连接管到外壳和炉壁间的环状空间后经送风机排出的。也有采用内热式间接加热，高温烟道气从干燥器高端的中心火管一直到干燥器低端，并从 20 根伸向四周的短火管通向锯齿形的烟道抄板夹层内，再沿外壁和抄板间空隙回到入口端由风机抽出，而物料由干燥器高端进入到中心火管和抄板间翻动前进，物料和烟气之间靠火管、小火管、抄板传热，传热面积比双筒式大，热效率高。为了进一步提高热效率，增大传热面积，可将中心火管进口端先用一根，而后分成 5 根小管，面积增大了，热效率也显著提高（图 9-69）。本设备特点如下。

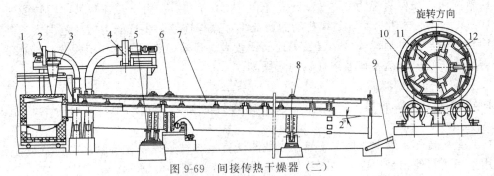

图 9-69　间接传热干燥器（二）

1—燃烧室；2—排风机；3—旋风除尘器；4—引风机；5,8—托轮；6—大齿轮；
7—筒体；9—皮带输送机；10—短火管；11—中心火管；12—抄板

① 干燥成本低。
② 产量高，热效率好。
③ 对燃料要求不高，可烧烟煤、无烟煤、油、气、煤粉等。
④ 操作简单、稳定。

（3）复式传热干燥器　此种干燥器一部分热量由干燥介质经过传热壁传给被干燥物料，另一部分热量则由载热体直接与物料接触而传递，是热传导和对流传热两种形式的组合，热利用率较高（图 9-70）。

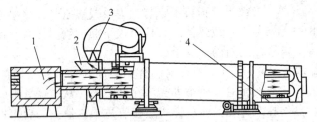

图 9-70　复式传热干燥器

1—燃烧炉；2—排风机；3—外壳；4—十字形管

干燥器主要由外壳及十字断面中央内管所组成。被干燥物料沿着外壳壁和中央内管间的环状空间移动，烟道气自燃烧炉进入中央内管，自左向右流动，并将一部分热量经管壁传给被干燥物料，然后进入并通过环状空间与被干燥物料直接接触，而后由排风机或烟囱排出。这种结构的优点是减少了对于周围介质的热损失，当湿物料还不能分散开并剧烈地接受气体中的热量时，能先在热表面上将湿物料强烈地加热，同时利用内圆筒来沉降带来的粉尘和使气体混合均匀。

（五）滚筒干燥器

1.滚筒干燥器的原理及特点

滚筒干燥器是一种以传导传热方式使物料加热、水分汽化的干燥器，其结构如图9-71所示。

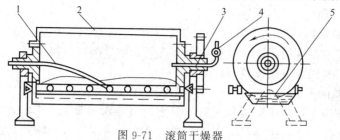

图 9-71 滚筒干燥器

1—冷凝水排出管；2—干燥滚筒；3—卸料刮刀；4—加热蒸汽管；5—料槽

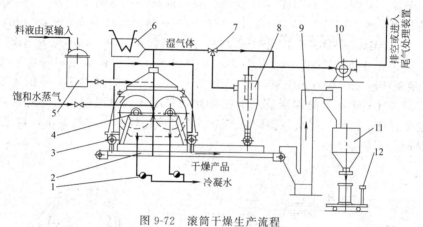

图 9-72 滚筒干燥生产流程

1—疏水器；2—皮带输送器；3—螺旋输送器；4—滚筒干燥器；5—料液高位槽；

6—湿空气加热器；7—切换阀；8—捕集器；9—提升机；10—引风机；

11—干燥成品储斗；12—包装计量

滚筒干燥生产流程见图9-72。滚筒是一个外表面经过加工的金属空心圆筒，被传动装置带动，转速为 $4\sim10r/min$。加热蒸汽从颈通入并在筒内冷凝，冷凝水由虹吸排管排出。筒体外壁部分浸入被干燥的料浆中，使一层物料布于滚筒外壁而被加热，水被汽化，散于周围空气中，滚筒转动一周，物料完成干燥，结片于外壁，然后由刮刀卸料。

滚筒干燥器直径为 $0.5\sim1.5m$，长为 $1\sim4m$，其蒸发能力（即干燥物料能力）与料浆的浓度、滚筒尺寸、滚筒转速、产品含水量、加热蒸汽的压力以及物料的性质等因素有关。当加热蒸汽压力为 $1\times10^5\sim2\times10^5Pa$（表压）时，滚筒表面蒸发强度为 $4.2\times10^{-3}\sim9.7\times10^{-3}kg/(m^2\cdot s)$；当加热蒸汽压力为 $3\times10^5\sim4\times10^5Pa$（表压）时，其蒸发强度为 $8.5\times10^{-3}\sim15.3\times10^{-3}kg/(m^2\cdot s)$。滚筒干燥器为传导加热，无干燥介质带走的热损失，因而热利用率高，一般在70%以上。通常每干燥湿物料中的1kg水分，大约消耗 $1.2\sim1.5kg$ 加热蒸汽。加热蒸汽至物料层的总传热系数为 $175\sim233W/(m^2\cdot ℃)$。

由此可见，滚筒干燥器具有如下特点。

① 操作连续，能够得到均匀的产品。

② 干燥时间短，一般为 $7\sim30s$，干燥产品没有处于高温的危险，适合于热敏性物料的干燥，但壁面也有可能产生过热。

③ 料浆黏度高或低均能干燥。

④ 热效率高。

⑤ 因干燥器内不会剩残留产品，少量物料也可以干燥。

⑥ 滚筒干燥的操作参数调整范围广，并易于调整。

⑦ 机内易于清理，改变用途容易。

⑧ 废气不带走物料，因此不需用除尘设备等。

滚筒干燥器较广泛地用于浆状物料的干燥，例如干燥酵母、抗生素、乳糖、淀粉浆、亚硝酸钠、染料、碳酸钙及蒸馏废液等。

2. 滚筒干燥器的形式

按滚筒数量滚筒干燥器可分为单滚筒、双滚筒（或对滚筒）、多滚筒；按操作压力，可分为常压和真空操作两类；按滚筒的布膜方式，又可分为浸液式、喷溅式、对滚筒间隙调节式和铺辊式等类型。

(1) 单滚筒干燥器　图 9-73 为常压操作、底部进料的单滚筒干燥器。用于溶液或稀浆状悬浮液的物料干燥。布膜方式常为浸液式或喷溅式；料膜厚度为 0.5～1.5mm。筒内蒸汽压力为 0.2～0.6MPa。筒体用铸铁或钢板焊制。筒体直径在 0.6～1.6m 范围，长径比 $L/D=0.8～2$，筒体长度可达 3.5m。刮刀位置常在筒体断面的 Ⅲ、Ⅳ 象限，与水平轴线交角为 30°～45°。滚筒转速 2～10r/min，传动功率为 2.8～14kW。筒内供热介质的进出采用填料函密封形式的进气头结构。筒内凝液采取虹吸管并利用筒内蒸汽的压力与疏水阀之间的压差，使之连续地排出筒外。除常压型的结构外，还可依据操作条件的要求，设置全密闭罩，进行负压操作。

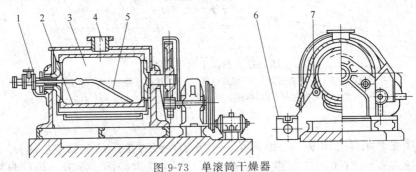

图 9-73　单滚筒干燥器

1—进气头；2—料液槽；3—滚筒；4—排气管；5—排液虹吸管；

6—螺旋输送器；7—刮刀

(2) 双滚筒干燥器　双滚筒干燥器由同一套减速传动装置，经相同模数和齿数的一对齿轮啮合，使两组相同直径的滚筒相对转动。根据布膜位置的不同，分为对滚式和同槽式两类。

图 9-74 所示为对滚式双滚筒干燥器。料液存于两组滚筒中部的凹槽区域内，四周设置堰板挡料。两筒筒体的间隙由一对节圆直径与筒体外径一致或相近的啮合齿轮控制，一般在 0.5～1mm 范围，不允许料液泄漏。对滚的转动方向可根据料液的状况和装置布置的要求确定。滚筒转动时，咬入角位于料液端时，料膜的厚度则由两筒之间的间隙控制；咬入角处于反向时，两筒的筒壁上料膜厚度由设置在筒体长度方向上的堰板与筒体之间的间隙控制。对滚式干燥器适用于有沉淀的泥浆状物料或黏度较大物料的干燥。

图 9-75 所示为下部进料的同槽式双滚筒干燥器。两组滚筒之间的间隙较大，相对啮合的齿轮的节圆直径大于筒体外径。成膜时，两筒在同一料槽中浸液布膜，相对转动，互不干扰。适用于溶液、乳浊液等物料的干燥。

双滚筒干燥器的筒体直径较小，一般为 0.5～1.0m，长径比 L/D 为 1.5～2；传动功率接近于单滚筒的两倍；转速、筒内蒸汽压力等操作条件与单滚筒设计相同。出料方式可根据进料位置而定：上部进料，由料堰控制膜厚的对滚筒，可在干燥器底部的中间位置设置一台

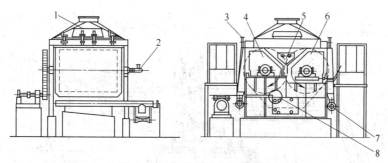

图 9-74 对滚式双滚筒干燥器

1—密闭罩；2—进气头；3—刮料器；4—主动滚筒；5—料堰；6—从动滚筒；

7—螺旋输送器；8—传动小齿轮

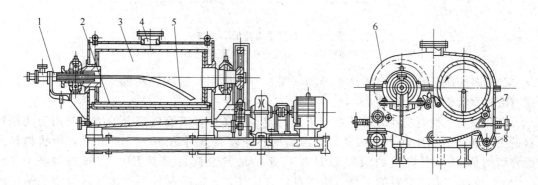

图 9-75 下部进料的同槽式双滚筒干燥器

1—进气头；2—料液槽；3—主动滚筒；4—排气口；5—排液虹吸管；6—从动滚筒；

7—刮料器；8—螺旋输送器

螺旋输送最后干燥器，集中出料；下部进料的双滚筒干燥器和由双筒间隙控制的对滚式干燥器，则分别在两组滚筒的侧面单独设置最后干燥器进行出料。采用负压操作的双滚筒真空干燥器（图 9-76），双筒置于全密闭罩内，结构较复杂，出料方式则采取储斗料封的形式而间隙出料。这类干燥器，一般用于回收价值较高的溶剂蒸汽中，操作流程见图 9-77。

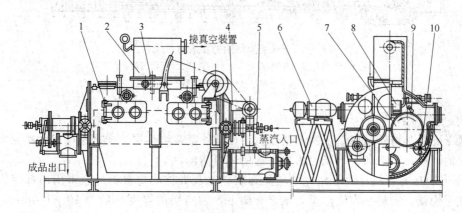

图 9-76 双滚筒真空干燥器

1—密闭罩；2—蒸汽水集器；3—搅拌装置；4—调节器；5—进气头；6—主传动装置；

7—滚筒；8—料液槽；9—刮料器；10—螺旋输送器

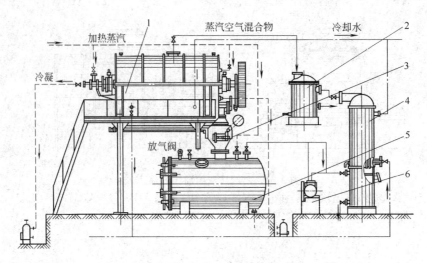

图 9-77　真空干燥器的干燥流程
1—真空干燥器；2—分离捕集器；3—真空放料阀；4—冷凝器；5—卸料箱；6—真空泵

（3）多滚筒干燥器　多滚筒干燥器（图 9-78）应用于带状物料的干燥。进、出料的方式与液相物料干燥完全不同。

在纺织品、纸类及赛璐珞等物料干燥的定型设备中，其筒体部分的结构与用于液相物料的干燥筒体并无原则上的区别，仅滚筒的转速较高（可达 30～50r/min）。带状物料干燥停留时间取决于机组的滚筒数量和转速。此类滚筒的蒸汽压力一般控制在 0.1～0.3MPa 范围。带状物料的干燥，除控制湿含量外，还需控制外形的改变，故滚筒采用滚动轴承，以减小阻力，避免在输送过程中被拉伸而变形。图 9-78 为干燥赛璐珞用的多滚筒干燥器。

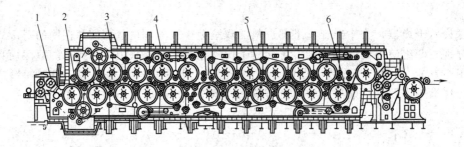

图 9-78　干燥赛璐珞用的多滚筒干燥器
1—密封滚轮（进料装置）；2—导轮；3—干燥圆筒；
4—外壳；5—物料；6—支持物料的毡带

（六）厢式干燥器

厢式干燥器是指外形像箱子的干燥器。干燥器外壁是绝热层，内部结构则种类繁多。应根据物料的性质、状态和生产能力的大小选用适当结构。

① 干燥少量的物料，或不允许结晶受到破坏以及贵重的物料，一般采用内部结构为支架的厢式干燥器。物料装在浅盘里，置于支架上，物料层的厚度一般为 10～100mm，空气由风机送入，经预热器加热至所需温度，吹过物料表面，使物料干燥。空气吹过物料表面的速度由物料的粒度决定，一般以物料不致被气流带走为宜。这种结构的干燥器，因为产量较小，常用人工加料和卸料。其结构如图 9-79 所示。

厢式干燥器的干燥产品含湿量不太均匀，干燥速度低，干燥时间长，生产能力小，热利用率差。但是，它适应性好，各种状态的物料均可用它干燥，因此应用较广。

② 对于生产能力不大，物料是热敏性的或易氧化的，可采用具有密封外壳的、在真空条件下操作的厢式干燥器，又称真空厢式干燥器。

③ 对于生产能力较大的厢式干燥器，盘架很多，若再采用厢内固定支架式的结构，装卸料时均需在干燥器内操作，劳动条件差，热损失也大。可以将内部的支架固定，改为带支架的小车，车架上安放装满物料的浅盘，人工加料完成后，再将小车推入厢内，进行干燥。这种干燥器，目前多用于催化剂、酶制品、颜料的干燥等。

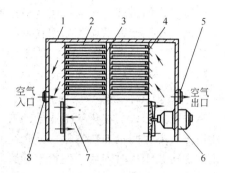

图 9-79　厢式干燥器结构
1—厢式干燥器外壳；2—物料盘；3—物料支架；
4—可调节叶片；5—空气出口；
6—风机；7—加热器；8—空气入口

④ 对于批量大，具有一定形状物料的干燥，其干燥时间很长，则可把厢式干燥的外壳设计成狭长的洞道，洞道内铺设铁轨。用一系列的小车装载物料。装料后进入洞道，在铁轨上向出口端缓慢移动，小车彼此紧靠，用进口端机械推动，或靠轨道的倾斜（1/200）而自由滑动。洞门必须严密，洞宽不超过 3.5m。洞长取决于物料所需的干燥时间，通常不超过 50m。干燥介质可用空气或烟道气，其速度以有效洞道截面计算时不小于 2～3m/s，其最大速度一般以不吹走物料为限。干燥操作可以采用并流或逆流。其结构如图 9-80 所示。

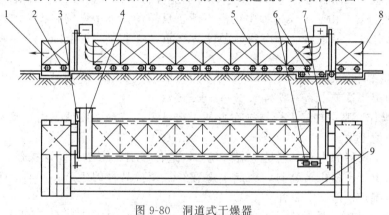

图 9-80　洞道式干燥器
1—干燥物料出口；2—转向小车；3—拉开式门；4—废气出口；5—小车；
6—移动小车的结构；7—干燥介质进口；8—湿物料进口；9—回车道

这种干燥器的结构多样，操作较简单，能量消耗不大，适于物料连续长时间的干燥，多用于砖瓦、陶瓷坯、木材、人造丝及皮革的干燥。

⑤ 对于挤条成形的膏状物的干燥，如催化剂的生产，常用连续的链式翻板或链网式干燥机。它的外形与洞道式干燥器相似，内部载运物料的是链板或链网组成的输送机。被干燥的膏状物料由挤条机挤成 7～10mm 的条状，自动均匀地装载在回转的链板或链网上，热风通过物料层进行干燥。干物料在出口端通过链板的翻动而卸下或从链网上掉下。干燥器宽 2m 左右，长 10～30m。链网的运动速度为 0.26～1m/min，蒸发强度为 $5.6 \times 10^{-4} \sim 2.8 \times 10^{-3}$（水）$kg/(m^2 \cdot s)$。单层的链板或链网干燥器，由于物料对链板是静止的，干燥的均匀性较差。如果物料允许翻动，这种干燥器可设计成多层的，物料从最上层加料，经过一层

链板干燥后，物料翻落在下一层链板或链网上干燥，经过几次翻动，物料干燥更加均匀，干燥强度也较高。这种干燥器除用在膏状物料的挤条干燥外，还可用作粒状物料、短纤维状物料（如棉花、纤维素、羊毛等）的干燥。

（七）真空耙式干燥器

1. 真空耙式干燥器的原理和特点

真空耙式干燥器在化学工业中的有机半成品和染料干燥操作中用得较多。真空耙式干燥装置用蒸汽夹套间接加热物料，并在高真空下排气，因此特别适应不耐高温、在高温下易于氧化的物料或干燥时容易产生粉末的物料（如各种染料），以及干燥过程中排出的蒸气必须回收的物料干燥作业。真空耙式干燥器中被干燥物料进口含水率最高可达到90%，而最低的只有15%。被干燥物料有浆状（如染料中间体）、膏状的、粒状的（卡普隆聚合体）、粉状的（如淀粉），也可以是纤维状的。这些物料干燥后的含水率一般可达到0.1%，甚至0.05%。

被干燥物料从壳体上方正中间加入，在不断转动的耙齿的搅拌下，物料与壳体壁接触时，表面不断更新，被干燥物料受到蒸汽（也可以是热水等）间接加热，而使物料水分汽化，汽化的水分由真空泵及时抽走。由于操作真空度较高，一般在53.28～93.24kPa范围内，被干燥物料表面水蒸气压力远大于干燥器壳体内蒸发空间的水蒸气压力，从而有利于被干燥物料内部水分和表面水分的排出，有利于被干燥物料的水分子的运动，达到干燥目的。

真空耙式干燥器的主要优点如下。

① 适用性强，应用较广。由于真空耙式干燥器利用夹套加热、高真空排气，所以几乎对所有不同性质、不同状态的物料都适应，特别适应易爆、易氧化、膏状物料的干燥。

② 产品质量好。由于干燥过程中耙齿不断正反转动，被干燥物料搅拌均匀，避免了物料的过热，水分也容易逸出，可得到低湿度的产品。由于产品粒度细，不需粉碎操作即可包装。

③ 蒸汽耗量小。由于真空耙式干燥器多用蒸汽通入夹套，利用潜热加热物料，处理每千克成品耗用蒸汽量较小，一般为1.3～1.8kg蒸汽。

④ 易于操作。真空耙式干燥器操作方便，定员少，劳动强度低。由于物料外逸损失减小，改善了环境卫生。

真空耙式干燥器的主要缺点是：结构复杂，造价较贵；由于是间歇操作，干燥时间长，故产量低；又由于不易出清物料，因此不适宜经常调换品种的生产；同时，为了保证真空度，必须经常维护检修真空装置。

2. 真空耙式干燥装置的主要设备和结构

图9-81所示为真空耙式干燥装置的干燥流程。

设备规格及操作参数如下。

规格：$\phi800mm\times2000mm$　　　　转速：4r/min，15min换向一次

功率：4.5kW　　　　　　　　　　真空度：0.026MPa

干燥介质温度：90～100℃　　　　热水进出口含水量：90%，0.5%

产量：55kg/h　　　　　　　　　　干燥时间：16h

物料名称：GB染料

从图9-81中可以看出，整个装置主要由耙齿运动部分、抽真空部分、加热及捕集部分组成。被干燥物料从加料口加入后，把加料口盖严，并在壳体夹套通入热水，启动真空泵。干燥机的装有齿耙组的主轴由电动机带动，经减速机减速后以4r/min左右的速度正反转动。物料随着齿耙的正向转动移往两侧；当齿耙反向转动时物料由两侧汇至中间。

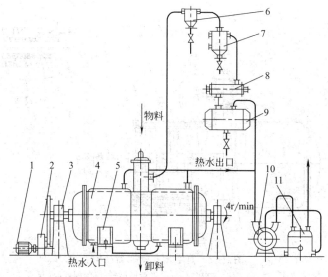

图 9-81　真空耙式干燥装置的干燥流程

1—电机；2—减速箱；3—轴承座；4—干燥器；5—支座；6—干式除尘器；7—湿式除尘器；
8—冷凝器；9—冷凝水接收器；10—真空泵；11—气水分离器

由于物料内一边被热水间接加热，一边受到耙齿均匀搅拌，促使物料内的水分汽化，在真空系统的作用下，汽化的水蒸气经干式除尘器、湿式除尘器、冷凝器，从真空泵出口处放空。

干式除尘器捕集汽化水蒸气带走的物料及水蒸气冷凝后的水。湿式除尘器进一步冷凝汽化的水蒸气及捕集夹带的固体物。当干燥有害物料时必须提高除尘器的效能，以免污染环境。

冷凝器的作用主要是进一步冷凝汽化的水蒸气并排走冷凝水，保证真空泵能维持高的真空度，从而有利于物料内部水分和表面水分的更好汽化。

湿物料的干燥时间随物料性质、进出口的含湿量不同要求、操作中真空度的高低及干燥介质的温度不同而长短不一，通常约需十几小时以上。

图 9-82 所示是真空耙式干燥器的结构（该图所示的为夹套通水蒸气，而传动轴不通水蒸气）。

（1）壳体结构　壳体是由一个焊接加热外夹套的卧式钢制圆筒和两头配有带法兰的封盖组成的。封盖与钢制壳体配合部分及装填料部分需进行切削加工，盖与圆筒的中心线应相差5mm。安装时，盖的中心线应低于筒的中心线，这样在耙齿转动时，能使壳体下侧的物料便于卸出。整个壳体放在两个鞍式支座上。注意其中一个支座与基础之间要有一定的活动余地，以免夹套加热时设备膨胀而产生应力。

（2）耙齿结构　由图 9-82 可知，耙齿结构由角度相反的分别套在传动轴两边的左向和右向的两组耙齿组成。耙齿头部有一方形的孔与传动轴配合，装配时相邻耙齿之间相差90°。耙齿的末端有两种形状，一种是扁的，呈桨叶形，另一种也是扁的，但呈异形。但其都与传动轴轴心线互成一定的角度（即左向和右向）。呈桨叶形的耙齿用于设备的中部，呈异形的耙齿用于设备的末端以适合封盖内壁表面。

图 9-83 所示是耙齿的结构。左向耙齿安装在一边，右向耙齿安装在另一边。所以当物料加进来后，当耙齿正反转时，就能使物料往两边而后又往中间走，从而使物料受到均匀搅拌。一方面使物料与壳体内壁接触时不至发生过热，另一方面使物料达到粉碎作用，增大汽

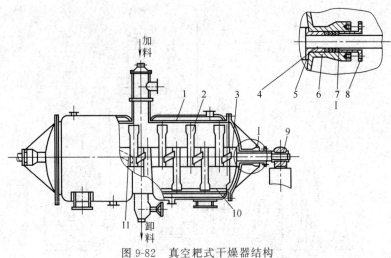

图 9-82　真空耙式干燥器结构

1—壳体；2,3—耙齿（左向）；4—传动轴；5—压紧圈；6—封头；

7—填料；8—压盖；9—轴承；10—无缝钢管；11—耙齿（右向）

化表面，促进干燥的进程。

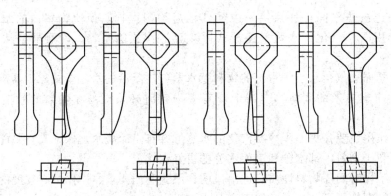

(a) 左向中间用耙齿　　　　　　　　　(b) 右向中间用耙齿

图 9-83　耙齿的结构

　　此外，在耙齿的 4 个象限内，各放一根和主轴平行的两端封闭的无缝钢管，作为敲击器壁之用，对清出及粉碎物料有一定的作用。

　　耙齿一般用铸钢制成。

　　传动轴在工作过程中承受扭矩、弯矩，传动轴除满足一定的强度要求外，还须有足够的刚度，以免与壳体内表面卡住。

　　传动轴一般用 45 钢材料制成。

　　（3）耙齿装置与壳体之间的密封　由真空耙式干燥器的干燥原理可知，在干燥器内物料被加热，物料内水分汽化，同时真空装置产生高真空抽走汽化的水蒸气，加剧物料内部水分、表面水分的逸出。如果转轴与壳体之间的密封不好，将大大降低设备内真空度；同时冷空气的进入会降低设备内物料的温度，影响干燥效能。

　　耙齿装置与壳体之间的密封通常采用石棉作填料，图 9-82 中节点 Ⅰ 是一种简单而有效的密封结构，这种密封结构还将耙齿与耙齿之间压紧，减少了耙齿端面磨损。

　　真空耙式干燥器除了上面一种类型外，还有一种夹套和传动轴都通水蒸气的，如

图 9-84所示的传动轴及耙齿的配合情况。

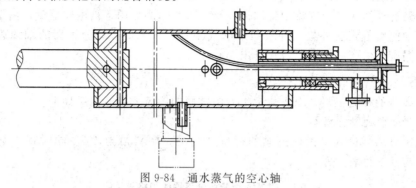

图 9-84　通水蒸气的空心轴

第三节　离心分离设备

在化工生产中，经常遇到在气体或液体中悬浮着固体颗粒的情况，根据生产工艺的要求，需要除去气体或液体中的固体悬浮物，因此要采用各种分离设备。由于气体或液体中固体粒子的含量多少和粒度大小等性质的不同，所采用的分离设备也不一样。本节仅就生产中常用的分离设备作一简要介绍。

一、旋风分离器

悬浮在气体中的固体微粒称为分散物质，它处于分散状态（分散相）；包围在分散物质周围的气体称为分散介质，它处于连续状态（连续相）。这种含有固体微粒的气固混合物称为非均相系混合物。

在化工生产中，常常需要将非均相系混合物进行分离，这种操作称为非均相系分离操作。其目的有如下几点。

① 净化分散介质。例如，原料气（SO_2）进入催化反应器前，必须除去气体中的灰尘和有害杂质，才能保证催化反应的顺利进行。

② 回收分散物质。例如，流化床反应器催化剂的回收，喷雾干燥中被干燥粉末物料的回收等。

③ 保护环境。为了保障人民的身体健康，必须除去排放气体中的有害物质。如硅酸盐粉尘，人们吸入后会造成硅沉着病。国家已经颁布了《工业"三废"排放试行标准》。

④ 保证安全。有些物质（如煤、铝、谷物等）的粉尘在空气中达到一定浓度时，遇到明火就会引起爆炸，所以必须清除这些粉尘以保证生产安全。

非均相系混合物分离所采用的设备一般为旋风分离器。

（一）旋风分离器的作用原理和结构

旋风分离器也叫旋风除尘器。其结构简单，分离效果好，因此被广泛采用。

旋风分离器主要由三部分组成：内筒（也称排气管）、外筒和倒锥体，如图 9-85 所示。

含有固体粒子的气体以很大的流速（20m/s）从旋风分离器上端

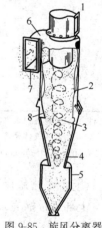

图 9-85　旋风分离器
1—旋涡形出口；
2—外筒；3—内螺旋气流；4—倒锥体；5—集尘器；
6—切线入口；
7—入口；8—外螺旋气流

切向矩形入口沿切线方向进入旋风分离器的内外筒之间，由上向下做螺旋旋转运动，形成外涡旋，逐渐到达锥体底部，气流中的固体粒子在离心力的作用下被甩向器壁，由于重力的作用和气流带动而滑落到底部集尘斗。向下的气流到达底部后，绕分离器的轴线旋转螺旋上升，形成内涡旋，由分离器的出口管排出。

（二）旋风分离器的种类

旋风分离器的种类很多，现将化工生产中常用的旋风分离器介绍如下。

1. CLT/A 型旋风分离器

这种旋风分离器将入口做成下倾的螺旋切线型，倾斜角为 $15°$，同时将内圆筒部分加长，其规格与性能见表 9-7。

表 9-7　CLT/A 型旋风分离器的规格与性能

型　号	圆筒直径 D/mm	进口气速 μ_λ/(m/s)		
		12	15	18
		压力降 ΔP/mmH$_2$O		
		77	121	174
CLT/A-1.5	150	170	210	250
CLT/A-2.0	200	300	370	440
CLT/A-2.5	250	400	580	690
CLT/A-3.0	300	670	830	1000
CLT/A-3.5	350	910	1140	1360
CLT/A-4.0	400	1180	1480	1780
CLT/A-4.5	450	1500	1870	2250
CLT/A-5.0	500	1860	2320	2780
CLT/A-5.5	550	2240	2800	3360
CLT/A-6.0	600	2670	3340	4000
CLT/A-6.5	650	3130	3920	4700
CLT/A-7.0	700	3630	4540	5440
CLT/A-7.5	750	4170	5210	6250
CLT/A-8.0	800	4750	5940	7130

注：1. 表内所列生产能力数值是气体流量，单位为 m³/h。
　　2. 压力降是气体密度 $\rho = 1.2$kg/m³ 时的数值。
　　3. 1mmH$_2$O=9.80665Pa。

CLT/A 型旋风分离器由于在通风系统中安装的位置不同，又可分为两种：Y 型为压入式（上部不带蜗壳），安装在风机后面；X 型为吸入式（上部带蜗壳），安装在风机前面，其结构如图 9-86 所示。

2. XLP 型旋风分离器

XLP 型（旧称 CLP）分离器也称旁路旋风分离器（图 9-87）。它是利用在旋风分离器上端产生的上涡旋气流携带粉尘环进入专门设在顶盖附近的分离口 1，让这股含粉尘较多的气流经过旁路室直接进入涡旋。在分离器中部设有第二分离口 2，一部分下涡旋气流带着粉尘由此口进入旁路室，再进入底部，其结构原理如图 9-87 所示。XLP 型旋风分离器有两种形式，如图 9-88 所示，它们的不同之处是旁路分离室不一样，A 型的旁路分离室只有下部为螺旋形，B 型的整个旁路分离室都是螺旋形，B 型与 A 型相比制造较困难，但效率高，阻力损失小。

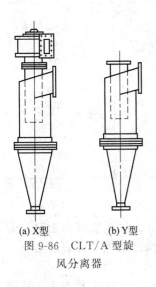

(a) X型　　(b) Y型

图 9-86　CLT/A 型旋风分离器

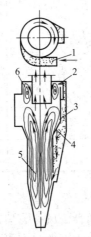

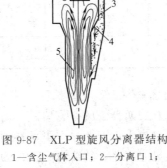

图 9-87　XLP 型旋风分离器结构

1—含尘气体入口；2—分离口 1；
3—旁路分离室；4—分离口 2；
5—下涡旋；6—上涡旋

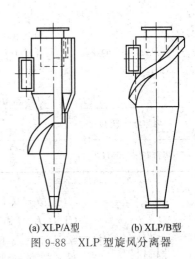

(a) XLP/A型　　(b) XLP/B型

图 9-88　XLP 型旋风分离器

　　A 型和 B 型也分为 Y 型（压入式）和 X 型（吸入式）两种，其区别是 X 型上部带有蜗形室。

　　XLP/A 和 XLP/B 型旋风分离器的主要性能见表 9-8 和表 9-9。

表 9-8　XLP/A 型旋风分离器的主要性能

项　　目	型　号	进口风速 μ_λ/(m/s)		
		12	15	17
风量/(m³/h)	XLP/A-3.0[①]	750	935	1060
	XLP/A-4.2	1460	1820	2060
	XLP/A-5.4	2280	2850	3230
	XLP/A-7.0	4020	5020	5700
	XLP/A-8.2	5500	6870	7790
	XLP/A-9.4	7520	9400	10650
	XLP/A-10.6	9520	11910	13500
阻力/mmH₂O	X 型	70	110	140
	Y 型	60	94	126
灰箱静压/mmH₂O	X 型	−93	−174	−190
	Y 型	−13	−27	−34

　　① XLP/A 后的数字为分离器外筒直径，单位为 1/10m。
　　注：1mmH₂O=9.80665Pa。

表 9-9　XLP/B 型旋风分离器的主要性能

项　　目	型　　号	进口风速 μ_λ/(m/s)		
		12	16	20
风量/(m³/h)	XLP/B -3.0	630	842	1050
	XLP/B -4.2	1280	1700	2130
	XLP/B -5.4	2090	2780	3480
	XLP/B-7.4	3650	4860	6080
	XLP/B -8.2	5030	6710	8380
	XLP/B -9.4	6550	8740	10920
	XLP/B -10.6	8370	11170	19930
阻力/mmH₂O	X 型	50	89	145
	Y 型	42	70	115
灰箱静压/mmH₂O	X 型	−89	−162	−275
	Y 型	−28	−47	−76

注：$1\text{mmH}_2\text{O}=9.80665\text{Pa}$。

3. 扩散式旋风分离器

CLT/A 型和 XLP 型两种旋风分离器，当内涡旋由底部旋转向上时，会将底部已经分离下来的粉尘重新卷起带走，特别是微细粉尘。为解决这一问题，发展了扩散式旋风分离器，其结构如图 9-89 所示。

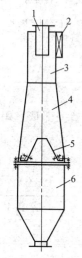

扩散式旋风除尘器又称带倒锥体旋风除尘器，它具有除尘效率高、结构简单、加工制造容易、投资低和压力损失适中等优点，适用于捕集干燥的、非纤维性的颗粒粉尘，特别适用于捕集 5～10μm 以下的颗粒。

（1）工作原理　含尘气体经矩形进气管沿切向进入筒体，粉尘在离心力的作用下被抛向器壁，并随旋转气流向下旋转运动，大部分气流受反射屏的反射作用，旋转上升经排气管排出。小部分气流随粉尘经反射屏和锥体之间的环隙进入灰斗，进入灰斗的气体速度降低，由于惯性作用，粉尘被捕集在灰斗内，气体则经反射屏的透气孔至排气管排出（图 9-89）。

（2）结构特点　扩散式旋风除尘器与一般旋风除尘器最大的区别是具有呈倒锥体形状的锥体，并在锥体的底部装有反射屏。自锥体壁至锥体中心的距离逐渐增大，减少了含尘气体由锥体中心短路到排气管的可能性。反射屏可使已经被分离的粉尘沿着锥体与反射屏之间的环缝落入灰斗，有效防止了上升的净化气体重新把粉尘特别是 5～10μm 细微粉尘卷起带走，因而提高了除尘效率。

图 9-89　扩散式旋风分离器
1—排气管；
2—进气管；
3—筒体；
4—锥体；
5—反射屏；
6—灰斗

反射屏的结构对除尘效率有一定的影响，当取消反射屏后除尘效率有明显的下降。例如以四飞粉为试样，在进口气速为 21m/s、进口气体含尘浓度为 50g/m³ 时，无反射屏的除尘效率仅 81%～86%；采用 60°反射屏时，除尘效率为 93%～95%。以轻质碳酸钙为试样，在进口气速为 21m/s、进口气体含尘浓度为 100g/m³ 时，无反射屏的除尘效率仅 80%，采用 45°反射屏时除尘效率为 92.2%。

反射屏的锥角一般采用 60°，试验证明，它较 45°锥角的反射屏有除尘效率高、压力损失低的优点。因为锥角大，粉尘停留在反射屏内就少，被上升气流夹带的可能性就小。60°锥角对于较细粉尘的效果更显著，但对于较粗粉尘的效果不明显。如以纯碱为试样，在进口气速为 21m/s、进口气体含尘浓度为 100g/m³ 时，采用 45°反射屏除尘效率为 98.5%～99%，采用 60°反射屏除尘效率为 99%～99.5%。

反射屏顶部的透气孔直径，以取 0.05 倍的筒体直径时除尘效率最佳（图 9-90）。透气孔中心线的不对中或不水平，对除尘效率有显著的影响。图 9-91 所示就是错误的加工和安装，这时，由透气孔上升的气流会干扰夹带粉尘的气流，使粉尘卷入筒体中央而排出，从而降低除尘效率，因此，反射屏加工必须精确，安装必须对中。

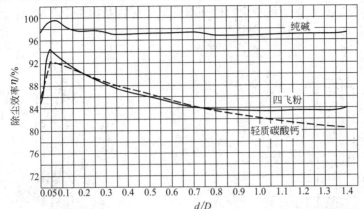

图 9-90　扩散式旋风除尘器反射屏顶部透气孔直径与除尘效率的关系

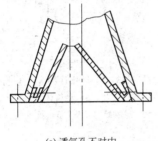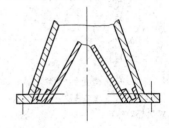

(a) 透气孔不对中　　　　　　　　　　　　(b) 透气孔不水平

图 9-91　透气孔加工与安装的错误

反射屏的压力损失为 150Pa。

扩散式旋风除尘器另一特点是有一个较大的灰斗。由于粉尘夹带少量气体从锥体底部旋转进入灰斗，因此灰斗宜大些，其圆柱体直径一般取 $1.65D$（筒体公称直径）。灰面上部的空间最好有 D 的高度。灰面越升高，则气流带出的粉尘量越大，所以，要及时清灰或连续排灰。

4. 龙卷风除尘器

龙卷风除尘器又名旋流式分离器，由联邦德国西门子公司在 20 世纪 60 年代开发并用于工业上。由于采用二次气流，不但加速了气流的旋转速度，增强了分离尘粒的离心力，而且其湍流扰动的影响比一般旋风除尘器小，使龙卷风除尘器的分离粒径可小于 $5\mu m$。

龙卷风除尘器有切向和轴向的多喷嘴型、切向单喷嘴型、导向叶片型和反射形四种形式。龙卷风除尘器有直径 200mm、1000mm 和 2000mm 等多种，处理气量 $330\sim30000$ m^3/h，除尘效率高，对于 $10\mu m$ 微粒，分离效率可达 99% 左右。对直径为 1000mm 的龙卷风除尘器，回收咖啡粉的效率为 99.9%。处理气量大时，一般用并联。

调节龙卷风除尘器一次风量及二次风喷嘴压头可以改变除尘效率。在龙卷风除尘器二次风喷嘴顶上增加切向喷水嘴或一次气进口处增加喷水口即为湿式龙卷风除尘器。

龙卷风除尘器结构见图 9-92、图 9-93，它由一次风部分（包括进气管、导向叶片、稳流体）、二次风部分（包括夹套和喷嘴或导向叶片）、分离室、净化气出口管和灰斗等组成。含尘气体分两路进入除尘器。其一为一次风，由下部一次风管导入；一次风导入管是一圆管，内装若干导向叶片，中间插入笔状稳流体。当气体以 $25\sim35m/s$ 的速度流经导向叶片时，被强制旋转流入分离室。稳流体的作用是避免粉尘进入设备的中心轴，并使旋转的气流产生一稳定的旋流源。另一路称为二次风，由夹套分配后，以 50～80m/s 的高速从分离室壁上均匀分布的若干喷嘴（或由顶上导向叶片）切向喷入分离室内并旋转向下流动。两股气流旋转方向一致，组成一个旋流源，并加强了中心气流的旋转速度。由其产生的曳力和离心力方向一致，增强了离心力，使粉尘向壁面沉降，以螺旋状的粉尘环随二次风带入灰斗内被分离出来。

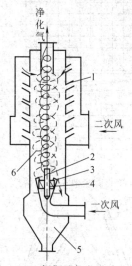

图 9-92　喷嘴型龙卷风除尘器

1—二次风喷嘴；2—稳流体；3—进口流线；
4——次风导向叶片；5—灰斗；6—分离室

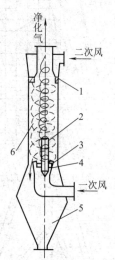

图 9-93　导向叶片型龙卷风除尘器

1—导向叶片；2—稳流体；3—进口流线；
4——次风导向叶片；5—灰斗；6—分离室

龙卷风除尘器内的气流运动不同于旋风除尘器，切向速度较平坦且大大高于旋风除尘器的切向速度。同时，在结构上又消除了旋风除尘器的返混、紊流等缺点，因此除尘效率高，捕集到的尘粒细。从龙卷风除尘器的有机玻璃模型中可以看出，最上部的二次风入口用清洁空气时，除尘器顶部的粉尘环是不存在的，并且对除尘器内壁没有磨损。目前，龙卷风除尘器尚存在压力损失较大的缺点，需用 5000～6000Pa 压头的风机来克服阻力，但在反射型龙卷风除尘器中已有所改进。

（三）排尘装置

排尘装置的结构形式应根据粉尘的性质、排尘量的大小、干湿程度和采用的排尘方式（连续排尘或间歇排尘）而定。下面介绍几种常用排尘装置的结构。

1. 翻板排尘阀

这种排尘阀是利用重锤和翻板上积尘重量的平衡关系来控制排尘量的。当集尘量超过一定值时，翻板就被压开，粉尘下落；粉尘排除后，靠重锤的重力作用，使翻板自动关闭。为了达到更好的密封作用，常采用双层翻板，如图 9-94（a）所示。

2. 星形排尘阀

这种排尘阀的结构如图 9-94（b）所示。星形叶轮由转动装置带动，转速较慢（一般为 10～15r/min）。为了达到良好的密封目的，在叶片（刮板）外缘镶有橡胶条来加强叶轮与外壳之间的密封。橡胶条常采用耐磨和耐热橡胶制作。

以上介绍的两种排尘装置均属于干法排尘，排出的粉尘会大量飞扬，使环境遭到污染。

3. 搅龙排尘

如图 9-95 所示，采用搅龙（螺旋输送器）排尘时，在搅龙中段设一加水器，加入一定量的水，把粉尘搅拌成泥块排出，以便克服干法排尘的缺点，同时也便于运输。

旋风分离器在使用时应注意底部的排灰口不能漏气，因为灰口处是负压区，稍不严密就会漏入大量空气，将沉集的粉尘带入上升气流而卷走，使分离效率显著下降。

旋风分离器要及时排灰，对气体中所含粉尘量大或为吸湿性粉尘时，容易在旋风分离器底部堵塞。一般应在旋风分离器下部加一个集尘斗，效果更好。

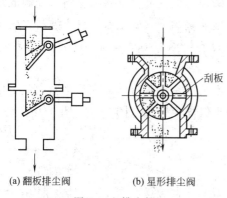

(a) 翻板排尘阀　　(b) 星形排尘阀

图 9-94　排尘阀

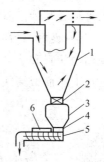

图 9-95　搅龙排尘
1—旋风分离器；2—排尘阀；
3—集尘计；4—圆盘给料器；
5—搅龙；6—加水器

（四）旋风除尘器的使用

旋风除尘器由于高速旋转运动的含尘气体对除尘器内壁的不断冲刷，器壁受到磨损，特别是蜗壳和锥体部分磨损更为严重。首先磨穿的部位一般是直接对着入口把气流由直线运动转为旋转运动的部位和锥体靠近排灰口的地方。

旋风除尘器的制造精确性对除尘器的除尘效率和压力损失有很大的影响，特别对并联使用的旋风除尘器进气管尺寸的精确性影响更大。进气管尺寸的误差会造成进口气流分布不均匀，从而使除尘效率大幅度下降。

1. 耐磨性

（1）影响磨损程度的因素

① 含尘气体浓度高，器壁受粉尘冲刷次数越多，磨损越严重。

② 粉尘磨啄性。密度大、硬度大、粒径超过 $20\mu m$、外形有棱角的粉尘具有较高的磨啄性，对器壁的磨损也严重。

③ 进口气速高，气流给予粉尘的冲击力和离心力大，粉尘对器壁的冲刷严重，磨损也严重。

④ 粉尘的黏性和软化点粉尘的黏性越大、软化点温度越低，对器壁的磨损就越小。因为具有一定黏性的粉尘容易附着于器壁上，能对器壁起到一定的保护作用。同时，在一定温度下操作的含尘气体，软化点低的粉尘对器壁的磨损很弱。

⑤ 除尘器结构对磨损有显著影响的主要是锥体角度。当锥体角度大时，由于强烈的加速旋转，锥体底部磨损严重。

（2）耐磨措施　一般在内壁贴衬耐磨衬里和涂刷耐磨涂料。它可以在除尘器内壁全面铺设，也可以在磨损严重的部位加衬。为方便衬里施工，除尘器的直径不能太小，同时，在确定除尘器尺寸时应考虑衬里的厚度。

① 耐磨涂料。耐磨涂料的原材料应能经受长期的粉尘冲刷。使用于高温系统时，应耐一定的温度。配制成的耐磨涂料通过构造措施，要与除尘器内壁有较大的结合力，并要求原材料来源方便，价格便宜。

根据对原材料的要求，一般选用矾土熟料、烧黏土、石英砂为骨料，矾土熟料细粉为掺加料，矾土水泥、水玻璃为胶结料，工业用氟硅酸钠为促凝剂。这些原材料可配制成六种耐磨涂料：矾土水泥烧黏土、水玻璃矾土熟料、水玻璃烧黏土、矾土水泥矾土熟料、矾土水泥石英砂和水玻璃石英砂。前四种耐磨涂料使用温度在 200～300℃，后两种耐磨涂料应用于 200℃ 以下，具有良好的耐磨性能和耐腐蚀性能。

为了使耐磨涂料和除尘器内壁牢固地联结，不会成片地脱落，需在除尘器内壁上增设联结结构。常用的有筋板穿铁丝固定方式和龟甲网爪钉固定方式（图 9-96、图 9-97）。

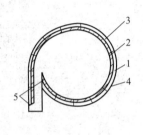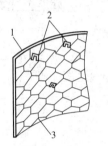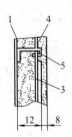

图 9-96　筋板穿铁丝固定方式

1—铁丝；2—筋板；3—除尘器壳体；

4—耐磨层；5—端头筋板

图 9-97　龟甲网爪钉固定方式

1—壳体；2—爪钉；3—钢丝龟甲网；

4—耐磨涂料；5—爪钩

筋板穿铁丝固定方式是将筋板间隔 50～150mm 焊在除尘器内壁上，再将直径为 4mm 的铁丝穿入筋板中间的直径为 5mm 的孔中，铁丝间距为 80～100mm。铁丝应拉紧，两端焊在端头筋板上，端头筋板应倾斜放置。筋板采用厚度为 3mm 的扁钢。

龟甲网爪钉固定方式是将由直径 4～6mm 圆钢制成的爪钉按 100～200mm 的间距交错焊接在除尘器内壁上，再将铺好的龟甲网焊接在爪钉上。

耐磨涂料需在除尘器安装前铺设于除尘器内壁上，铺设厚度一般为 20mm。耐磨涂料铺设前，需对除尘器内壁和筋板或龟甲网等固定设施的表面进行除锈打光。焊接后，必须打净所有焊皮，吹净残渣及灰尘，然后涂上一层稀浆。以水玻璃为胶结料时，稀浆用水玻璃；以矾土水泥为胶结料时，稀浆用矾土水泥素浆。最后将配制好的耐磨涂料逐段进行均匀地涂抹，最好连续施工，中间不停歇。

② 铸石衬里。铸石是以天然岩石配入角闪石、白云石、萤石和铬铁矿等附加料，经高温熔化、浇注成形、结晶、退火而制成的。它具有较高的耐磨性和耐腐蚀性，并有较高的机械强度。适用于常温设备的衬里，但不宜应用于温度急变的场合。当温度急变时，会产生龟裂现象，甚至脱落。

图 9-98 所示的铸石衬里旋风除尘器为火电厂锅炉机组常用设备。

2. 制造安装要求

① 制造尺寸要准确，特别对影响除尘效率的关键尺寸，更要注意制造精度。对并联操作的多个旋风除尘器，进气管尺寸要严格一致，不然会影响处理气量的分布，从而影响除尘

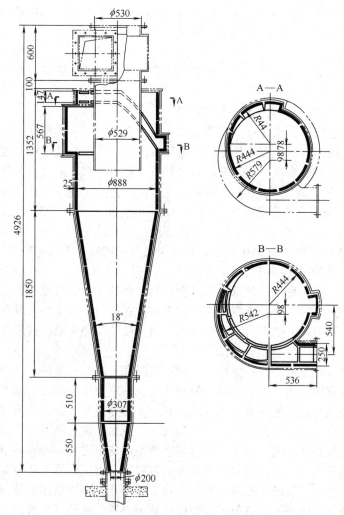

图 9-98　火电厂用 X900 铸石衬里旋风除尘器

效率。

②除尘器要气密。漏风会严重影响除尘效率。一般在制造后需进行气密性试验。多个旋风除尘器使用同一灰斗时，为防止气流在灰斗内互相串通而影响除尘效率，一般在灰斗内设置隔板。所有法兰连接处应用垫片密封。

③除尘器内壁要光滑。焊缝要刷平无毛刺。衬砖、板除尘器的内表面必须砌抹平整光滑。

④为了防腐，设备外壳一般需刷一层红丹、一层耐蚀漆或耐热漆。

旋风分离器是靠离心力的作用来分离粉尘的，如果选择的规格过大而风量小，则气流速度就不够大，产生的离心力也就不大，分离效果必然差；如果选择的规格过小而风量大，则气流速度增大，气体通过旋风分离器的阻力损失也增大，必然增加动力消耗。因此，旋风分离器选择规格要适当，才能收到较好的经济效果。

二、离心机

（一）概述

离心机是利用转鼓高速度旋转产生的离心力来分离固液或液液两相混合物的一种机器。

本章主要从离心机的分离过程和机械结构原理来说明各种类型离心机的共同设计原则，并对人工操作间歇式离心机和自动连续式离心机进行介绍。

1. 离心机的用途

在工业生产过程中，将各种悬浮液或乳浊液进行分离处理，从而得到所需要的产品或半成品。

2. 液相非均一体系分类及其离心分离方法

（1）分类　不溶解的物质悬浮于液体之中，构成液相非均一体系，液体中含有悬浮的固体微粒的称为悬浮液，有一种或几种悬浮的其他液体微粒的称为乳浊液。这两种液相非均一体系中，工业上常遇到的是悬浮液。悬浮液按其所含有固体粒子的大小可分为四类。

① 粗粒子悬浮液。固体微粒大于 $100\mu m$。

② 细粒子悬浮液。固体微粒的大小可在 $0.5\sim100\mu m$ 之间。细粒子悬浮液从外表来看是完全均一的。

③ 混浊液。固体微粒可小到 $0.1\mu m$，只能用显微镜才能看见这些粒子。

④ 胶体溶液。固体微粒小于 $0.1\mu m$。

实际工业生产中，各种形式的悬浮液都会遇到，而且在一般情况下，悬浮液内悬浮粒子的大小非常不一致，其黏度也随着固体物质的增加而提高。当固体的浓度达到一定时，悬浮液将失去流动性，而实际上已不再是一种液体。除黏度外，悬浮液的密度亦随悬浮液固体浓度的增加而加大。

（2）分离方法　对于悬浮液的分离，通常有沉降和过滤两种方法，这是分离液相非均一系混合物的最基本方法。重力沉降是利用液相非均一系中固体微粒所受到的重力作用使之下沉，将颗粒（或液滴）自液体中分离出来或将颗粒互相分离开。在重力沉降过程中，悬浮液的固体颗粒因其密度大于液体密度，在重力作用下沉降到底部，悬浮液分离为上部清净的清液和底部固体含量较高的底流。如果沉降过程在离心力场中进行即为离心沉降。离心沉降增大了使固体颗粒沉降的作用力，强化了沉降分离过程，重力沉降法无法分离的细小颗粒可以用离心沉降分离。过滤是让液相非均一系混合物通过多孔材料将悬浮固体微粒截留。通过多孔材料被澄清的液体称为滤液，截留下的固体层称为滤饼。过滤过程可以在重力作用下，也可在真空、加压下进行。与沉降相比，过滤一般可获得含液量较低的固体。过滤可分为滤饼过滤、深层过滤、滤芯过滤和膜过滤等。当分离固体粒子很小或液体黏度很大的液相非均一体系时，这些方法操作进行得很慢或者根本不能进行。使用加压过滤或真空过滤可以加快过滤速度，但所得滤饼的干燥程度有时不能满足工业上的要求，加压对于沉降更是不起作用，这时，必须采取离心分离的办法。

3. 离心机分离过程的特点及其应用

离心分离靠离心力作推动力进行分离，离心力系由物体本身的质量所产生，其数值随转鼓的转速增加而增大，因而在进行沉降或过滤时，沉降或过滤速度都将随着转速的提高而加快。极微小的颗粒或黏度较大的液体在离心力场中进行沉降或过滤都能得到较好的分离，滤渣中残余液体也较少，可得到较干燥的滤渣，生产效率也高。离心机是利用离心力来分离固液或液液两相混合物的机器，在工业中得到广泛的应用，而且应用范围日益扩大。

离心机分离的过程一般有离心过滤、离心沉降和离心分离三种。离心过滤过程常用来分离固体量较多、粒子较大的固液混合物；离心沉降过程可以用来分离含微小颗粒的悬浮液；离心分离过程用来分离由密度不同的液体所形成的乳浊液，在离心力作用下液体按密度差别分层，然后分别引出。

在处理固相量很少或者二者都是液体组成的非均一体系时，需要使用离心澄清和离心分离方法，这种离心机比较容易进行加料、排料的连续操作，但需要较高的分离因数才能实现分离。这种离心机又称为分离机。

（二）离心机的分离因数、分类及标准

1. 分离因数 F_r

分离因数 F_r 是代表离心机性能的重要参数，它表示离心力场的特性，在数值上等于单位质量物料在旋转时产生的离心力（$F_r = \omega^2 r/g$），其值越大，分离能力越高。对于难分离的物料，需要采用分离因数值较大的离心机。

通常，分离固体颗粒为 $10 \sim 50\mu m$、黏度不超过 $0.01\text{Pa} \cdot \text{s}$、较易过滤的悬浮液，分离因数不宜过高，取 $F_r = 400 \sim 700$，织物的脱水可取 $F_r = 600 \sim 1000$；对于高分散度及黏度较大较难过滤的悬浮液，必须取较高的分离因数。

最新式的高速离心机（分离机）的分离因数达 100000。分离因数的极限取决于制造离心机转鼓材料的强度及密度。

加压操作的过滤机中，所有内部空间都受压，而离心过滤的离心机仅在装载分离物料的回转部分（转鼓壳体及底盘）受压，因此离心机其他部分的强度要求要比压力过滤机低，密封的要求更低，因而密封的结构大为简化。

2. 离心机分类

离心机可以按各种不同的原则分类，一般采用下列三种分类方法。

（1）按分离因数值 F_r 分类 普通离心机 $F_r \leqslant 3500$（一般为 $600 \sim 1200$），此类离心机有过滤式，也有沉降式，适用于含当量直径为 $0.01 \sim 10\text{mm}$ 的颗粒及纤维状固体的悬浮液的分离或物料的脱水等操作，由于转速较低，一般转鼓直径较大。

高速离心机 $3500 < F_r < 50000$，此类离心机通常都是沉降式和分离式，适用于胶乳水或细颗粒稀薄悬浮液和乳浊液的分离，由于转数较高，转鼓直径一般较小，长度较长。

超高速离心机 $F_r \geqslant 50000$，此类离心机适用于较难分离的分散度较高的乳浊液和胶体溶液以及不同相对分子质量的气体分离，由于转速很高（一般在 50000r/min 以上），转鼓通常做成细长的管式。

（2）按操作过程的种类分类 过滤式离心机的转鼓壁上有孔，转鼓内表面铺滤布或金属丝网作为过滤介质。在转鼓高速旋转时，悬浮液中液体透过过滤介质，固体粒子被过滤介质截留，达到脱水的要求。工业生产上应用的离心机大部分是这一类型，如三足式离心机、上悬式离心机、卧式刮刀卸料离心机及活塞推料离心机等。过滤式离心机可用于颗粒较粗或介质较黏、含固体量较多的悬浮液的分离，分离后的滤渣层也容易进行洗涤和脱水，得到较干的滤渣，但必须要求滤渣的压缩性很大而且颗粒均匀，以免滤渣或小颗粒穿过或堵塞滤阀，该类离心机不宜用于分散表面无定形的物料。由于这类离心机的转速在 $1000 \sim 1500\text{r/min}$，分离因数不大，只宜用于易滤滤浆的分离。砂糖、硫铵、碳酸氢铵等颗粒物料与母液的分离多用这种形式，在其他工业的应用也很广泛。

沉降式离心机的转鼓壁上无孔，它是利用悬浮液中液体与固体密度的不同，在转鼓高速旋转时，液体与固体借离心力的作用，以不同的速度向转鼓壁上沉降。有的沉降式离心机（如螺旋卸料沉降离心机）滤渣借螺旋输送器送出，滤液自溢流口排出。这种离心机用于分离易滤滤浆和一般滤浆中固液密度相差较大的物料的滤干，以及分散度较高的无定形不溶性物料。

澄清式和分离式离心机（分离机）的转鼓壁上无孔，用以分离高分散度的稀薄悬浮液以及乳浊液。这种离心机具有极大的转速，一般在 $4000 \sim 15000\text{r/min}$，分离因数 F_r 在 3000 以上。

（3）按操作方式分类 在离心机的操作中，最重要的也是最困难的是过滤或沉降面的再生，即滤渣层的卸除。由于卸渣的方法不同，离心机的操作有下列两种形式。

间歇式离心机的加料、分离、洗涤、卸渣等操作均间歇进行，卸渣时必须停车或者减速，采用人工或机械方法卸渣。如三足式离心机、上悬式离心机等。这类离心机的特点是可以根据需要，通过延长或减少过滤时间来满足物料始、终湿度的变化要求。所以对物料始湿度的稳定性要求不太严格。

连续式离心机的整个过滤操作，包括进料、过滤、洗涤、干燥、卸渣等操作均系间歇自动进行或连续自动进行。根据不同的卸渣方式有：刮刀卸料离心机（工序间歇，操作自动）；活塞推料离心机（工序半连续，操作自动）；螺旋卸料离心机（工序连续，操作自动）；离心卸料离心机（工序连续，操作自动）等。这类离心机要求物料有较为稳定的始湿度，如果始湿度太低或太高，或者不稳定，则在过滤操作过程中得不到所要求的物料的终湿度，影响操作的稳定性。

此外，还可按离心机转鼓轴线在空间的位置来分类，如立式、卧式离心机。

3. 标准化与型号表示方法

离心机的型号由 6 部分组成，其组成及含义见表 9-10。

表 9-10　离心机型号的组成及含义

1	2	3	4	5	6
汉语拼音字母表示离心机类型。三足式 S、上悬式 X、卧式 W、立式 L 等	汉语拼音字母表示改型设计次数	阿拉伯数字表示转鼓内径尺寸(mm)	汉语拼音字母表示操作条件的特点。密闭操作 B，加压操作 Y，防爆操作 F 等	汉语拼音字母表示工艺用途。沉降 C，过滤 L	汉语拼音字母表示卸料方式。上卸料 S、下卸料 X、重力 Z、活塞 H、螺旋 L 等

举例如下。

WH$_2$-300：卧式双级活塞推料离心机，过滤式转鼓，一级转鼓内径为 300mm。

LL·C/L-250：立式螺旋卸料离心机，物料先进入沉降转鼓，再经过滤转鼓，沉降转鼓大端筛网内径为 250mm。

（三）人工操作间歇式离心机

间歇式离心机按照规定程序进行周而复始的循环操作，典型的操作由启动加速、进料、加速到全速、分离、洗涤、甩干、制动降速、卸料和冲洗滤网等工序组成。人工操作间歇式离心机分为三足式和上悬式两种。

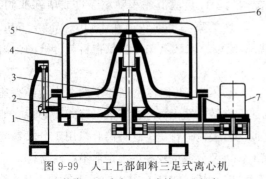

图 9-99　人工上部卸料三足式离心机

1—柱脚；2—底盘；3—主轴；4—机壳；

5—转鼓；6—盖；7—电动机

1. 三足式离心机

三足式离心机是一种间歇操作的立式离心机，装有转鼓的主轴垂直安装在一对滚动轴承内，轴承座则固定在悬挂于支柱上的外壳底盘中，转鼓由带孔的圆柱形壳体、拦液环板和转鼓底三部分构成。处理悬浮液时转鼓需衬滤网和滤布，处理成件物品（如衣物、布匹等）进行离心干燥时，不必在转鼓内衬滤网和滤布。

三足式离心机结构简单（图 9-99），对物料的适应性很强，是应用最广的过滤离心机。该种离心机由转鼓、底盘和柱脚等部件组成，转鼓由传动机构驱动旋转，转鼓内侧装滤布或滤网。三足式离心机的主要部件装在悬挂系统上，可在水平方向作较大幅度摆动。悬挂系统的自振频率远低于转鼓转动频率。该种结构减小了传到机器基础上的动力负荷。

离心机中的滤饼在停机后用人工经由上部从转鼓中取出。刮刀卸料离心机的滤饼在转鼓低速转动时用刮刀刮下，然后从下部排出离心机。

三足式刮刀卸料离心机的卸料机构一般采用旋转-升降式窄刮刀卸料机构，刮刀的旋转和升降一般由液压传动来实现。有的三足式刮刀卸料离心机采用上部卸料，用螺旋提升器或气力提升系统将刮下的滤饼从上部排出转鼓。

三足式离心机主要参数：转鼓直径 255～2000mm，转鼓转速 500～3500r/min，转鼓有效容积 3.4～1800L。三足式离心机的操作特点见表 9-11。

表 9-11　三足式离心机的操作特点

类　型	卸　料			操作方式	转鼓运转方式
	机构	方式	转速		
人工卸料式	人手	上部或下部	停机	间歇操作	恒速，间歇
	可吊起的滤袋	上部	停机	间歇操作	恒速，间歇
	手动刮刀	下部	低速	循环操作	变速，连续
机械卸料式	液压驱动刮刀	下部	低速	循环操作	变速，连续
		上部（气力提升）	低速	循环操作	变速，连续
		上部（螺旋提升）	低速	循环操作	变速，连续

2. 上悬式离心机

上悬式离心机为立式离心机，转鼓装在细长主轴的下端，主轴通过其上端的轴承垂直悬挂在铰接支承上，主轴除了绕本身轴线旋转外还可绕铰接支承自由摆动。转动部件的支点远高于其质量中心，轴又有较大挠性，转动件有自动对中性能，保证上悬式离心机运转比较平稳。上悬式离心机一般用多速交流电动机或直流电动机驱动，也有的用变频调速交流电动机驱动。

上悬式离心机转鼓有多种不同结构。图 9-100 所示为上旋式重力卸料离心机，转鼓由圆筒段和圆锥段组合而成。重力卸料转鼓圆锥部分的半锥角 $\alpha = 23° \sim 25°$，在转鼓降至低速或停止转动时，松散滤饼在自身重力作用下从滤网上滑落并排出转鼓。转鼓内壁装两层或三层网，面上一层为起过滤作用的滤网，滤网与鼓壁之间为衬网，衬网支撑滤网并使滤液顺畅地经鼓壁上的孔排出转鼓。另外，还有采用圆筒形平底结构的刮刀卸料（或人工卸料）转鼓。转鼓底由轮毂、辐板和底环组成，辐板之间的通孔作为排出滤饼的卸料孔。

上悬式离心机的主要参数：转鼓直径 1000～1360mm，转鼓转速 1000～1500r/min，转鼓有效容积 230～1000L。

（四）自动连续式离心机

连续式过滤离心机连续进料、连续排出滤液，滤饼

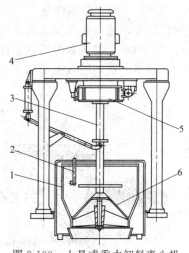

图 9-100　上悬式重力卸料离心机

1—转鼓；2—洗涤管；3—主轴；

4—电动机；5—制动器；6—锥形罩

呈连续或脉动状（如活塞推料离心机）排出离心机。分离过程中，滤饼在滤网上不断往前移动，直至排出转鼓。滤网大都采用金属板网或条状网。这种离心机生产能力大，但适应性较差。

1. 卧式活塞推料离心机

活塞推料离心机多为卧式，连续进料，滤饼呈脉动状（每分钟30～120次）排出，其结构如图9-101所示。转鼓位于主轴端部，其内圆柱面上装有条状滤网。转鼓底部的推料器与转鼓同速旋转，同时由液压装置驱动做轴向往复运动。与推料器相连的布料器将悬浮液均匀分布在滤网上，生成的滤饼由推料器推动呈脉动状往前移动并最后排出转鼓。

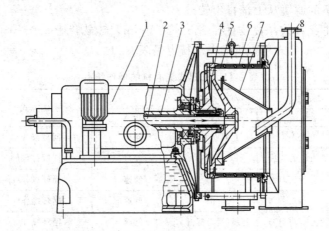

图 9-101　卧式单级活塞推料离心机

1—液压装置；2—推杆；3—主轴；4—推料器；5—滤网；
6—转鼓；7—布料器；8—进料管

图9-102所示为卧式双级活塞推料离心机的转鼓，由一级转鼓套装在二级转鼓内组成。一级转鼓的滤饼由推料器推动落入二级转鼓，二级转鼓的滤饼由一级转鼓推动而前移并排出转鼓。此外还有级数更多的活塞推料离心机，其原理与双级活塞推料离心机相同。

图9-103所示是结构进行了改进的活塞推料离心机转鼓。转鼓由圆锥段和圆柱段组成。在圆锥部分，滤饼上作用着离心力 C 的分力 $F=C\sin\alpha$，大大减小了推料器推动滤饼前进所需的力。同时，滤饼在圆锥面上向大端移动过程中厚度逐渐减薄，使液体更容易从滤饼中分离。该种离心机转鼓圆锥段的半锥角应小于滤饼对滤网的摩擦角。

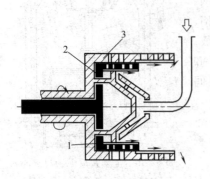

图 9-102　卧式双级活塞推料离心机转鼓

1—推料器；2—一级转鼓；3—二级转鼓

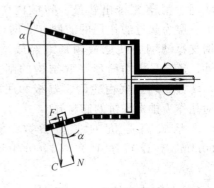

图 9-103　圆柱-圆锥转鼓

活塞推料离心机连续操作，处理能力大，可以对滤饼进行充分的洗涤，并且获得的滤饼含液量较低，缺点是对悬浮液的浓度波动较敏感。

2. 卧式刮刀卸料离心机

卧式刮刀卸料离心机是在恒定转速下操作的间歇式过滤离心机。卧式刮刀卸料离心机结构如图 9-104 所示。转鼓装在水平的主轴上，由传动机构驱动高速旋转。过滤后，转鼓内的滤饼由卸料刮刀刮下，并沿排料斜槽（或螺旋输送器）排出离心机。为缩短停机时间，有的离心机主轴上装有制动器。卸料刮刀按形状分为宽刮刀和窄刮刀两种；按进刀方式分为径向移动式和旋转式。

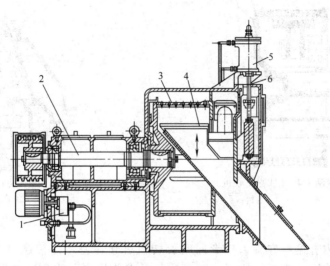

图 9-104　卧式刮刀卸料离心机
1—液压泵；2—主轴；3—转鼓；4—刮刀；5—液压缸；6—活塞杆

（1）宽刮刀　宽刮刀的刀刃长度基本上等于转鼓长度，一次进刀能将转鼓整个长度上的滤饼刮下，刮料时间短。它适用于较松软的滤饼的卸料。刮刀由液压装置驱动并控制，在活塞杆带动下沿转鼓径向运动。滤饼随转鼓旋转，刮刀沿径向切入滤饼将滤饼刮下。旋转式宽刮刀装在可转动的轴上，液压油缸推动轴旋转即可使刮刀刀刃切入滤饼或离开转鼓壁，完成卸料操作。与径向移动式相比，旋转式刮刀的密封性较好。

（2）窄刮刀　窄刮刀的刀刃长度远小于转鼓长度，为了将转鼓全长上的滤饼刮下，刮刀切入滤饼后还须沿转鼓轴向往复运动。卸料在转鼓全速旋转时进行。窄刮刀卸料较慢，但刮料力较小，卸料时离心机较平稳。窄刮刀卸料过滤离心机如图 9-105 所示。

各种刮刀机构的特点和应用见表 9-12。

表 9-12　刮刀机构的特点和应用

项　　目	宽　刮　刀		窄刮刀
	径向移动式	旋转式	
卸料转速	全速	全速	全速
适用的滤饼	较松软	松软	较结实
特点	刚性好、结构简单	密封性好，刚性稍差	卸料时刮料力较小、结构较复杂

当刮刀卸料离心机转鼓直径较小时，主轴轴承位于转鼓的同一侧，操作与维护检修都较方便。直径大于 1500mm 的转鼓，其轴承分别在转鼓的两侧，这种结构刚性较好。转鼓直

径大于 2000mm 的大型离心机，有时采用双转鼓结构，即转鼓底的两侧各形成一个转鼓。这种结构使一台离心机有两个组合在一起的转鼓，大大提高了单台离心机的生产能力。

卧式刮刀卸料离心机主要参数：转鼓直径 350～2200mm，转鼓转速 600～4000r/min，转鼓有效容积 7～1250L。

3. 螺旋卸料过滤离心机

螺旋卸料过滤离心机如图 9-106 所示。

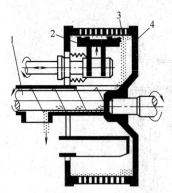

图 9-105　窄刮刀卸料过滤离心机
1—螺旋输送器；2—窄刮刀；3—滤饼；4—转鼓

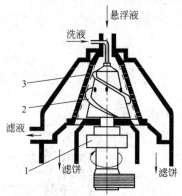

图 9-106　螺旋卸料过滤离心机
1—差速器；2—输料螺旋；3—转鼓

圆锥形转鼓内有输料螺旋，二者同向旋转但有转速差，该转速差通过主轴上的差速器获得。转鼓内表面装有板状滤网（有无数圆形或条状滤孔的金属薄板），悬浮液在滤网上过滤，形成滤饼。由于输料螺旋的推送，滤饼在滤网上由小端向大端连续移动，最后排出转鼓。用于化学工业的螺旋卸料过滤离心机转鼓一般采用 20°半锥角；为了提高滤饼的洗涤效果和减少滤液的固体含量，也可采用半锥角为 10°或 0°（圆柱形）的转鼓。煤炭工业用的螺旋卸料过滤离心机转鼓的半锥角为 34°～36°，转速较低（分离因数 200～800）。螺旋卸料过滤离心机通过改变转鼓和输料螺旋的转速差，可以改变滤饼在转鼓中的停留时间。

螺旋卸料过滤离心机适合分离固体颗粒较粗（大多数颗粒大于 0.2mm）的悬浮液，操作连续，滤饼含液量较低；缺点是分离过程中固体颗粒遭到破碎，且有较多细颗粒固体漏入滤液，滤饼洗涤效率不高。

螺旋卸料过滤离心机的主要参数：转鼓大端直径 170～1000mm，转鼓转速 550～4000r/min，分离因数 160～3000。

4. 离心卸料离心机

离心卸料离心机又称为锥篮离心机，其结构简单，无卸料机构，具有零件少、重量轻、体积小、效率高、造价低、耗电少和滤饼自动连续排出转鼓的优点。

离心卸料离心机的转鼓呈截头圆锥形，内壁装滤网，由电动机带动高速旋转。悬浮液沿进料管加入离心机，在转鼓底加速后均布于转鼓小端滤网上，在离心力作用下液体经滤网和转鼓壁排出转鼓，固体颗粒在滤网上形成滤饼。滤饼受离心力 C 的分力 $F=C\sin\alpha$ 作用向转鼓大端滑动，最后排出转鼓。滤饼向转鼓大端滑动的条件是 $\tan\alpha > f$（图 9-107），f 为滤饼与滤网间的摩擦因数。

离心卸料离心机滤网上的滤饼层很薄，且处于连续运动状态。运动过程中，分离因数随转鼓半径增大而不断增大，故分离效率较高，可获得较干的滤饼。滤网的类型、结构和参数对离心卸料离心机的分离效果和操作性能影响较大。离心卸料离心机用滤网的主要参数见表 9-13。根据固体颗粒大小、悬浮液浓度和黏度等特性以及生产工艺要求选用滤网。

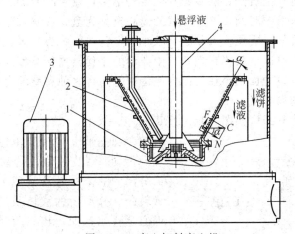

图 9-107　离心卸料离心机
1—转鼓底；2—转鼓；3—电动机；4—进料管

表 9-13　离心卸料离心机用滤网主要参数

名　　称	板厚/mm	缝隙宽/mm	缝间距/mm	开孔率/%
冲孔板网	0.3	0.15	1～1.3	9.37
剪切腐蚀网	0.5	0.14	1.5	8
剪切板网	0.3～0.5	0.13～0.16	1.4～1.65	7～7.5
挤压板网	0.5	0.15～0.18	1.3	7
电铸网	0.28～0.3	0.06～0.08	0.7	
百叶窗网	0.5	0.15～0.18	1.5	

离心卸料离心机制造费用和维护费用低，处理能力大；缺点是对物料特性和悬浮液浓度的变化都很敏感，适应性差，不同的物料要求用不同锥角的转鼓分离，且滤饼在转鼓中的停留时间难以控制。

离心卸料离心机的主要参数：转鼓大端直径 500～1000mm，转鼓转速 1200～1800r/min，分离因数 650～2100，转鼓半锥角 25°～35°。

5. 高速离心机

上述离心机，无论是间歇式还是连续式的，都属工业上常用的常速离心机，它们的转速都不太高。一般在 3000r/min 以下，分离因数也不大，$F_r < 3500$。当处理的悬浮液黏度较大，或固体颗粒与液体的密度差较小，或者两种轻重液相密度差较小的乳浊液等比较难分离的过程时，上述常速离心机是不能胜任的，因此必须提高分离因数，要求分离因数 $F_r > 3500$，这类离心机称为高速离心机，又称分离机。提高转速与增大转鼓的半径都可以提高分离因数。增大转鼓半径，鼓壁应力增大，强度条件不好，克服空气摩擦及转鼓的惯性需要的功率也增大，特别是在高转速下这些情况更为不利。提高转速虽然也同样增加转鼓应力，但转速与分离因数 F_r 是平方的关系，而半径 r 与 F 是一次方的关系。由于材料强度的限制，因此高速离心机都是采取高转速小直径。因为它们的转速很高，所以都做成立式挠性轴结构，因一般滤渣量不多，采用间歇清理办法。

高速离心机由于转鼓直径较小，在一定的进料量下，悬浮液沿转鼓轴向运动的速度便很大，因而停留时间很短，分离将不够完全，容易将较小的固体颗粒带走，为了克服这个缺点，高速离心机的转鼓一般采用下列三种类型：在转鼓内选置很多圆锥形盘片，液体在盘片间流动，固体颗粒在盘片上沉降，随着盘片数目的增多，盘片间距的缩短，可以缩短颗粒沉降的路程而减少沉降所需的时间，这种形式的离心机称为盘式或碟式分离机；在转鼓内插入许多同心圆隔板，将转鼓分隔成许多同心环状小室，物料由中心进入，依次经过每室，最后由最外层排出，这样也可以增长物料在转鼓内流动的路程，这种类型的离心机称为多室分离机；增加转鼓的长度，以增加物料在转鼓内停留的时间，这种类型的离心机由于直径小、高度大，故称为管式高速离心机。

（1）碟式分离机　其结构如图9-108所示。

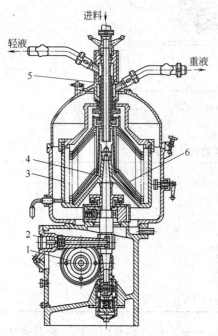

图9-108　人工排渣碟式分离机
1—传动齿轮；2—转速表；3—转鼓；
4—立轴；5—进出料装置；6—碟片

装在立轴上的转鼓由电动机通过螺旋齿轮增速传动（或皮带增速传动）驱动而高速旋转，需分离的液体（悬浮液或乳浊液）经进料管加入转鼓。分离后的液体从转鼓中溢流排出或由向心泵排出，如进出口管道上有机械密封，液体在压力下直接从出料管排出。碟式分离机转鼓内有一组叠装在一起的碟片。碟片外表面上焊距片，使叠放的碟片之间保持一定的间隙。分配孔（亦称中性孔）是液-液分离时乳浊液进入碟片间隙的通道。用于液-固分离的碟片无分配孔。

碟式分离机转鼓按功能分为澄清式和分离式，分别用于液体的澄清和乳浊液的分离。

悬浮液澄清时，固体沉降在转鼓内壁，形成沉渣，乳浊液一般也不可避免地含有或多或少的固体杂质，分离乳浊液时转鼓内也会形成沉渣。按转鼓排出沉渣的方式，分离机在结构上分为人工排渣、环阀排渣和喷嘴排渣三类。

① 人工排渣式。沉渣积在转鼓内壁与碟片外径之间，达到一定量时分离机停机，并拆开转鼓，靠人工将沉渣清除，故这类分离机为间歇工作。

② 环阀排渣式。该种分离机用于固-液或液-液-固分离，转鼓内有自动排渣机构，以水为工作液的液压控制阀。阀开启时，沉渣经排渣口排出，分离机在不停机情况下进行间歇排渣。通过控制排渣口开启时间可只让沉渣排出而液体仍留在转鼓内。

③ 喷嘴排渣式。该种分离机用于悬浮液的浓缩，浓缩物经喷嘴连续排出转鼓。喷嘴均匀分布于转鼓圆周上，一般为2~24个，孔径0.5~3.2mm。喷嘴一般用不锈钢制造，固体颗粒有磨蚀性时可用碳化钨、人造蓝宝石等高硬度材料制造。

碟式分离机应用面极广，包括含微量固体杂质的液体的澄清、悬浮液的浓缩、乳浊液的分离等。主要应用在乳品分离、矿物油分离、啤酒澄清、浓缩淀粉、精制植物油和动物油以及血浆分离、提取抗生素、饮料澄清、从羊毛洗涤水中回收羊毛脂、橘油分离和废水处理等。

（2）室式分离机　室式分离机除转鼓外，其余部件的结构基本与碟式分离机相同。室式分离机转鼓如图 9-109 所示。一组同心圆筒将转鼓分隔成许多个相互串联的环形空间，这些环形空间称为分离室。欲澄清的液体加入转鼓中心，从中心向外逐一通过各分离室，最后排出转鼓。最大的固体颗粒在中心分离室沉降。随着液体由中心向外流动，流经分离室的分离因数逐一增大，使更细小的固体颗粒从液体中沉降出来。沉渣需在室式分离机停机后拆开转鼓由人工清除，故室式分离机为间歇工作。

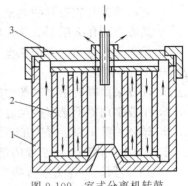

图 9-109　室式分离机转鼓
1—转鼓体；2—圆筒；3—转鼓盖

室式分离机转鼓结构较简单，排渣和清洗都较容易，且容纳沉渣的容积大，适用于固体含量较高的液体的澄清，或从液体中回收价值高的固体物质。具体应用有：果汁的初步澄清、啤酒生产中麦芽汁的澄清、制药工业中抗生素培养液的澄清，以及回收彩色显像管的荧光粉等。

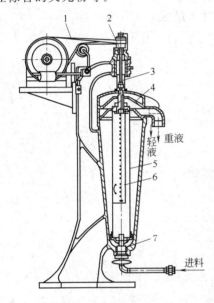

图 9-110　管式分离机
1—传动皮带；2—皮带轮；3—主轴；4—收集器；5—转鼓；6—三翼板；7—下轴承

（3）管式分离机　如图 9-110 所示，工作转速在 12000～50000r/min。转鼓悬挂在细长的挠性轴上，由电动机通过增速平皮带传动机构驱动。转鼓呈细长圆筒状，欲分离的物料从转鼓下端进入，分离后由转鼓上端排出。

转鼓内沿轴向装三翼板，它由互成 120° 的三片板组成，用来加速液体，使其与转鼓以相同角速度旋转。管式分离机转鼓分澄清型和分离型，分别用于悬浮液的澄清和乳浊液的分离。管式分离机采用人工排渣，卸下转鼓后拆下转鼓下端的底轴并抽出三翼板即可清除沉渣。

某些特殊用途的管式分离机在转鼓四周装蛇管，用于冷却或加热转鼓。该种分离机可在低温（约 −10℃）或较高温度（约 70℃）下完成分离操作。

管式分离参数已经标准化，其主要参数的范围是：转鼓直径 45～150mm，转鼓容积 0.28～10L，转速 12000～50000r/min。

管式分离机结构简单、体积小、分离因数高、处理能力较小。这些特点决定了它主要用于固体含量低的难分离悬浮液的澄清和乳浊液的分离，如清漆、果汁等含少量固体的黏性悬浮液的澄清，动物油脂、植物油脂及矿物油的脱除水分，以及细分散金属的回收（如从催化剂中回收铂）等，管式分离机还用于分离抗生素和生物制品等。

习　　题

1. 按工作原理的不同，泵可分为哪四大类型？各有什么结构特点？
2. 说明离心泵的工作原理。
3. 离心泵启动前为什么一定要灌泵？

4. 离心泵的叶轮有哪些类型？

5. 离心泵为什么限制安装高度？

6. 旋涡泵在结构、工作原理上跟离心泵有哪些共同和不同的地方？操作中为什么要用旁路阀来调节流量？

7. 往复泵由哪些主要零部件组成？工作原理怎样？它有哪些类型？

8. 工业常用的干燥器按构造分可以分为几类？

9. 试述喷雾干燥装置的工作原理和特点。

10. 画出流化床干燥装置的流程图，并简述工作原理和特点。

11. 回转圆筒干燥器有哪些类型？

12. 试述真空耙式干燥器的原理和特点。

13. 旋风分离器主要由几部分组成？其主要作用是什么？

14. 扩散式旋风分离器的工作原理是什么？反射屏顶部透气孔直径与除尘效率有何关系？

15. 旋风分离器的排尘装置有几种？各有什么特点？

16. 旋风分离器在使用中为了避免磨损，通常采用什么措施？

17. 试述离心机的种类、用途。

18. 什么是离心机的分离因数？

19. 离心机的分类方法有几种？

20. 人工操作间歇式离心机主要有哪些类型？

21. 三足式离心机的优缺点是什么？

22. 上悬式离心机的特点是什么？

23. 自动连续式离心机有哪几种？

24. 高速离心机的转鼓有哪些类型？结构类型有何不同？

参 考 文 献

[1] 丛德滋，方图南. 化工原理示例与练习. 上海：华东化工学院出版社，1992.

[2] 柴诚敬，张国亮. 化工流体流动与传热. 北京：化学工业出版社，2000.

[3] 陈裕清. 化工原理. 上海：上海交通大学出版社，2000.

[4] 汤金石，赵锦全. 化工过程及设备. 北京：化学工业出版社，1996.

[5] 姚玉英. 化工原理. 天津：天津大学出版社，1996.

[6] 贾绍义，柴诚敬. 化工传质与分离过程. 北京：化学工业出版社，2001.

[7] 谭天恩，等. 化工原理：下册. 第2版. 北京：化学工业出版社，1998.

[8] 王忠厚，王少辉. 化工原理. 北京：中国轻工业出版社，1995.

[9] 陈常贵等编. 化工原理：下册. 天津：天津大学出版社，1996.

[10] 李德华. 化学工程基础. 北京：化学工业出版社，1999.

[11] 张弓. 化工原理. 第2版. 北京：化学工业出版社，2000.

[12] 刘盛宾. 化工基础. 北京：化学工业出版社，1999.

[13] 化工设备机械基础编写组. 化工设备机械基础. 北京：化学工业出版社，1979.

[14] 董大勤. 化工设备机械基础. 北京：中央广播电视大学出版社，1997.

[15] 化学工业部人事教育司，化学工业部教育培训中心编写. 化工用泵. 北京：化学工业出版社，1997.

[16] 李红，孙虹雁，高得玉. 化工机械应用基础. 北京：化学工业出版社，2004.

[17] 刁玉玮，王立业. 化工设备机械基础. 第3版. 大连：大连理工大学出版社，1997.

[18] 谭蔚主编. 化工设备设计基础. 天津：天津大学出版社，2000.

[19] ［苏联］A.A.洛马金著. 离心泵与轴流泵. 梁荣厚译. 北京：机械工业出版社，1978.

[20] ［日］好川纪博著. 化工泵. 兰州石油工业研究所，甘肃工业大学译. 北京：机械工业出版社，1978.

[21] 任德高. 水环泵. 北京：机械工业出版社，1982.

[22] 谢丰毅等编. 化工机械. 北京：化学工业出版社，1990.

[23] 武汉化工学院，青岛化工学院，南京化工学院合编. 化工机器. 武汉：湖北科学技术出版社，1987.

[24] 叶春晖，金耀门. 化工机械基础：下册. 上海：上海交通大学出版社，1989.

[25] 潘永康，王喜忠. 现代干燥技术. 北京：化学工业出版社，1998.

[26] 郭嘉宁，杨庆贤. 干燥技术进展·第四分册：喷雾干燥. 上海：上海科技文献研究所，1981.

[27] 上海化工研究院，等. 沸腾干燥. 上海：上海科学技术情报研究所，1977.

[28] 金涌，等. 流态化工程原理. 北京：清华大学出版社，2001.

[29] 童景山. 流态化干燥工艺与设备. 北京：科学出版社，1996.

[30] 刘相东，于才渊，周德仁. 常用工业干燥设备及应用. 北京：化学工业出版社，2005.

[31] 化工设备设计全书编辑委员会，金国淼等编. 干燥设备. 北京：化学工业出版社，2002.

[32] 鞍山矿山设计研究院. 除尘设计参考资料. 辽宁：辽宁人民出版社，1978.

[33] 北京石油化工总厂. 炼油技术旋风分离器专辑. 1977.

[34] 夏兴祥，劳家仁. 新型高温旋风分离器的研究. 洁净煤技术国际研讨会论文集，1999.

[35] 水泥厂工艺设计手册编写组. 水泥厂工艺设计手册. 北京：中国建筑工业出版社，1978.

[36] 化学工业部设备设计技术中心站. 扩散式旋风除尘器专辑. 1974.

[37] 时钧，汪家鼎，余国琼，陈敏恒. 化学工程手册. 第2版. 北京：化学工业出版社，1995.

[38] 陈敏恒，等. 化工原理. 北京：化学工业出版社，2000.

[39] 朱有庭，曲文海，于浦义. 化工设备设计手册. 北京：化学工业出版社，2005.